国家出版基金项目

"十三五"国家重点出版物出版规划项目

深远海创新理论及技术应用丛书

海洋动力环境微波遥感信息提取技术与应用

林明森 等 编著

U0195624

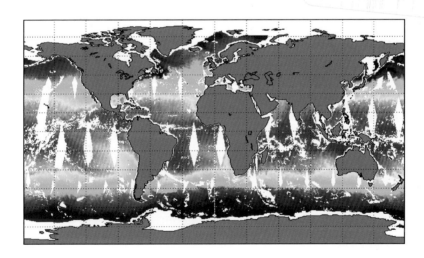

海洋出版社

2019 年 · 北京

内 容 简 介

海洋遥感是人类认识海洋的重要手段之一，可以对海洋环境进行全天候、全天时的观测。本书作为国家"863"计划重要研究成果，围绕高海况海洋动力环境多源微波遥感信息提取技术、自主微波遥感卫星海洋动力环境信息提取技术及应用和海洋遥感数据的时空扩展技术三个方面进行阐述，系统介绍了海洋动力环境微波遥感的探测机理、理论和技术研究进展以及在海洋领域的应用情况，为海洋微波遥感探测理论研究和应用推广提供了很好的理论基础和技术支撑，具有极大的实用性和参考价值。

本书可供物理海洋学、海洋遥感方向的科学技术研究人员参考，也适用于海洋学科本科生、研究生教学。

图书在版编目(CIP)数据

海洋动力环境微波遥感信息提取技术与应用／林明森等编著. -- 北京：海洋出版社，2019.12

（深远海创新理论及技术应用丛书）

ISBN 978-7-5210-0461-8

Ⅰ.①海…　Ⅱ.①林…　Ⅲ.①海洋遥感-微波遥感-研究　Ⅳ.①P715.7

中国版本图书馆 CIP 数据核字（2019）第 242674 号

责任编辑：郑跟娣		发 行 部：010-62132549　010-68038093	
责任印制：赵麟苏		总 编 室：010-62114335	
出版发行：海洋出版社		编 辑 部：010-62100961	
网　址：http://www.oceanpress.com.cn		承　印：中煤（北京）印务有限公司	
网　址：北京市海淀区大慧寺路 8 号		版　次：2019 年 12 月第 1 版	
邮　编：100081		印　次：2019 年 12 月第 1 次印刷	
开　本：787 mm×1 092 mm　1/16		印　张：19.25	
字　数：38.5 千字		定　价：160.00 元	

编　委　会

主　　编：林明森

副 主 编：贾永君　李　威　刘亚豪

编写人员（按姓氏笔画）：

李水清　杨劲松　杨俊钢　张　彪

陈　戈　陈　萍　范陈清　周　武

赵朝芳　解学通

序

21 世纪是海洋和航天活动蓬勃发展的世纪，随着我国海洋强国战略的实施，卫星海洋遥感特别是微波遥感技术监测/探测海洋环境和目标，是关心海洋、认知海洋和经略海洋的重要手段之一。

微波遥感的发展可以追溯到 20 世纪 50 年代早期，由于军事侦察的需求，美国军方发展了机载侧视雷达（SLAR）。之后，机载侧视雷达逐步用于民用领域，成为获取自然资源与环境数据的有力工具。1978 年，美国发射的 Seasat-A 海洋卫星和随后发射的航天飞机成像雷达以及苏联发射的 Cosmos 1870，标志着航天雷达遥感的开始。

我国的微波遥感事业起步于 20 世纪 70 年代。在国家历次科技攻关中，遥感技术都作为重要项目列入。经过若干年的发展和积累，微波遥感技术近年来取得了技术、理论及应用研究的全面发展。2002 年，"神舟四号"多模态微波遥感系统的成功在轨飞行实现了我国航天海洋微波遥感零的突破，圆满完成了海洋微波遥感体制和探测技术试验。2011 年 8 月 16 日，"海洋二号"（HY-2）卫星的成功发射，标志着我国进入了海洋动力环境微波遥感时代。特别是 2018 年 8 月 10 日，我国成功发射了"高分三号"（GF-3）1 米 C 波段合成孔径雷达遥感卫星，是世界上观测模式最多的全天时、全天候多极化雷达卫星，我国微波海洋遥感技术进入世界先进国家行列。

在国家高技术研究发展计划（"863"计划）的支持下，林明森研究员带领研究团队，针对目前海洋动力环境微波遥感信息提取技术展开研究，重点突破了自主海洋动力环境卫星雷达高度计、微波散射计和微波辐射计的数据处理关键技术，建立了我国海洋动力环境卫星的海面高度、海面风场、海浪有效波高、海表地转流场等反演算法模型，特别是在高海况条件下的海面风场、海浪等动力环境要素算法模型和处理技术，"海洋二号"卫星海洋动力环境要素高精度处理技术以及海洋空间遥感环境数据的时空扩展技术。这些技术提升了高海况动力环境遥感监测能力，提高了我国自主卫星微波遥感信息提取精度，拓展了海洋遥感数据形成的产品应用，对我国海洋微波遥感技术发展和应用具有极大的推动作用。

本书是对以上成果的系统总结与凝练，涵盖了海洋动力环境微波遥感的探测机理、理论和技术的研究进展以及在海洋领域的应用情况，为海洋微波遥感探测理论研究和应用推广提供了很好的理论基础和技术支撑，具有极大的实用性和参考价值。

作为海洋动力环境卫星发展历程的亲历者与见证人，我对该书的出版深感欣慰，深信该书的出版在促进我国海洋动力环境微波遥感领域理论研究、推动海洋微波遥感学术思想传播、推广重大科学研究成果应用和指导科研工作等方面具有极其重要的作用。

中国工程院院士　蒋兴伟

2019 年 7 月

前　言

　　人类对海洋的开发和利用离不开对海洋的认识和了解，海洋资源调查、开发和海上生产生活必须考虑海洋风、浪、流、温度、盐度、深度等海洋动力环境要素。以前，获取这些海洋动力环境要素的手段很少，但自从20世纪50年代以来，随着微波遥感技术的发展，科技人员发现可以利用微波遥感对海洋动力环境进行全天候、全天时的观测。目前，我国也发展了自主海洋动力环境卫星（HY-2系列卫星）和1米C波段合成孔径雷达遥感卫星（"高分三号"卫星），这些卫星在海上生产生活、海洋资源调查、海洋权益维护、海洋防灾减灾等方面作出了突出贡献。

　　为了进一步拓展和挖掘微波遥感器的观测能力，本书围绕三个方面进行论述：高海况海洋动力环境多源微波遥感信息提取技术、自主微波遥感卫星海洋动力环境信息提取技术及应用和海洋遥感数据的时空扩展技术。

　　高海况海洋动力环境多源微波遥感信息提取技术方面，基于高海况下海面微波散射特性，介绍了微波散射计高海况海面风场信息提取技术；基于高海况下海面微波辐射特性，介绍了微波辐射计高海况海面风速和海表温度信息提取技术；基于高海况下高度计回波特征，介绍了高度计巨浪信息提取技术；基于高海况下合成孔径雷达后向散射特性，介绍了高海况合成孔径雷达海面风场与海浪谱信息提取技术。

　　自主微波遥感卫星海洋动力环境信息提取技术及应用方面，针对我国自主微波遥感卫星HY-2A和中法海洋卫星传感器特性，结合现场观测数据，在现有遥感信息提取技术的基础上，介绍了南海及周边海域的 HY-2A 卫星微波高度计、散射计和辐射计遥感信息提取技术优化和检验；同时，介绍了目前国际上第一台星载波谱仪的遥感信息提取技术研究和检验。在上述基础上，阐述了南海及周边海域中尺度涡、海平面变化、台风监测、海浪特征分析和海表温度产品检验等应用研究。

海洋遥感数据的时空扩展技术方面，基于南海及周边海域海面高度与海表温度卫星遥感数据和历史多年温盐剖面观测数据，开展了遥感数据的空间扩展技术研究，建立了海面遥感数据向水下拓展的海洋三维温盐模型；综合利用海面高度和海表温度等海洋动力过程遥感信息提取结果，结合海洋动力学模式，获取了长时间序列的海洋动力环境三维结构；利用现场观测数据对上述温盐扩展场进行订正，从而获得了最优的海洋三维温盐实况分析场，实现了遥感数据的时空扩展。通过开展上述研究工作，实现了基于微波遥感的南海及周边海域等深远海海洋环境微波遥感监测，为深远海海洋动力环境观测提供重要的监测手段与数据产品，进而为我国海洋权益维护、深远海海洋资源开发、海洋防灾减灾和海洋科学研究等提供支持。

本书通过对以上研究成果的系统介绍，为海洋微波遥感探测理论研究和应用推广提供了很好的理论基础和技术支撑。本书可供物理海洋学、海洋遥感方向的科学技术研究人员参考，也适用于海洋学科本科生、研究生教学。

本书是在国家高技术研究发展计划（"863"计划）资助下完成的，由于研究时间紧迫和编写人员水平所限，书中不足和疏漏之处在所难免，尚祈读者不吝指正。

编著者

2019 年 6 月

目　录

Chapter 1 第1章

高海况海洋动力环境多源遥感信息提取技术

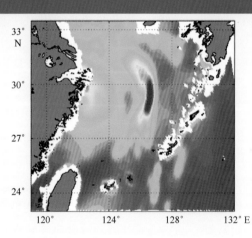

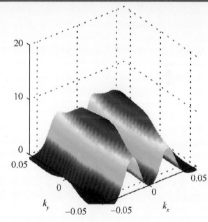

1.1 微波散射计高海况海面风场信息提取技术

微波散射计是获取大范围海面风场最直接、可靠的遥感观测手段之一。针对微波散射计构建的传统的地球物理模式函数，在中低风速(2~24 m/s)和无降雨的条件下能够很好地描述散射计测量的海面后向散射系数和海表面风矢量之间的关系，从而在海面风速和风向探测方面具有较高的精度。在高海况条件下，由于往往伴随着显著的降雨和波浪破碎过程，对微波散射计回波信号将会产生强烈的衰减作用和明显的影响，从而导致传统的地球物理模式函数在高海况条件下的不准确性，甚至是无法使用。针对这一问题，本节将以我国自主海洋动力环境卫星 HY-2A 卫星微波散射计资料为基本数据源，分别分析降雨过程和波浪破碎过程对微波散射计风速反演的影响特征，并在此基础上建立高海况下的微波散射计海面风场提取算法。

1.1.1 降雨对微波散射计后向散射系数的影响

研究基于 HY-2A 卫星微波散射计(HY-2A/SCAT)后向散射数据和 WindSat 微波辐射计降雨数据，构建不同降雨条件下的微波散射计后向散射系数观测数据集。通过该数据集定量分析不同降雨率对微波后向散射的影响，并以此建立降雨条件下的微波后向散射系数修正模型。通过该修正模型获取修正后的微波后向散射系数，在此基础上构建降雨条件下的微波散射计风场提取方法，以期提高降雨条件下微波散射计风场反演精度。

WindSat 是美国发射的全球第一个星载全极化微波辐射计，具有 5 个频段 22 个通道。其中，10.7 GHz、18.7 GHz 和 37 GHz 3 个频段是全极化通道，能够测量海面微波亮温的所有 4 个斯托克斯(Stokes)参量，6.8 GHz 和 23.8 GHz 是传统的两个正交通道，能够测量水平(HH)极化方式和垂直(VV)极化方式下的海面微波亮温。根据海面微波亮温可以进一步反演出 10 m 层风场、降雨速率、云中水汽含量等变量。本文选取 WindSat 全极化微波辐射计测得的降雨数据与 HY-2A 卫星微波散射计数据进行时空匹配，方法是在两者观测时间相差不超过10 min 的情况下，将 WindSat 微波辐射计降雨数据插值到 HY-2A 卫星微波散射计观测网格中，并以 WindSat 微波辐射计降雨数据作为观测真值。

由于美国国家环境预报中心(National Centers for Environmental Prediction, NCEP)再分析数据的空间分辨率较低，从而不具备分辨小尺度降雨结构的能力，因此可以认为 NCEP 再分析数据不受这种小尺度降雨的影响，从而可以作为海面风场的真值。NCEP 风场数据包括每天 0 时、6 时、12 时和 18 时的再分析数据和在此时段基础上的 3 h 预报数据。该数据经过时间和空间上的插值，与 HY-2A 卫星微波散射计数据进行匹配。

在不同的降雨条件下，雨滴对微波散射计风场观测的影响不一样。图 1-1 给出了不同降雨率下，HY-2A 卫星微波散射计反演的海面风速与 NCEP 再分析海面风速的均方根误差。从图 1-1 中可以看出，随着降雨率的增大，HY-2A 卫星微波散射计反演的海面风速与 NCEP 再分析海面风速之间的误差增大。

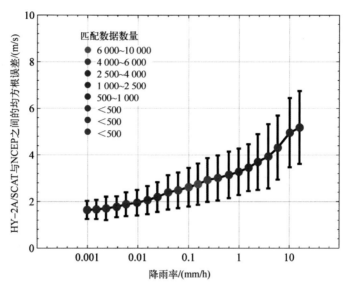

图 1-1　不同降雨率下，HY-2A 卫星微波散射计反演的海面风速与
NCEP 再分析数据风速之间的均方根误差

为分析降雨对 HY-2A 卫星微波散射计后向散射系数的直接影响，图 1-2 给出了不同降雨率下，微波散射计后向散射系数随风速的变化关系。从图 1-2 中可以看到，在无降雨的条件下，HY-2A 卫星微波散射计的后向散射系数对风速存在一个明显的依赖关系，即随风速的增大而增大。降雨的存在会导致微波散射计接收到的后向散射能量增大。特别是在低风速条件下，降雨对后向散射系数有一个非常明显的增强作用，并且降雨率越大，增强的效果越明显。在 10 mm/h 的降雨率下，降雨对后向散射系数的改变量最大可以超过 10 dB。此时，降雨引起的后向散射系数变化将明显淹没海面风速引起的后向散射系数变化。另外，水平极化方式比垂直极化方式更容易受到降雨的影响。

1.1.2　波浪破碎对微波散射计风场反演的影响

在高风速，特别是风暴潮等极端情况下，海面会产生波浪破碎现象。由于波浪破碎会导致海面的白冠覆盖，从而改变海面原有的散射特性，而某种程度上海面散射特性决定了雷达回波信号的强度，因而将对标准化雷达后向散射截面(normalized radar backscatting cross section,NRCS)或后向散射系数产生很大的影响。

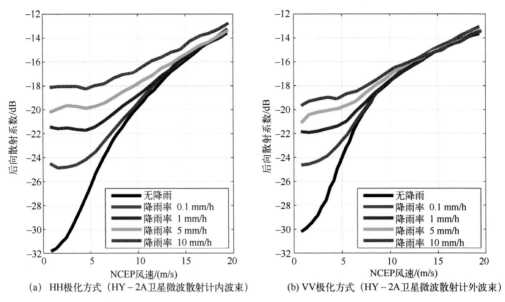

(a) HH极化方式（HY-2A卫星微波散射计内波束） (b) VV极化方式（HY-2A卫星微波散射计外波束）

图 1-2 不同降雨率下，HY-2A 卫星微波散射计后向散射系数随风速的变化曲线

在存在波浪破碎现象时，如果后向散射模型未考虑波浪破碎的影响，则得到的结果与雷达实际测量值相差很大。此时后向散射模型无法准确反映 HH 和 VV 极化状态下观测到的方位角对后向散射系数的影响。这一缺点通常都解释为非布拉格（non-bragg）散射的作用，非布拉格散射部分的主要调节参数就是由波浪破碎造成的海表面粗糙度增加而产生的后向散射系数。

波浪破碎对微波散射计后向散射系数的影响会造成风场反演出现误差。如何在用于微波散射计风场反演的地球物理模型函数中考虑波浪破碎的贡献以及如何去除这部分的影响，是微波散射计高风速反演模型建立的关键。本节将基于散射模型定量研究高风速下波浪破碎对微波散射计后向散射系数的影响。

Kudryavtsev 等（2003）推导出了一个半经验模型（以下简称"RIM 模型"），该模型分为两个部分，分别是布拉格散射和非布拉格散射对雷达后向散射系数的贡献：

$$\sigma^p(\theta, \varphi) = \sigma_{br}^p(\theta, \varphi)(1 - q) + \sigma_{wb}(\theta, \varphi)q \tag{1-1}$$

式中，q 为权重系数；p 为雷达的极化特性；$\sigma_{br}^p(\theta, \varphi)$ 为布拉格散射系数，具体形式为

$$\sigma_{br}^p(\theta, \varphi) = 16\pi k_r^4 |G_{pp}(\theta)|^2 F_r(k_{br}, \varphi) \tag{1-2}$$

其中，k_r 为雷达入射波的波数；θ 为入射角；φ 为天线的方位角；k_{br} 为散射电磁波的表面波波数，$k_{br} = 2k_r\sin\theta$；$G_{pp}(\theta)$ 为布拉格散射的极化系数，对于 VV 极化而言，极化系数为

$$G_{vv} = \frac{\cos^4\theta (1 + \sin^2\theta)^2}{(\cos\theta + 0.111)^4} \tag{1-3}$$

$F_r(k, \varphi)$ 为海表位移的 2-D 波数折叠谱，折叠谱与波浪方向波数谱 $F(k, \varphi)$ 的关系为

$$F_r(k, \varphi) = 0.5[F(k, \varphi) + F(k, \varphi + \pi)] \tag{1-4}$$

$\sigma_{wb}(\theta, \varphi)$ 为波浪破碎区域的后向散射系数，具体形式为

$$\sigma_{wb}(\theta) = \left[\frac{\sec^3\theta}{s_{wb}^2}\right]\exp\left[\frac{-\tan^2\theta}{s_{wb}^2}\right] + \frac{\varepsilon_{wb}}{s_{wb}^2} \tag{1-5}$$

其中，s_{wb}^2 为波浪破碎区域增加的粗糙度的均方斜率；ε_{wb} 为破碎单元的厚度与长度的比率。根据 RIM 模型，$s_{wb}^2 = 0.19$，$\varepsilon_{wb} = 0.005$。

图 1-3 所示是基于 RIM 模型给出的 C 波段雷达不同入射角下波浪破碎对微波散射特性的影响。从图 1-3 中可以看到，C 波段雷达 HH 极化后向散射系数随入射角的增大而减小，在小入射角时，镜面反射影响最大，随着入射角进一步增大，镜面反射迅速减小；在中等入射角时，镜面反射对于雷达后向散射截面的贡献是非常小的，而波浪破碎的贡献是很大的，随着入射角的进一步增大，波浪破碎的贡献甚至大于布拉格散射的贡献。因此，在高风速条件下，海面微波散射模型需要考虑波浪破碎对雷达后向散射系数的影响。对于 VV 极化方式，雷达后向散射系数随入射角的变化以及各部分的贡献与 HH 极化方式相似，但波浪破碎的贡献与布拉格散射贡献的比值比 HH 极化方式小。因此，HH 极化比 VV 极化更易受到波浪破碎的影响，这与前人的研究结果一致。图1-4 给出了不同波段下波浪破碎对微波散射特性的影响。从图 1-4 中可以明显发现，无论是 HH 极化方式还是 VV 极化方式，Ku 波段下的波浪破碎贡献大于 C 波段，C 波段下的波浪破碎贡献大于 L 波段，即频率越高，波浪破碎的贡献越大。图 1-5 给出了不同入射角和极化方式下，波浪破碎对微波散射系数的贡献随风速的变化情况。可以

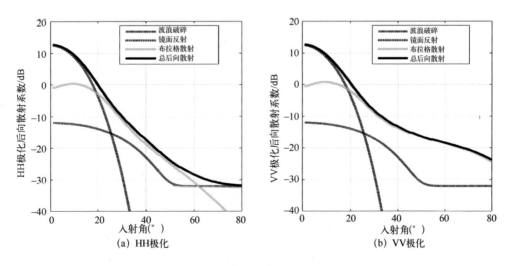

图 1-3　C 波段雷达后向散射系数随入射角的变化

看到，在不同的入射角和极化方式下，波浪破碎的贡献都随着风速的增大而增大。

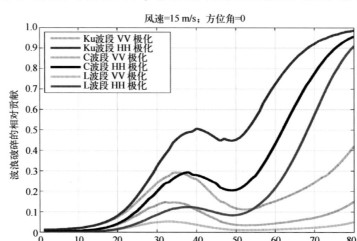

图 1-4　不同波段下，波浪破碎对微波散射计后向散射特性的影响

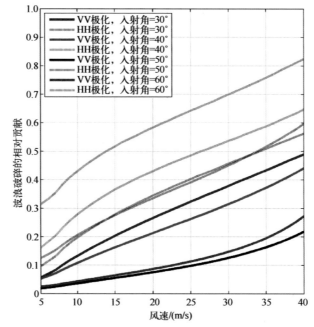

图 1-5　不同入射角和极化方式下，波浪破碎贡献与风速的关系

1.1.3　微波散射计和微波辐射计联合风场反演

HY-2A 卫星同时搭载了微波散射计和微波辐射计载荷，两者的风场反演各有优劣。微波散射计作为主动微波传感器，可以同时反演海面风速和风向信息，但由于 HY-2A 卫星微波散射计工作在 Ku 波段，受降雨影响比较大，同时在高风速下会出现

饱和现象，导致在降雨或是高风速条件下反演的海面风场精度下降。微波辐射计作为被动微波传感器，受降雨影响小，且高风速下不会出现饱和现象，但微波辐射计只能探测风速，无法探测风向。

　　本节将结合微波散射计和微波辐射计观测数据，利用人工神经网络算法建立海面风速反演方法。人工神经网络(artificial neural networks,ANNs)又简称神经网络(NNs)或连接模型(connection model)，是人脑及其活动的一个理论化的数学模型，它由大量的处理单元通过适当的方式互连构成，是一个大规模的非线性自适应系统，具有较强的非线性逼近能力，理论上能逼近任意函数。神经网络的结构包含输入层、隐含层和输出层。在构建的利用人工神经网络算法反演海面风速方法中，输入层的输入包含微波散射计内外波束前后 4 次独立观测的后向散射系数、4 次观测的方位角及微波辐射计 9 个亮温通道的海表亮温值。为了说明微波散射计和微波辐射计相结合的优势，本节通过相似的方法构建了仅考虑微波散射计观测的人工神经网络海面风场反演算法。

　　图 1-6(a)(b)分别给出了仅考虑微波散射计及同时结合微波散射计和微波辐射计的人工神经网络算法反演的海面风速与 WindSat 海面风速的比对结果。从图 1-6 中可以看出，在大于 20 m/s 的高风速下，单纯的微波散射计人工神经网络算法反演的风速较WindSat 海面风速偏低，在海面风速大于 20 m/s 的区间，其均方根误差为 3.02 m/s，相关系数为 0.80(表 1-1)。而结合微波散射计和微波辐射计的人工神经网络算法反演的海面风速和 WindSat 海面风速具有很好的一致性，其在海面风速大于 20 m/s 区间的均方根误差为 1.95 m/s，相关系数为 0.91。这说明主被动微波相结合的算法能够有效提高高风速下海面风场的反演精度。

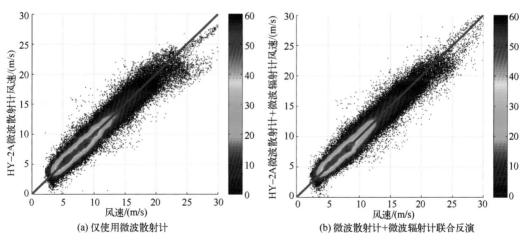

(a) 仅使用微波散射计　　　　　　　(b) 微波散射计+微波辐射计联合反演

图 1-6　海面风速反演对比图

表 1-1 风速大于 20 m/s 时，HY-2A 两种海面风速反演算法对比统计误差

风速大于 20 m/s	偏差	均方根误差/（m/s）	相关系数
微波散射计	-1.54	3.02	0.80
微波散射计+微波辐射计	-0.23	1.95	0.91

1.2 微波辐射计高海况海面风速和海表温度信息提取技术

1.2.1 微波辐射计工作原理

被动式微波传感器如微波辐射计的工作原理与主动式微波传感器有所不同。主动式微波传感器先向目标物发射电磁波，然后接收从目标物反射回来的电磁波来获取目标信息。被动式微波传感器自身不发射信号，而是直接接收太阳辐射、大气辐射或物体本身的热辐射。微波辐射计接收的亮温信号主要来自海面或陆地的辐射亮温、上行大气的辐射亮温和下行大气到达海面后被反射的辐射亮温。图 1-7 所示为微波辐射计接收亮温信号的过程。

高级微波扫描仪 AMSR-E 是搭载在美国国家航空航天局（National Aeronautics and Space Administration,NASA）对地观测卫星 Aqua 上的微波辐射计。Aqua 卫星是 2002 年 5 月 4 日发射的太阳同步近极轨卫星，轨道高度为 705 km，轨道倾角约 98.2°，重访周期为 16 d。Aqua 卫星上搭载了包含 AMSR-E 在内的 6 种对地观测传感器，可对地球的海洋、大气层、陆地、冰雪覆盖区域以及植被等展开综合观测，搜集全球降雨、水蒸发、云层形成、洋流等水循环活动数据。此外，Aqua 卫星可观测地球的大气层温度和湿度、海表温度、土壤湿度等参数的变化情况。AMSR-E 微波辐射计包含了 6.9 GHz、10.7 GHz、18.7 GHz、23.8 GHz、36.5 GHz 和 89 GHz 6 个工作波段，且每个波段均具有水平极化和垂直极化能力，从而可以提供共计 12 个通道的海表亮温数据，在此基础上可进一步获取海面风速、海表温度、雨率等海面气象参数产品。AMSR-E 微波辐射计空间分辨率变化范围从 89 GHz 的 5.4 km 到 6.9 GHz 的 56 km。其以圆锥式扫描的方式采集数据，采样间隔为 10 km（89 GHz 通道的采样间隔为 5 km），扫描刈幅大约 1 445 km，每天可测量约 29 轨的扫描资料。AMSR-E 微波辐射计入射角为 55°（89 GHz 为 54.5°），测量的亮温范围为 2.7～340 K。相较于其他微波辐射计如 SSM/I，AMSR-E 的带宽更窄，并且增加了两个低频波段（6.9 GHz 和 10.7 GHz）。由于该低频段微波信号相较更高频段的微波信号而言，受

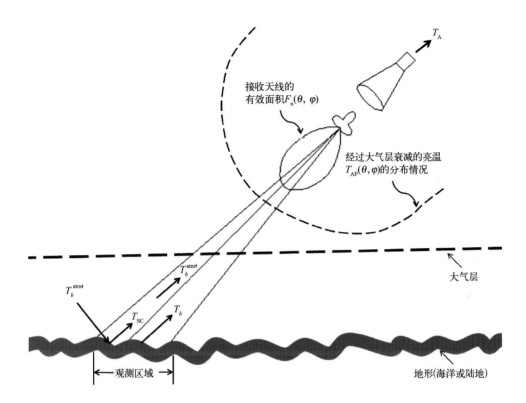

图 1-7　微波辐射计接收亮温信号的过程

T_b：海面的热辐射亮温；$T_b^{\mathrm{atm}\downarrow}$：大气下行辐射亮温；

$T_b^{\mathrm{atm}\uparrow}$：大气上行辐射亮温；$T_{\mathrm{SC}}$：下行大气到达海面后反射的辐射亮温

降雨的散射作用较小，因此新增的这两个低频波段的海表亮温观测值可用于反演高海况条件下的海面气象参数。

AMSR-2 是搭载在日本宇航勘探局（Japan Aerospace Exploration Agency，JAXA）"全球变化观测任务"水卫星 1（Global Change Observation Mission-Water 1，GCOM-W1）上的被动式微波辐射计。由于 AMSR-E 在 2011 年 10 月 4 日停止工作，因此 AMSR-2 承载着 AMSR-E 的使命，继续观测地球的变化。AMSR-2 和 AMSR-E 有许多相似之处，两者具有相同的刈幅宽度，均采用圆锥式扫描方式进行观测。但是 AMSR-2 的天线直径比 AMSR-E 大，同时还增加了 7.3 GHz 水平和垂直极化两个通道，总通道数增加至 14 个。此外，AMSR-2 各个频率通道的空间分辨率比 AMSR-E 更高。本节用于仿真和反演的 AMSR-E L2A 和 AMSR-2 L1R 的亮温数据下载于 JAXA 官网（fftp://gcom-w1.jaxa.jp）。表 1-2 是 AMSR-E 与 AMSR-2 的仪器参数。

表 1-2 AMSR-E 与 AMSR-2 仪器参数

传感器名称	AMSR-E		AMSR-2	
搭载卫星平台	Aqua		GCOM-W1	
轨道高度/km	705		705	
刈幅/km	1 450		1 450	
天线直径/m	1.6		2	
传感器频率及其对应的空间分辨率	频率/GHz	分辨率/(km×km)	频率/GHz	分辨率/(km×km)
	6.9（V，H）	75×43	6.9（V，H）	62×35
	10.7（V，H）	51×29	7.3（V，H）	62×35
	18.7（V，H）	27×16	10.7（V，H）	42×24
	23.8（V，H）	32×18	18.7（V，H）	22×14
	36.5（V，H）	14×8	23.8（V，H）	19×11
	89.0（V，H）	6×4	36.5（V，H）	12×7
			89.0（V，H）	5×3

1.2.2 微波辐射计海面风速和海表温度反演方法

微波辐射计是用于海-气界面气象参数观测的重要传感器。目前，广泛用于微波辐射计海面风速和海表温度反演的方法有统计方法和物理方法。

1.2.2.1 统计方法

统计方法主要通过在特定区域，根据亮温和实测参数之间的关系建立经验模型进行参数反演。主要优点是不需要深入研究微波发射和传输的物理机制，只需对选定区域的匹配数据进行统计分析以获得统计模型参数，缺点是会产生人为附加的误差。通常采用的统计方法主要包括人工神经网络方法、遗传算法、线性回归及波文比方法。

人工神经网络方法具有非线性、自学习、并行分布处理能力和容错性强等技术优点。Jones 等（1999）通过引入人工神经网络模型建立了总降水、海表温度、湿度 3 个参数与近海面气温和湿度之间的非线性映射关系，通过该关系反演的海面气温和比湿的均方根误差分别为（0.72±0.38）℃和（0.77±0.39）g/kg。Singh 等（2004）基于人工神经网络模型结合多频扫描微波辐射计（multifrequency scanning microwave radiometer，MSMR）的亮温资料反演海面比湿，得到瞬时比湿的均方根误差为 1.2 g/kg，月平均比湿的均方根误差为 0.9 g/kg。孟雷等（2006）利用神经网络方法反演海面风场，通过比较单参数、多参数和复合多参数神经网络模型在不同风速条件下和不同天气环境下海面风场的反演效果，研究发现复合多参数神经网络模型反演的海面风速和风向的稳定性、精度都较好。在混合天气条件下海面风速反演的均方根误差为 1.61 m/s，而在晴天条件下均方根误差降低为 1.46 m/s。此外，孟雷等还提出了 3 种新型的神经网络模型（分类神经网络模型、循环神经网络模型和联合神经网络模型），并比较在不同状态下的风速反演精度。但是由于缺少高风速数据样本，在高风速情况下此方法的反演效果还有待深入考察。同时，其提出的 3 种新型神经网络模型也需要进一步完善。

遗传算法源于生物进化论和群体遗传学，主要用于模拟生物繁殖的突变、交换和达尔文的自然选择过程。遗传算法最主要的优点是客观性和数据适应性；此外，通过该算法可以得到一组不同变量之间比较简单而实用的关系。Singh 等（2004）基于遗传算法反演近海面的比湿和气温，通过不断寻求反演参数与输入参数的最优关系式，将总降水量、大气边界层水蒸气和海表温度作为已知参数输入最佳关系式中来反演海面比湿和气温。反演结果和综合海洋大气数据集（comprehensive ocean-atmospheric data set，COADS）观测数据相比，日平均比湿的均方根误差为（1.5±0.4）g/kg，日平均气温的均方根误差为 1.4℃，而月平均气温的均方根误差减小到 0.74℃。但在西边界流地区的冬季，由于有大陆冷空气暴发和季节性环流的作用，海表温度和海面气温的耦合很弱，因此遗传算法不适用于西边界流海域的冬季海面气温的反演。随后，王丽静等（2008）利用遗传算法结合 AMSR-E 的海洋产品反演海面气温和比湿，通过与浮标实测数据的比对，实时近海面气温和比湿的均方根误差分别为 1.18℃和 1.36 g/kg。

Goodberlet 等（1989）最早提出了基于 SSM/I 亮温资料的全球海面风速反演线性统计算法（GSW 算法），该方法可获得晴天条件下的海面风速信息，但在云天环境下反演效果较差。Goodberlet 等（1989）为了提高 GSW 算法在云天条件下的海面风速反演精度，提出了非线性回归风速反演算法（GS 算法），但该算法的海面风速反演误差也较高（均方根误差为 2.5 m/s），因此仍无法用于获取云天状况下的海面风速信息。Liu 等（2003）通过改进波文比方法反演中国近海实时的海面气温。首先，根据 36 个月的试验结果确定最优的波文比值，然后基于波文比的定义和海表温度与风速资料计算近海面气温值，该方法反演的均方根误差为 1.46 K。霍文娟等（2013）利用多元线性回归方法，结合 AMSR-E 和 MODIS（moderate resolution imaging spectroradiometer）资料来反演印度洋北部海域的海表温度，反演的海温与实测资料相比，均方根误差为 0.32℃。伍玉梅等（2007）利用多通道组合方法反演海面风速、海表温度等海面气象参数。反演结果和 TAO 浮标实测数据相比，海表温度、海面气温、湿度和风速的均方根误差分别为 0.53℃、0.74℃、3.2%和 1.1 m/s。此方法不仅简单方便，还能估计不同通道的亮温对海面气象参数的敏感性。

神经网络模型、遗传算法、波文比、多通道组合等反演算法虽然具备许多优点，但由于它们都是统计方法，因此都很少考虑物理机制，在反演过程中仅通过经验关系和求解最优概率进行参数反演。微波传感器观测的亮温主要取决于海面的辐射率，而辐射率受海洋的物理状态和各种海洋参数的物理机制影响很大，因此统计方法具有不确定性。此外，这些方法反演的都是中低风速条件下的海面气象参数，缺少高风速海-气界面气象参数信息。

1.2.2.2 物理方法

物理方法是根据海面微波发射率模型和大气辐射传输模型建立海面气象参数与海面亮温之间的函数关系进行反演的一种方法。该方法相对于统计方法而言不会产生人为附加的系统误差和随机误差，但是需要对影响海面微波发射和大气辐射传输的物理机制做全面分析，同时还需考虑所有海洋和大气参数测量的微波信号的影响。

Wentz 等(1984)提出了基于辐射传输方程的海面风速反演算法，该方法精度较高，但无法用于 SSM/I 微波辐射计海面风速的实时反演。Shibata 等(2017)通过校正 AMSR-E 海表温度反演算法中海面风速的影响来提高海温反演的准确度，研究发现海表温度反演中的海面风速影响系数在全球范围内随季节变化而变化，并非 AMSR-E 原有算法中假定的常数。但是研究中并未讨论强风条件下海面波浪破碎过程产生的泡沫和白冠对海表温度反演精度的影响。王振占等(2009)基于微波辐射传输理论对原有的辐射传输模型进行了改进，并进行了相同参数的反演，发现改进后的模型反演效果优于 Wentz 模型，其均方根误差由 2 m/s 提高到 1.21 m/s。

雨滴对海面微波信号有散射和吸收作用，同时降雨也会增加大气的衰减强度，雨滴对高频微波信号的影响尤为剧烈。雨滴的散射强度与微波波长相关，当微波波长远大于雨滴粒径时，雨滴的散射作用会大大减小甚至可以忽略，因此 L 波段的海面亮温适用于研究飓风环境下海面风速的分布情况。研究表明在雨率小于 12 mm/h 的条件下，频率小于 10 GHz 的微波信号受雨滴的散射作用可忽略不计。由于 AMSR-E 和 AMSR-2 微波辐射计都具有受降雨影响较小的两个低频波段(6.9 GHz 和 10.7 GHz)，因此近年来这两个低频波段的海面亮温资料也被广泛应用于恶劣天气环境下的海面风速反演。

Shibata 等(2017)结合 AMSR-E 的 6.9 GHz 和 10.7 GHz 水平极化通道的海面亮温研究飓风情况下的海面风速。经过分析发现，在飓风中心由于海面风速变化而导致的海面亮温信号变化量(W6)对海面风速很敏感，当风速从 33 m/s 增加到 72 m/s 时，W6 也从 22 K 增加到 65 K。但是该敏感性仅适用于中高纬度海域，在低纬度大气水蒸气含量较高且降雨较多的海域，此方法还有待验证。此外，由于在 6 GHz 频率附近存在无线电频率干扰(radio frequency interference, RFI)，因此该算法还需校正 RFI 的影响。Gentemann 等(2010)利用 AMSR-E 6.9 GHz 和 10.7 GHz 两个波段的亮温，结合统计方法和辐射传输模型反演海表温度，经过分析发现，在全球范围内，由于传感器噪声和物理因素的影响，基于 6.9 GHz 亮温资料反演的海表温度误差均小于 10.7 GHz 的反演结果，在降雨环境下

10.7 GHz 的海表温度反演精度更差。

Yan(2008)等基于辐射传输模型，结合 AMSR-E 6.9 GHz 和 10.7 GHz 的亮温反演热带气旋的海面风速，反演结果和浮标实测数据相比，均方根误差为 2 m/s。该算法对降雨和 RFI 的干扰都做了校正，但是缺少高风速数据样本的验证。此外，该算法对雨滴粒径的假设会影响反演精度。Zabolotskikh(2016)等结合神经网络模型和辐射传输模型反演温带气旋的海面气象参数。反演中加入了受降雨影响较小的 10.7 GHz 的大气透过率。该方法的主要优点是考虑了海面微波散射的物理机制，解决了高海况下海洋掩膜的问题。但是该算法仅应用于中高纬度受大气水蒸气和液态水影响较小的海域，在低纬度海域的适用性还有待验证。此外，由于 AMSR-2 和实测资料的匹配数据集中风速仅在中低风速范围(风速大多数小于 20 m/s)，因此该算法对于大风条件的适用性也需要验证。

由风驱动的海面粗糙度对研究海-气相互作用、大气向海洋输送的净通量和风浪的形成有着至关重要的影响。此外，海面粗糙度会影响海面的辐射率和反射率，是反演过程中的主要物理误差来源。当风速增加到一定程度时，海面因风浪破碎而形成的泡沫和白冠同样对传感器接收的亮温信号有影响，在反演高海况条件下的海面气象参数时，泡沫和白冠的影响更为重要。因此，需要对粗糙度、泡沫和白冠有精确的了解才能全面理解主动式微波散射计测量的后向散射系数或被动式微波辐射计测量的亮温信息，从而提高海面气象参数的反演精度。Hong 等(2013)根据风速和粗糙度的关系，利用 FASTEM-3(fast microwave emissivity model,version 3)模式结合 AMSR-E 资料反演海面风速。反演结果与浮标数据相比，AMSR-E 的 18.7 GHz、23.8 GHz 和 36.5 GHz 频率通道的均方根误差分别为 0.37 m/s、0.42 m/s 和 0.49 m/s，但是该方法仅适用于中等海况条件下的海面风速反演。

参数化的无量纲海面粗糙度谱是无量纲风速的幂次函数，可定义为风速的摩擦速率和相速度的比值。该参数化的无量纲粗糙度谱(H_{11}谱)可应用于计算中低风速下的雷达后向散射系数和亮温。Hwang 等(2011)将不同的粗糙度谱(D、E、K 和 H_{11}谱)输入小斜率小扰动模型(small slope approximation/small perturbation method,SSA/SPM)来仿真海面亮温。通过分析发现 H 谱模拟的亮温和卫星的观测结果较为吻合，并且 H_{11}谱对风速比较敏感。但是该 H_{11}谱仅适用于中低风速条件。Hwang 等(2011)从海面的物理机制出发，将粗糙度和泡沫对辐射率的贡献分离，结合 SSA/SPM 模型研究泡沫和粗糙度对海面微波信号的影响。结果表明对于垂直极化的微波，泡沫对辐射率的贡献占主导地位；但对于水平极化的微波，泡沫和粗糙度的贡献都很重要，且粗糙度的权重更大一些。此外，泡沫主要受海面风速影响，而粗糙度则与海面风速、频率、入射角和极化方式都有关。2013 年，Hwang 等通过拓展波数范围对 H_{11}谱做了高风速校正，改进后的高风速粗糙度谱(H_{13}谱)计算的雷达后向散射系数和辐射亮温与卫星观测结果更为吻合。但 H_{13}谱仅用于模拟高风速条件下的海面亮温，并没有应用于反演飓风、台风等高海况下的海面风速。

1.2.3 基于小斜率小扰动模型的辐射计海面高风速和海温反演方法

1.2.3.1 小斜率小扰动模型

小斜率小扰动模型（SSA/SPM）主要用于仿真海面的热辐射。SSA/SPM 模型是通过结合平滑海面产生的热辐射和由于海面小尺度波浪引起的海面粗糙度变化而产生的辐射信号来计算海面总的亮温。海面的辐射亮温通常是海表温度、菲涅尔反射系数和海面方向波谱的函数，其表达式为

$$T_{bp} = T_s \left[1 - |R_{pp}^{(0)}|^2 - \int_0^{+\infty} dk \, k \cdot \int_0^{2\pi} d\varphi W(k, \varphi) g_{pp} \right] \quad (1-6)$$

式中，下标"pp"代表传感器接收信号时的极化方式（HH 代表水平极化，VV 代表垂直极化）；T_{bp} 为水平或垂直极化的亮温；T_s 为海表温度；R_{pp} 为水平或垂直极化的菲涅尔反射系数；k 为海面波浪的波数；φ 为方位角；$W(k, \varphi)$ 为二维波高谱；g_{pp} 为权重系数，水平或垂直极化的权重系数可通过以下公式计算：

$$g_{HH} = 2\mathrm{Re}\{R_{HH}^{(0)*} f_{HH}^{(2)}\} + \frac{k_{zi}}{k_z} \left[|f_{HH}^{(1)}|^2 + |f_{HV}^{(1)}|^2 \right] F \quad (1-7)$$

$$g_{VV} = 2\mathrm{Re}\{R_{VV}^{(0)*} f_{VV}^{(2)}\} + \frac{k_{zi}}{k_z} \left[|f_{VV}^{(1)}|^2 + |f_{VH}^{(1)}|^2 \right] F \quad (1-8)$$

其中，Re 为函数的实部；k_{zi} 和 k_z 为电磁波波数 k_0（$k_0 = 2\pi/\lambda$，λ 为电磁波波长）、海面波浪的波数 k、方位角 φ 和入射角 θ_i 的函数：

$$k_{zi} = k_0 \cos\theta_i \quad (1-9)$$

$$k_z = \sqrt{k_0^2 - k_x^2 - k_y^2} \quad (1-10)$$

在式（1-10）中，$k_x = k_{xi} + k\cos\varphi$，$k_y = k_{yi} + k\sin\varphi$，且 $k_{xi} = k_0\sin\theta_i\cos\varphi_i$，$k_{yi} = k_0\sin\theta_i\sin\varphi_i$。式（1-7）和式（1-8）中的 * 号表示两个参数之间为卷积计算，$f_{\alpha\beta}^{(1)}$ 和 $f_{\alpha\beta}^{(2)}$ 是 SSA/SPM 模型中的第一和第二双站散射系数，方程右端第一项和第二项分别代表二阶反射系数的贡献和布拉格散射的贡献。若 k_z 为实数，则 $F=1$；若 k_z 为复数，则 $F=0$。式（1-6）、式（1-7）和式（1-8）中的菲涅尔反射系数 R_{pp} 表达式为

$$R_{HH} = \frac{\cos\theta - \sqrt{\varepsilon - \sin^2\theta}}{\cos\theta + \sqrt{\varepsilon - \sin^2\theta}} \quad (1-11)$$

$$R_{VV} = \frac{\varepsilon\cos\theta - \sqrt{\varepsilon - \sin^2\theta}}{\varepsilon\cos\theta + \sqrt{\varepsilon - \sin^2\theta}} \quad (1-12)$$

式中，θ 为传感器的入射角；ε 为海水的相对介电常数。AMSR-E 和 AMSR-2 的入射角为 55°（89 GHz 为 54.5°）。本节无论中低风速条件还是高风速条件的海面风速和海表温

度反演使用的都是 89 GHz 以下的亮温资料，因此入射角 $\theta = 55°$。

1.2.3.2　高海况海面粗糙度谱

海面粗糙度主要来自与微波波长相对应的海表布拉格散射附近的短波，在地球物理遥感中，这些短波的波长范围通常在次厘米到分米尺度。海面粗糙度对海面的辐射率和有干扰作用的海面反射率都有影响，是地球物理误差的主要来源，因此海面粗糙度对研究海面辐射率的过程至关重要。粗糙度谱是衡量粗糙度变化程度的一种谱模式，通过它可得到主动式微波传感器的归一化海面后向散射系数和被动式微波传感器的海面亮温值。在中等海况下，引入一种无量纲的粗糙度谱（H_{11}谱），它是无量纲风速的幂次函数，表达式为

$$B\left(\frac{u_*}{c};\ k\right) = A(k)\left(\frac{u_*}{c}\right)^{a(k)} \tag{1-13}$$

式中，u_* 为摩擦速率；c 和 k 分别代表海面波浪的相速度和波数，根据频散关系，在深水中：$c = \sqrt{gk^{-1} + \tau k}$，$g$ 为重力加速度，τ 为表面张力和海水密度的比值；$A(k)$ 和 $a(k)$ 分别为随波数 k 变化的两个系数，H_{11}谱的适用范围是 $u_*/c < 3$（即对于 Ku 波段和 C 波段，U_{10} 小于 13~16 m/s；对于 L 波段，U_{10} 小于 30 m/s）。在高风速情况下（即 $u_*/c \geqslant 3$），由于海况变得复杂，式（1-13）中海面风速的指数会随波数的变化而变化，因此 H_{11}谱不再适用，需要对粗糙度谱进行校正，校正后的粗糙度谱（H_{13}谱）表达式如下：

$$B_h\left(\frac{u_*}{c};\ k\right) = A_h\left(\frac{u_*}{c}\right)^{a_h} \tag{1-14}$$

式中，$a_h = 0.75$；$A_h = A_{11}(k_m)(3)^{a_{11}(k_m)-0.75}$，下标 "$h$" 表示 $u_*/c \geqslant 3$ 的数量，通过 H_{11}谱中的 $A(k)$ 和 $a(k)$ 可计算出 $A_{11}(k_m)$ 和 $a_{11}(k_m)$。

海面粗糙度谱 B 和二维波谱 W 之间存在以下关系：

$$B(u_*/c;\ k) = k^3 \int_0^{2\pi} W(k,\ \varphi)k\mathrm{d}k\mathrm{d}\varphi = k^3 \int_0^{2\pi} S(k)D(k,\ \varphi)k\mathrm{d}k\mathrm{d}\varphi \tag{1-15}$$

式中，$\frac{1}{2\pi}\int_0^{2\pi} D(k,\ \varphi)\mathrm{d}\varphi = 1$，$\int_0^\infty S(k)k\mathrm{d}k = \int_0^\infty F(k)\mathrm{d}k = \eta_{rms}^2$，$B(k) = k^3 F(k) = k^4 S(k)$，$D(k,\ \varphi)$ 是方向分布函数。因此，式（1-6）可改写为

$$T_{bp} = T_s\left(1 - |R_{pp}^{(0)}|^2 - \int_0^{2\pi}\int_0^\infty k^{-3}B(k)D(k,\ \varphi)g_{pp}\mathrm{d}k\mathrm{d}\varphi\right) \tag{1-16}$$

式（1-15）中的摩擦速率 u_* 是海面风速 U_{10} 和摩擦系数 C_{10} 的函数：$u_* = U_{10}\sqrt{C_{10}}$，其中，$C_{10} = 10^{-5}(-0.16U_{10}^2 + 9.67U_{10} + 80.58)$。由 u_* 的公式可知，在海面风速小于 50 m/s 时，u_* 随风速单调递增，但当海面风速大于 50 m/s 时，u_* 随风速的增加而减小。

在中低风速条件下，海水的介电常数 ε 仅是频率、海表温度和盐度的函数。但在高风速条件下，由于波浪发生破碎现象，而空气的介电常数和海水的介电常数差别很大，

因此当空气进入破碎的波浪时，混合海水的介电常数会发生剧烈的变化，此时海水的介电常数 $\varepsilon_f = \left(f_a + (1-f_a)\sqrt{\varepsilon}\right)^2$，$\varepsilon_f$ 不仅与频率、海表温度和盐度有关，而且还与泡沫或白冠的覆盖率 f_a、摩擦速率有关。在高风速条件下，式(1-11)和式(1-12)中的菲涅尔反射系数也是基于混合海水的介电常数 ε_f 计算得到，而高风速下的菲涅尔反射系数同样也应用于计算式(1-7)和式(1-8)中的权重系数，从而在反演中引入了泡沫和白冠对海面风速和海表温度反演的影响。根据式(1-16)，在不同风速条件下输入不同的粗糙度谱、海表温度、菲涅尔反射系数和权重系数，即可模拟不同海况下的海面亮温。同样，可以建立式(1-16)模拟的亮温和卫星观测亮温之间的非线性最优关系，找到两者差异最小的解来反演风速和海温。

1.2.3.3 海面高风速反演

图 1-8 所示是在台风"梅花"期间，AMSR-E（6.9 GHz 水平极化通道）连续 3 天

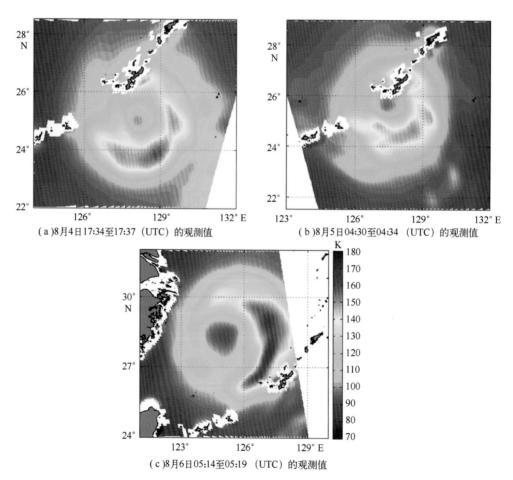

（a）8月4日17:34至17:37（UTC）的观测值 （b）8月5日04:30至04:34（UTC）的观测值

（c）8月6日05:14至05:19（UTC）的观测值

图 1-8 2011 年台风"梅花"期间，AMSR-E 6.9 GHz 水平极化通道
连续 3 天观测的亮温分布情况

(2011 年 8 月 4 日至 6 日)观测的亮温分布图，图中的白斑部分是利用地形高程数据 ETOPO1 资料结合经验亮温临界值剔除的受污染亮温数据。从 AMSR-E 连续 3 天的亮温分布场可以看出，2011 年超强台风"梅花"在 8 月 4 日至 6 日有向我国江浙沪沿岸移动的趋势。AMSR-E 雨率产品的分布情况(图 1-9)和亮温的分布情况相似，而基于 SSA/SPM 模型和 H_{13} 谱反演的海面风速也可看出台风"梅花"的移动发展过程 [图 1-10(a)、图 1-10(c)和图 1-10(e)]。6 日 5 时左右，台风"梅花"的最大风速达到 46.5 m/s [图 1-10(e)]，最大雨率约 15 mm/h [图 1-9(c)]。而 AMSR-E 业务化的 LF 海面风速产品无法获取台风中的风速信息 [图 1-10(b)、图 1-10(d)和图 1-10(f)]。此外，基于 6.9 GHz 水平极化观测亮温，并结合 SSA/SPM 模型和 H_{13} 谱反演的风速结构与亮温(图 1-8)和雨率(图 1-9)的结构相似。

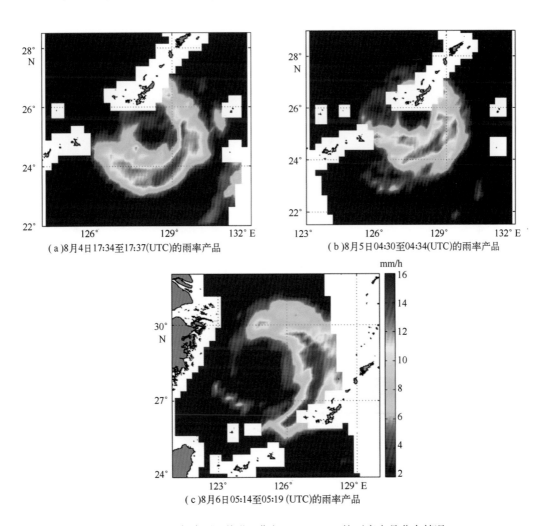

(a)8 月 4 日 17:34 至 17:37(UTC)的雨率产品

(b)8 月 5 日 04:30 至 04:34(UTC)的雨率产品

(c)8 月 6 日 05:14 至 05:19(UTC)的雨率产品

图 1-9　2011 年台风"梅花"期间，AMSR-E 的雨率产品分布情况

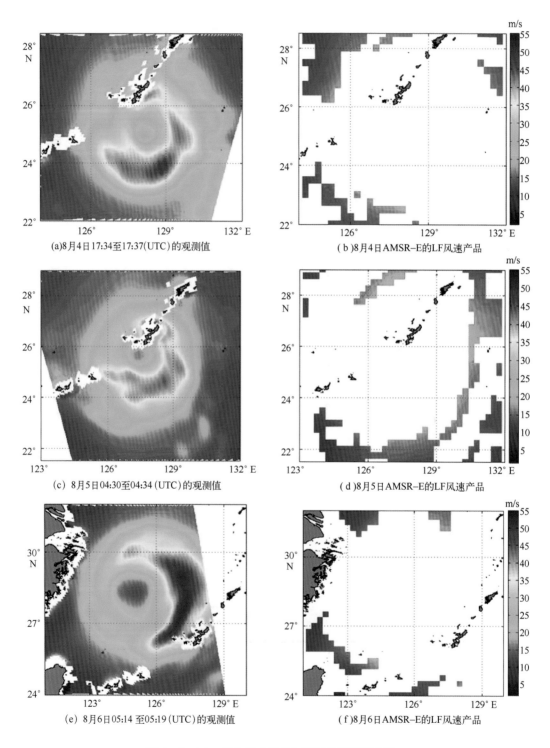

(a)8月4日17:34至17:37(UTC)的观测值

(b)8月4日AMSR-E的LF风速产品

(c) 8月5日04:30至04:34(UTC)的观测值

(d)8月5日AMSR-E的LF风速产品

(e) 8月6日05:14 至05:19(UTC)的观测值

(f)8月6日AMSR-E的LF风速产品

图1-10 2011年台风"梅花"期间的海面风速场

　　台风"灿鸿"期间，AMSR-2(6.9 GHz 水平极化通道)连续 3 天(2015 年 7 月 9—11日)的海面亮温分布情况(图 1-11)表明，强台风"灿鸿"在 7 月 9—11 日经历了台风增强、发展的过程。在发展过程中，台风"灿鸿"逐渐向西北方向移动并于 11 日 5 时左右靠近我国浙江沿岸。AMSR-2 雨率产品的分布情况(图 1-12)和亮温的分布情况相似。在台风"灿鸿"靠近我国浙江沿岸时，最大风速达到 51 m/s，并伴有强降雨(最大雨率将近 16 mm/h)。而 AMSR-2 业务化的 LF 风速产品同样不能获取台风内的风速信息 [图1-13(b)、图 1-13(d)和图 1-13(f)]。但从基于 SSA/SPM 模型和 H_{13} 谱反演的海面风速也可看出台风"灿鸿"增强发展的过程 [图 1-13(a)、图 1-13(c)和图 1-13(e)]，同时海面风速分布情况与亮温(图 1-11)和雨率(图 1-12)的分布情况相似。

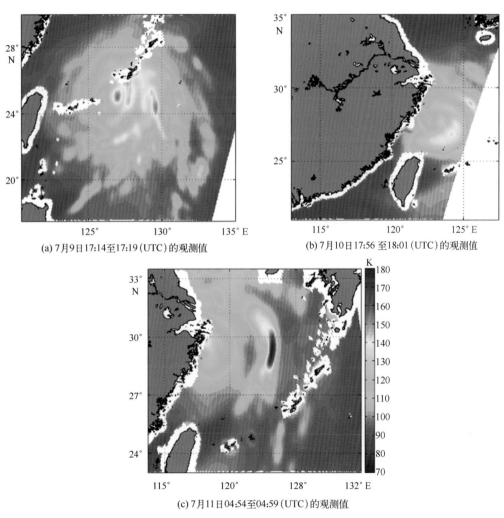

(a) 7月9日17:14至17:19(UTC)的观测值　　　　　(b) 7月10日17:56至18:01(UTC)的观测值

(c) 7月11日04:54至04:59(UTC)的观测值

图 1-11　2015 年台风"灿鸿"期间，AMSR-2 6.9 GHz 水平极化通道
连续 3 天观测的亮温分布情况

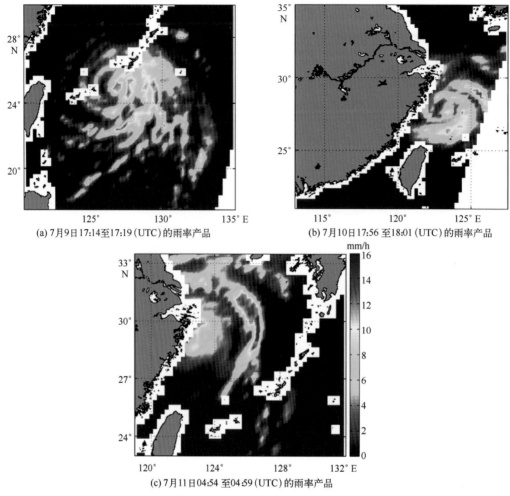

(a) 7月9日17:14至17:19(UTC)的雨率产品　　　　(b) 7月10日17:56至18:01(UTC)的雨率产品

(c) 7月11日04:54至04:59(UTC)的雨率产品

图1-12　2015年台风"灿鸿"期间，AMSR-2的雨率产品分布情况

1.2.3.4　海表温度反演

用于海表温度反演的卫星数据是2010年AMSR-E的6.9 GHz和10.7 GHz垂直极化通道的亮温，验证数据采用美国国家海洋与大气管理局（National Oceanic and Atmospheric Administration, NOAA）下属的国家数据浮标中心（National Data Buoy Center, NDBC）浮标观测的海表温度值。海表温度反演过程与海面风速反演过程相似，但是在海面风速反演过程中，输入的风速是随机的，海温则是由NDBC浮标提供的已知参数。在海表温度反演过程中需要输入已知的风速信息和随机的海表温度值。首先，根据随机的海表温度值找到中低风速匹配数据集中对应的NDBC的海面风速值，然后将其输入H_{11}谱，再根据二维波谱和中等海况海面粗糙度谱的关系得到中等海况下的波谱信息。随后，根据中等海况下的介电常数、AMSR-E的入射角等参数计算中低风速条件

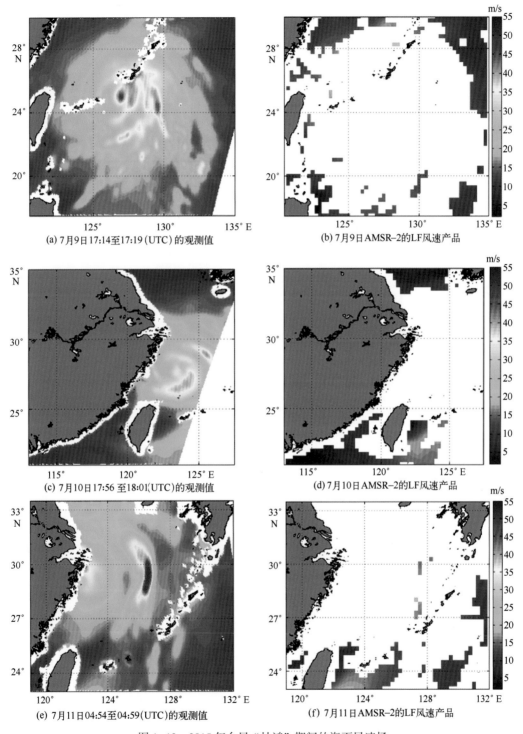

(a) 7月9日17:14至17:19(UTC) 的观测值

(b) 7月9日AMSR–2的LF风速产品

(c) 7月10日17:56 至18:01(UTC)的观测值

(d) 7月10日AMSR–2的LF风速产品

(e) 7月11日04:54至04:59(UTC)的观测值

(f) 7月11日AMSR–2的LF风速产品

图 1–13　2015 年台风"灿鸿"期间的海面风速场

下的菲涅尔反射系数和权重系数，然后将波谱、权重系数、菲涅尔反射系数和随机的海表温度输入 SSA/SPM 模型来仿真 6.9 GHz 和 10.7 GHz 垂直极化通道的亮温。最后通过建立非线性最优关系式寻找模拟的亮温和匹配数据集中卫星观测的亮温之间的差值最小的点来反演中低风速条件下的海表温度。

基于 2010 年 2 月 16 日的 AMSR-E 6.9 GHz 和 10.7 GHz 垂直极化通道的亮温资料进行海表温度反演。由于水平极化通道观测的亮温对风速较敏感，为了减小海面风速对亮温信号的影响，因而选择垂直极化观测的亮温反演海表温度。图 1-14(a) 是基于

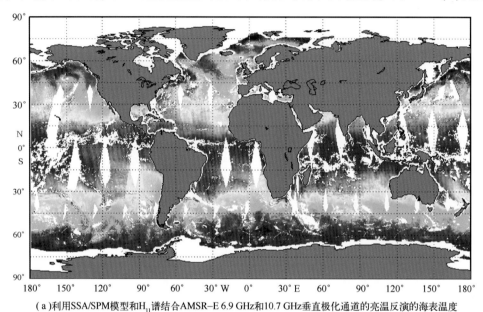

(a)利用SSA/SPM模型和H₁₁谱结合AMSR-E 6.9 GHz和10.7 GHz垂直极化通道的亮温反演的海表温度

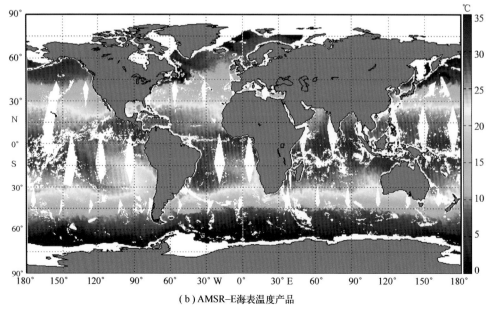

(b)AMSR-E海表温度产品

图 1-14　2010 年 2 月 16 日全球海表温度分布情况

H$_{11}$谱和 SSA/SPM 模型，结合 AMSR-E 6.9 GHz 和 10.7 GHz 垂直极化通道的亮温反演的海表温度结果。图 1-14（b）是 AMSR-E 业务提供的海表温度产品。为了便于比较、分析模型反演的海表温度和 AMSR-E 海表温度，根据 AMSR-E 的海表温度产品网格对反演的海表温度进行了插值。由图 1-14 可知，在全球范围内反演的海表温度与 AMSR-E 的海表温度产品结果整体变化趋势相同，海表温度均由赤道向两极递减，热带海域的海表温度较高，最高温度约 30℃。而高纬度海域的海表温度整体偏低，几乎都小于 10℃。从反演的海表温度和 AMSR-E 的海表温度产品可知，2010 年 2 月 16 日的海表温度在高纬度海域的分布没有像海面风速一样出现"飓风式结构"。在低纬度海域，海表温度的反演结果和风速的结果相似，都与 AMSR-E 的产品差异较小。但是在中高纬度海域，反演的海表温度大于 AMSR-E 产品的海表温度值。

1.3　雷达高度计巨浪信息提取技术

1.3.1　基于神经网络的高度计有效波高校正算法

星载雷达高度计是获取海面有效波高的重要手段之一，其测量原理是根据粗糙海面波峰和波谷处反射的雷达脉冲到达卫星接收器的时间差，即有效脉冲持续时间与海面波高的一一对应关系，通过测量有效脉冲持续时间来计算海面波高。

由于使用目的不同或传统习惯的影响，常采用具有某种代表意义的特征波高，如均方根波高、累积率波高、部分大波平均波高等。其中 1/3 大波平均波高被称为有效波高（significant wave height，SWH），它反映了海浪的显著部分，是船舶航行、港口工程设计等工作中关心的对象，也是海浪遥感反演所提供的主要波高产品。

星载雷达高度计测量有效波高依赖于反射的雷达脉冲的形状。波浪使海面起伏不平，高度计发出的脉冲式球面波波前首先被波峰反射，稍后才被波谷反射，使回波信号的上升沿出现展宽，这个过程可以在回波信号的前沿斜波区上表现出来，这样可以从回波分析中研究有效波高，如图 1-15 所示。因此，海面回波前沿区斜率与有效波高有着密切联系，即前沿区斜率越大相应的海面有效波高值就越小，反之，前沿区斜率越小相应的海面有效波高值就越大。一般来说，可以根据海面回波前沿区斜率的大小来提取有效波高信息。

海面回波功率 $P(t)$ 的解析表达式为

$$P(t) = K \frac{X_\omega}{s^2 L^3} \left[1 - \mathrm{erf}\left(\frac{t_p}{t_s} - \frac{t}{t_p} \right) \right] \exp\left[\left(\frac{t_p}{t_s} \right)^2 - \frac{2t}{t_s} \right] \tag{1-17}$$

其中，

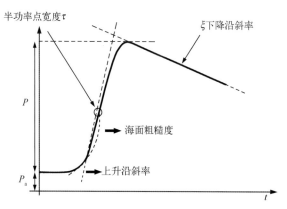

图 1-15　海面回波波形示意图

$$X_\omega = \frac{c\,\tau}{4\sqrt{\ln 2}} \qquad\qquad (1-18)$$

$$t_p = \frac{2\,(X_\omega^2 + 2h^2)^{1/2}}{c} \qquad\qquad (1-19)$$

式(1-17)至式(1-19)中，c 为光速；L 为高度计相对平均海面的高度；τ 为高度计脉冲半功率点宽度；s 为海面斜率总的均方根值；h 为海面均方根波高；$\mathrm{erf}(X)$ 为高斯误差函数；K 为常数，包括的因素有发射功率、脉冲压缩增益、天线增益、传播损耗及菲涅尔反射系数；t_s、t_p 为时间常数。由于高度计工作在脉冲有限的工作模式，式(1-17)可进一步简化为

$$P(t) = K\frac{X_\omega}{s^2 L^3}\left[1 + \mathrm{erf}\left(\frac{t}{t_p}\right)\right]\exp\left(-\frac{2t}{t_s}\right) \qquad\qquad (1-20)$$

式(1-20)归一化得

$$W(t) = \left[1 + \mathrm{erf}\left(\frac{t}{t_p}\right)\right]\exp\left(-\frac{2t}{t_s}\right) \qquad\qquad (1-21)$$

考虑机载高度计跟踪偏离效应，将式(1-21)的时间原点设为 t_0，则

$$W(t) = \left[1 + \mathrm{erf}\left(\frac{t - t_0}{t_p}\right)\right]\exp\left(-\frac{2(t - t_0)}{t_s}\right) \qquad\qquad (1-22)$$

而海面均方根波高可由式(1-18)和式(1-19)确定：

$$h = \frac{c}{2}\left(\frac{t_p^2}{2} - \frac{\tau^2}{8\ln 2}\right)^{1/2} \qquad\qquad (1-23)$$

从卫星高度计回波波形数据出发，通过对波形的预处理，包括时间平均、热噪声去除、波形归一化、半功率点确定和波形拟合等步骤，可以得到 τ 以及参数 t_s 和 t_p 的值，进而计算海面均方根波高 h，最终根据均方根波高与有效波高的经验关系，计算得到有效波高。

在遥感观测过程中，现场的海洋动力环境和气象条件都会对回波信号产生影响，特别是降水、白冠等对回波的影响较大。为校正高度计有效波高反演算法，提高反演精度，应首先利用海浪现场观测资料，对高度计遥感数据进行比对检验。

海浪浮标(海浪专用浮标或通用海洋浮标内置海浪观测仪)可在海洋中长时间布放观测，获得的长时序观测数据也更容易与卫星运行的星下点轨迹配对，因此常用于高度计遥感数据的验证。本节中使用的海浪浮标观测数据由美国国家数据浮标中心(NDBC)提供，该数据集包含约400个海浪浮标的观测数据，数据时间跨度从1970年至今，涵盖了全球公开的海浪浮标观测数据80%以上。

海浪的时空分布在一定范围内具有相似性，为增加可配对的数据量又不失代表性，可设置合理的时间窗和空间窗，当一次遥感观测与一次浮标观测的时间间隔和空间距离在时空窗口之内，则认为两者是针对同一海浪对象进行的观测，可将两者配对用于高度计遥感结果验证或校正。本研究将 Jason-1/2 高度计有效波高的沿轨数据与 NDBC 浮标海浪观测数据进行匹配，选取 1 h 的时间窗和 1/20 经/纬度(小于 6 km)的空间窗，共获得匹配数据 11 854 对。

Jason 系列高度计提供 Ku 波段和 C 波段两种波高观测数据，通过比对发现，Ku 波段遥感反演的有效波高与现场观测数据符合较好，两者相关系数达到 0.83，如图 1-16 所示。

分析显示，卫星高度计反演有效波高与浮标观测数据吻合良好。受信噪比影响，在有效波高小于 1 m 的部分其相对误差较大，但这部分数据的精度在实际应用中意义不大。存在的更重要的问题是，有少部分(约占总数据的 1%)卫星高度计反演的有效波高显著高于浮标观测值，这在其科学应用特别是海浪同化预报中可能造成严重高估。初步判断其可能的原因是：①由于降水或白冠造成的回波波形与有效波高对应关系发生变化；②与波浪中风浪和涌浪的成分比例有关，即不同类型海浪混合造成的海洋非高斯化等因素导致的回波波形变化，使遥感反演的波高异常偏大。考虑到海面风速的大小与海浪破碎、风浪组分、波高之间存在的相关性以及降水对高度计回波波形的影响，也一定程度地反映在高度计风速中，因此可以考虑引入高度计风速数据来剔除上述各项原因引起的误差。即认为存在包含各种误差因素的复杂函数关系 $(U_{\text{altimeter}}, SWH_{\text{altimeter}}) = f(SWH_{\text{real}})$，通过求解其逆函数 $SWH_{\text{real}} = f'(U_{\text{altimeter}}, SWH_{\text{altimeter}})$ 的方法来获得有效波高的真值。由此可将高度计同步获得的海面风场数据与有效波高数据作为共同输入项，重新计算海面有效波高，对原始有效波高数据进行校正。

考虑到函数的非线性复杂形式，直接通过数学手段求解上式是非常困难的，而人

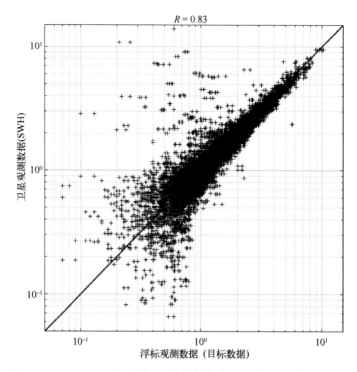

图 1-16　Jason-1/2 高度计 Ku 波段有效波高与浮标观测数据对比

工神经网络方法提供了一种求解该问题的独特手段。研究中采用反向传播学习算法，简称 BP 算法。BP 算法是人工神经网络方法中最为常用的一种算法，BP 算法或其改进形式占人工神经网络方法的 80%~90%。在理论上已经证明，BP 算法只要隐含层节点数足够多，就具有模拟任意复杂非线性映射的能力。同时，BP 算法结构简单，可操作性强，并且具有较好的自学习能力，能够有效地解决非线性目标函数的逼近问题，因此被广泛应用于模式识别、信号处理、自动控制、预测、图像识别、函数拟合及系统仿真等学科和领域。

求解有效波高真值的方法如图 1-17 所示，利用遥感-浮标数据配对结果，以浮标有效波高数据作为有效波高真值，并作为输入项，以高度计沿轨风速、有效波高反演结果为输出项，用以训练神经网络，从而得到真实波高-高度计数据之前隐含函数的逆向计算方法。这样，将高度计观测的有效波高和风速数据输入训练好的神经网络模型中，即可计算相应的真实有效波高。

研究使用的 BP 算法采用的是一个三层结构，包括 4 个输入节点(Ku 波段和 C 波段有效波高、高度计风速、微波辐射计风速)、10 个隐含节点、1 个输出节点(真实有效波高)。输入层向隐含层传递数据的形式为

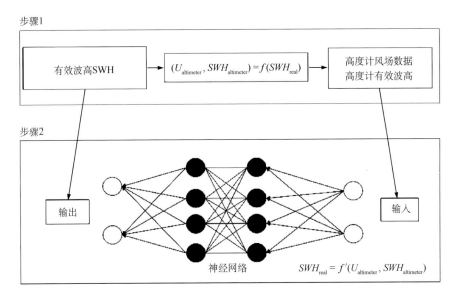

图 1-17　基于 BP 算法的有效波高校正算法流程图

$$H_j = f\left(\sum_{i=1}^{n} w_{ij}x_i - a_j\right) \qquad (j = 1, 2, \cdots, l) \qquad (1\text{-}24)$$

式中，x_i 和 H_j 分别代表输入值和隐含值；n 和 l 分别为输入层和隐含层的节点个数；w_{ij} 为权重系数；a_j 为初始阈值；f 可表示为 $f(x) = 1/[1-\exp(-x)]$。隐含层向输出层传递数据的形式为

$$O_k = g\left(\sum_{j=1}^{l} w'_{ij}H_j - b_k\right) \qquad (k = 1, 2, \cdots, m) \qquad (1\text{-}25)$$

式中，O_k 为隐含层的输出值；m 为输出层的节点数；w'_{ij} 为权重；b_k 为初始阈值。权重和初始阈值在训练网络的过程中被不断调整，以减小网络算法误差，该过程通过误差反向传播实现。

算法实现过程中将所有数据对随机分成三部分：70% 的数据用于训练网络（training），15% 的数据用于训练中的验证（validation），15% 的数据用于最终网络的测试（test）。图 1-18 展示了所训练网络的计算效果。图 1-19 展示了经过 BP 算法校正过的有效波高遥感数据与海浪浮标观测数据的对比。结果表明，经 BP 算法校正过的卫星高度计有效波高与海浪浮标观测数据匹配得更好，总体相关系数达到 0.97。之前存在的部分明显偏高的反演结果基本被修正，在小波高部分的散布状况也比校正前有所收敛，证明了该校正方法的合理性和有效性。

图 1-20 给出了校正前后有效波高的对比，从图中可以更明显地看出本校正算法对原始数据的修正效果。与校正之前相比，新算法使小于 0.5 m 的波高略微增大，使

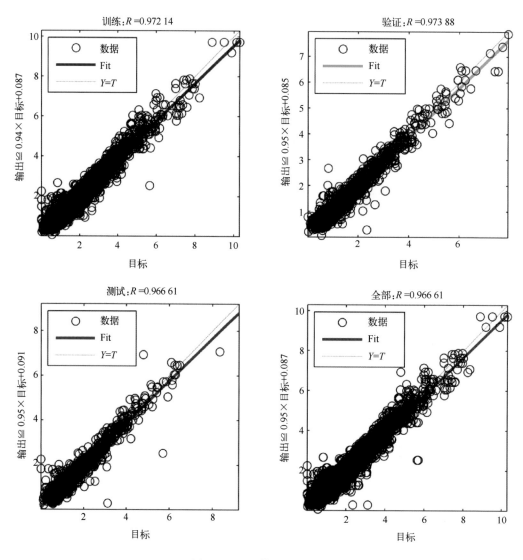

图 1-18 BP 算法训练结果

0.5~3 m 的部分波高有所减小，使部分大于 3 m 的虚假波高显著减小，使遥感数据与浮标观测数据的总体相关系数从 0.92 增大至 0.97，反演精度有了明显提高。

新算法更重要的优点在于，校正所用的全部数据都来自高度计原始数据本身，不需要其他资料，仅通过高度计自身的观测数据就可以对波高反演结果进行校正，甚至可以直接打包在高度计有效波高反演软件中，实现数据的快速自订正。并且随着样本越来越多，算法自身参数也可以继续改进，以获得更精确的反演结果。

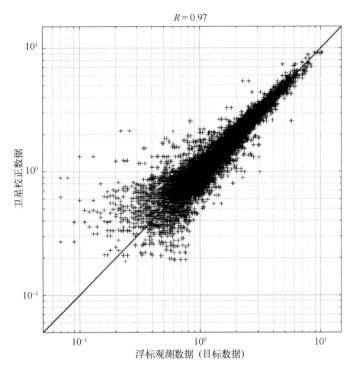

图 1-19　BP 算法得到的有效波高与海浪浮标观测数据对比

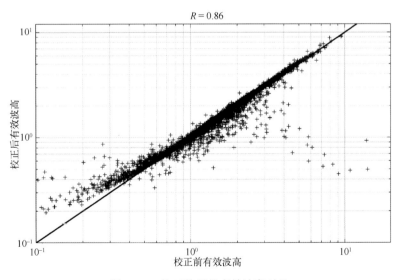

图 1-20　校正前后的有效波高对比

1.3.2　基于高度计数据的风浪–涌浪有效波高分离方法

高度计是一种主动式微波雷达，它向星下点海面发射电磁波，通过接收到的回波信息可以反演海面高度、海浪有效波高和海面风速等参量。这种后向散射可以看作是镜面反射。根据镜面反射理论，假定海面满足高斯分布，描述海面回波强度的后向散射系数可以表示为

$$\sigma_0 = R/s^2 \tag{1-26}$$

式中，R 为菲涅尔反射系数；s^2 为海表均方波陡，即海面波陡的均方差，可以表示为海浪斜率谱积分的形式（Phillips，1977）：

$$s^2 = \int_{k_p}^{k_d} k^2 \varphi(\vec{k}) \, \mathrm{d}\vec{k} \tag{1-27}$$

其中，$\varphi(\vec{k})$ 为风浪波数谱；$\vec{k}$ 为波数矢量。海表均方波陡 s^2 主要与海面高频信息有关，是海表粗糙度的直接反映。一般来讲，海表粗糙度越大，s^2 越大，相应的后向散射系数越小。

Jackson 等（1988）考虑小尺度粗糙海表的衍射效应，提出了一种菲涅尔反射系数分析模型：

$$|R(0)|^2 = a \cdot 0.62 \cdot \left[1 - \left(2 \cdot k_{em} \cdot h_s^2(k_r) \right) \right] \tag{1-28}$$

式中，k_{em} 为高度计发射信号的波数，对于高度计的 Ku 波段和 C 波段可分别取为 300 rad/m 和 120 rad/m；a 为校正系数，仅改变系统偏差。h_s^2 可表示为小尺度波谱积分的形式：$h_s^2 = \int_{k_r}^{\infty} \varphi(\vec{k}) \, \mathrm{d}\vec{k}$，其中 k_r 是波数下限。

海浪波数谱可以表示为饱和谱的形式：

$$\varphi(k) = \frac{1}{2\pi} k^{-4} \left[B_1(k) + B_h(k) \right] \tag{1-29}$$

式中，$B_1(k)$ 和 $B_h(k)$ 分别代表长波和短波的饱和谱。

图 1-21 所示为双波段后向散射系数随风速和波龄的变化特征，从图 1-21 中可以看出，双波段后向散射系数呈现不同的风速和波龄的变化特征，即对于每一组风速和波龄值，双波段后向散射系数存在明显差异，由此推断，风速和波龄可以由双波段后向散射系数逆向求解地球物理模式函数给出：

$$(U_{10}, \beta) = F'(\sigma_{0Ku}, \sigma_{0C}) \tag{1-30}$$

目前已有相关研究结果表明，使用双波段后向散射系数可以有效改进风速的反演结果。

考虑到地球物理模式函数的非线性复杂形式，直接通过数学手段求解式（1-30）非

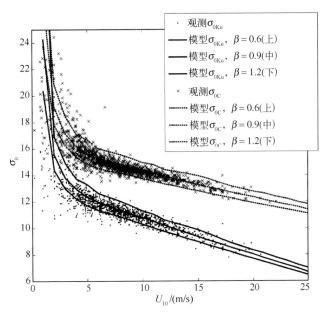

图 1-21　双波段后向散射系数随风速和波龄的变化

实线：分析模型；散点：高度计和浮标配准数据

常困难，仍然采用 BP 法求解该问题。

用 BP 算法求解风速和波龄的方法如图 1-22 所示。首先，设定风速范围在 4~30 m/s，风速间隔为 0.1 m/s，波龄在 0.4~1.2 m/s 区间内，间隔为 0.05 m/s，然后用前文提出的地球物理模式函数分别计算 Ku 波段和 C 波段的后向散射系数，以其作为输

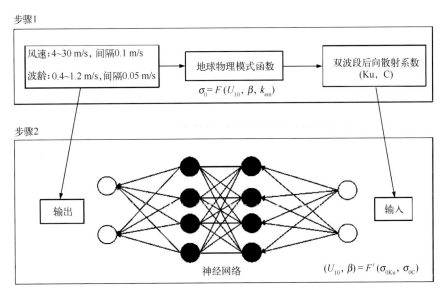

图 1-22　BP 算法逆向求解地球物理模式函数流程图

入项，以风速和波龄作为输出项，用以训练神经网络，从而得到地球物理模式函数的逆向计算方法。由此可见，将高度计观测的双波段后向散射系数输入到该神经网络中，即可计算相应的风速和波龄。研究使用的 BP 算法仍采用三层结构，包括 2 个输入节点、5 个隐含节点及 2 个输出节点。

BP 算法的可靠性通过高度计和浮标的匹配数据进行检验。利用高度计的双波段后向散射系数来反演风速和波龄参量。由于浮标观测的海浪谱通常是风浪和涌浪叠加的形式，而风浪谱峰往往难以分辨，因此，本文将主要对风速进行对比验证，高度计风速与浮标观测风速对比的平均偏差为 0.03 m/s，均方根误差为 1.30 m/s；这要优于高度计业务风速反演算法（Witter et al.，1991），平均偏差为-0.04 m/s，均方根误差为 1.36 m/s；对比另外一种双波段风速反演算法（Chen et al.，2002），平均偏差为 0.02 m/s，均方根误差为 1.28 m/s，两者的误差水平相似。上述结果表明，利用理论模型结果训练得到的神经网络模型可以很好地再现双波段后向散射系数与风速和波龄的关系。

利用 BP 算法得到的风速和波龄参量，可以用于计算风浪有效波高。风浪有效波高、周期与风速存在密切关系，Hasselmann 等（1973）提出了 3 个无因次波浪特征参数的经验关系：

$$f_p^* = 3.5x^{*-0.33} \tag{1-31}$$

$$E^* = 1.6 \times 10^{-7} x^* \tag{1-32}$$

$$f_p^* = f_p U_{10}/g \tag{1-33}$$

$$x^* = xg/U_{10}^2 \tag{1-34}$$

$$E^* = g^2 E/U_{10}^4 \tag{1-35}$$

式中，f_p 为风浪谱峰频率；g 为重力加速度；x 为风区；E 为波能，可以与有效波高建立联系，$H_s = 4\sqrt{E}$（Young，1999）。考虑上述经验关系，可以得到风浪有效波高与风速和波龄的特征关系：

$$H_{s\_windsea} = \gamma U_{10}^2 \beta^{1.5} \tag{1-36}$$

其中，$\gamma = 0.0165$。Hanson 等（2001）指出该关系并不受是否存在涌浪的影响。

涌浪有效波高可以通过求解涌浪波能间接计算，涌浪波能通过总波能与风浪波能的差给出，涌浪有效波高的计算如下：

$$H_{s\_swell} = \sqrt{H_s^2 - H_{s\_windsea}^2} \tag{1-37}$$

需要指出的是，上述方法提取的高度计风速和波龄仅针对风速 $U_{10} > 4$ m/s（大约对应 $\sigma_{0Ku} < 13$ dB）。在更低的风速范围内，风浪充分成长所需要的风区在理论上不大于 30 km（Hasselmann et al.，1973），这在实际开阔大洋中可以满足。因此，研究假定风浪

在实际大洋中是充分成长的，即波龄 $\beta = 1.2$。Chen 等（2002）研究表明，其给出的双波段风速反演方法可以较好地适用于低风速情形，因此选用该方法反演 $\sigma_{0Ku} > 13$ dB 情形下的风速值。

为验证上述风浪–涌浪有效波高的分离效果，利用高度计–浮标匹配数据进行验证。通过一维风浪–涌浪谱分离方法，得到浮标观测的风浪和涌浪波高数据。但需要指出的是，浮标可能无法观测到低风速下（$U_{10} < 4$ m/s）的风浪值，这是由于浮标波浪谱存在一个截断频率（0.4~0.5 Hz）。在低风速条件下，假定风浪充分成长是合理的，因此可通过浮标观测的风速间接推算风浪波高。

图 1-23 给出了高度计与浮标的风浪–涌浪波高的概率分布对比。从图 1-23 中可以看到，本方法可以很好地再现浮标的风浪–涌浪波高概率分布，不过在概率极值处存在较小的差异，高度计的风浪波高概率极值更为尖突，而涌浪波高概率极值略大于浮标概率极值对应的波高。

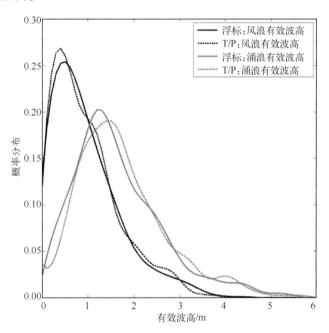

图 1-23　高度计与浮标风浪–涌浪波高的概率分布对比

图 1-24 给出了高度计和浮标风浪–涌浪有效波高的散点数据对比结果。从图 1-24 可以看到，两者较为一致，散点均匀地分布在 1∶1 等值线附近。通过计算平均偏差（MB）和均方根误差（RMSE）可以看出（表 1-3），风浪的平均偏差为 0.03 m，均方根误差为 0.29 m，而涌浪的平均偏差为 0.01 m，均方根误差为 0.32 m。同时，研究还给出了波浪总的有效波高的误差特征值，平均偏差为 0.02 m，均方根误差为 0.23 m。浮标观测的风浪和涌浪有效波高的平均值分别为 1.15 m 和 1.86 m，因此风浪和涌浪波高的

相对误差(均方根误差/平均值)分别为 25.3% 和 17.2%。

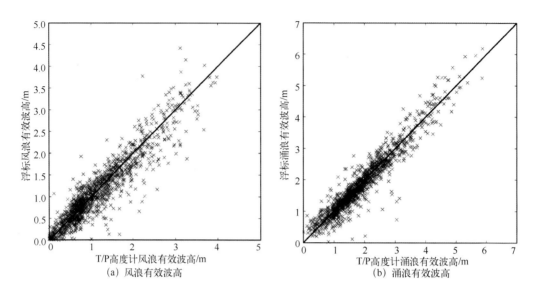

图 1-24　高度计与浮标风浪-涌浪有效波高散点数据对比

表 1-3　有效波高误差特征值

特征量	误差特征值		
	平均偏差/m	均方根误差/m	相关系数(%)
风浪有效波高	0.03	0.29	93
涌浪有效波高	0.01	0.32	95
总有效波高	0.02	0.23	98

1.3.3　风浪波高概率密度分布对高度计巨浪遥感的影响

关于海浪波高的概率密度分布的系统研究可以追溯至 20 世纪 50 年代。Longuet-Higgins 在 1952 年提出，在满足两条假设的前提下，某一固定地点的海浪波高服从瑞利分布：① 海浪是由一系列相位随机的正弦波叠加组成的；② 各组成波的频率集中有一个足够窄的波段(Longuet-Higgins,1952)。此时波高 H 大于任一给定值 H_0 的概率 P 的表达式为

$$P(H > H_0) = \exp\left(-\frac{H_0^2}{H_{rms}^2}\right) \tag{1-38}$$

式中，H_{rms} 为海浪的均方根波高。由式(1-38)可得到 $1/p$ 大波有效波高的表达式为

$$\frac{H_p}{H_{rms}} = \left(\ln\frac{1}{p}\right)^{1/2} + \frac{1}{p}\frac{\sqrt{\pi}}{2}\left\{1 - \mathrm{erf}\left[\left(\ln\frac{1}{p}\right)^{1/2}\right]\right\} \tag{1-39}$$

式中，erf(x) 为误差函数：

$$\mathrm{erf}(x) = \frac{2}{\sqrt{\pi}}\int_0^x \mathrm{e}^{-x^2}\mathrm{d}x \qquad (1-40)$$

由此计算得到有效波高 H_s 与均方根波高的关系为 $H_s = H_{1/3} = 1.416\,H_{\mathrm{rms}}$。Cartwright 等（1956）进一步指出，均方根波高 H_{rms} 与海浪谱的 0 阶矩 m_0 之间存在以下关系：

$$H_{\mathrm{rms}} = (8m_0)^{1/2} \qquad (1-41)$$

从波浪动能的角度用海面起伏的均方根 σ 代替 $m_0^{1/2}$，由此得到 H_s 和 σ 的关系式：

$$H_s = 4.005\sqrt{m_0} \approx 4\sqrt{m_0} = 4\sigma \qquad (1-42)$$

在海面起伏服从高斯分布的基础上，σ 可由高度计回波波形计算得到，并进一步反演出海浪的有效波高。但是，在真实海浪条件下，波高服从瑞利分布所需的两个条件并不能完全满足，其直接结果是式（1-42）给出的关系带有不可忽略的系统误差。为此，研究基于真实风浪谱，考察风浪的成长与波高概率密度分布的关系，以此改进式（1-42），进而提高高度计有效波高的遥感反演精度。

风浪谱的谱形由 JONSWAP 谱给出：

$$S(\omega) = \frac{\alpha g^2}{\omega^5}\exp\left[-\frac{5}{4}\left(\frac{\omega}{\omega_0}\right)^{-4}\right]\gamma^{\exp\left[-\frac{(\omega/\omega_0-1)^2}{2\sigma^2}\right]} \qquad (1-43)$$

式中，ω_0 为谱峰频率；γ 为谱峰提升因子，代表风浪谱的成长状态。为了便于将风浪成长状态用更加表观、更加容易获得的量表现出来，研究引入了风浪谱宽度 B：

$$B = \frac{m_0}{\omega_0 S(\omega_0)} \qquad (1-44)$$

式中，m_0 为谱的 0 阶矩。这样，B 与 γ 的关系可以用下式给出：

$$B = \int_0^\infty \widetilde{\omega}^{-5}\exp\left[-\frac{5}{4}(\widetilde{\omega}^{-4}-1)\right]\gamma^{\exp\left[-\frac{(\widetilde{\omega}-1)^2}{2\sigma^2}\right]-1}\mathrm{d}\widetilde{\omega} \qquad (1-45)$$

式中，$\widetilde{\omega}=\omega/\omega_0$。$B$ 与 γ 两者的关系如图 1-25 所示。

研究针对不同的风浪成长状态（不同的 B），分别构造风浪谱，再利用傅里叶-斯蒂尔杰斯（Fourier-Stieljes）积分将风浪谱重构为海浪时间序列：

$$\zeta(t) = \int_0^\infty \cos(\omega t + \varepsilon)\sqrt{4S(\omega)\,\mathrm{d}\omega} \qquad (1-46)$$

式中，ε 为区间 $[-\pi,\pi)$ 上服从均匀分布的随机相位。从重构的海浪时间序列中，根据波高的定义计算每个波高。再根据有效波高的定义，选取其中的 1/3 大波进行平均，计算有效波高，并考察其与 σ 或 m_0 的关系。为消除随机相位可能对计算结果产生的影响，每组数值实验均重复了 30 万次，实验结果见表 1-4。

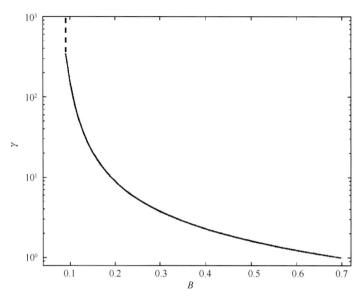

图 1-25　风浪谱宽度 B 与 γ 谱峰提升因子的关系

表 1-4　风浪有效波高与 m_0 的关系随风浪谱宽度 B 的变化

B	γ	H_{rms}^2/m_0	$H_s/m_0^{1/2}$
0	∞	8	4.005
0.10	1.49×10^2	7.933	3.962
0.15	2.07×10^1	7.783	3.924
0.20	8.96	7.660	3.897
0.25	5.40	7.577	3.880
0.30	3.77	7.520	3.867
0.35	2.86	7.479	3.857
0.40	2.29	7.449	3.849
0.45	1.89	7.428	3.843
0.50	1.61	7.410	3.838
0.55	1.40	7.395	3.834
0.60	1.24	7.384	3.831
0.65	1.10	7.375	3.828
0.698 1	1.00	7.368	3.825

　　实验结果表明，风浪成长状态对波高概率密度分布，进而对 H_s/σ 比值有着显著影响。图 1-26 显示了不同风浪谱宽度 B 取值的风浪波高概率密度分布函数与瑞利分布的对比，从中可以看到随着风浪的成长（B 增大），该函数的显著部分和大波高部分逐渐

偏离了瑞利分布曲线。图 1-27 所示为风浪不同成长状态下，波高累积概率的变化曲线。从图 1-27 中可以看出，在风浪具有相当程度的成长时($B \geqslant 0.3$)，风浪的波高累积频率小于瑞利分布理论值，说明根据瑞利分布计算的小概率大波的出现频率要比实际情况偏高。这意味着使用式(1-42)计算的有效波高大于实际风浪的有效波高。对于完全成长的风浪，其 H_s/σ 比值比瑞利分布的理论值小 4.5%。该误差对于有效波高的遥感反演，特别是巨浪的遥感反演是不可忽略的。

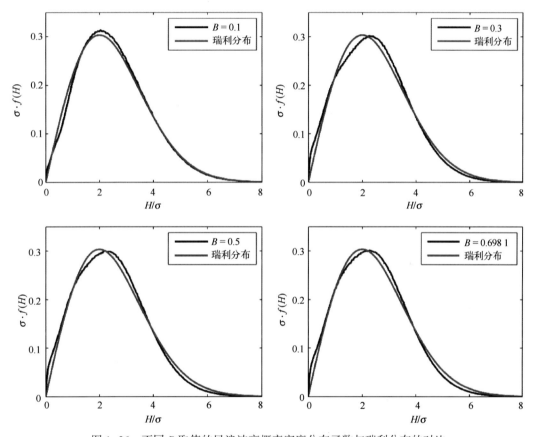

图 1-26　不同 B 取值的风浪波高概率密度分布函数与瑞利分布的对比

如图 1-28 所示，根据数值实验结果，研究提出关于风浪谱宽度 B 的 H_s/σ 比值经验公式：

$$H_\mathrm{s}/\sigma = 4.011 - 0.717B + 0.955B^2 - 0.438B^3 \tag{1-47}$$

然后，根据谱宽度 B 的定义式(1-44)和风浪谱参量与风速的关系，建立 B 与遥感风速的经验关系式，与式(1-47)结合，用于代替现行有效波高遥感反演算法使用的式(1-42)，从而提高有效波高的反演精度。

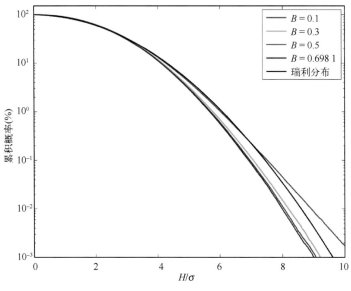

图 1-27　不同风浪成长状态下的波高累积概率

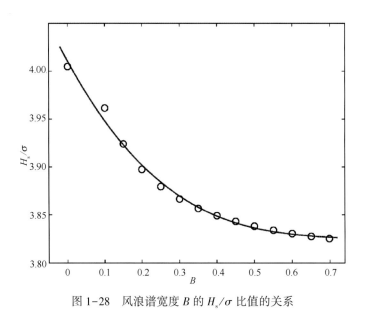

图 1-28　风浪谱宽度 B 的 H_s/σ 比值的关系

1.3.4　HY-2A 卫星数据产品的南海应用——南海风浪、涌浪分布特征初步分析

研究基于 HY-2A 卫星高度计观测的有效波高数据和散射计观测的海面风场数据，利用时空配准技术得到同步的风场和有效波高观测资料，再通过涌浪概率因子和波浪

波龄要素描述南海风浪、涌浪的分布特征。

涌浪概率因子表示为(Chen et al.,2002):

$$PI = \frac{N_s}{N} \tag{1-48}$$

式中，N 为总样本个数；N_s 为涌浪占优的样本数，其定义为波浪有效波高超过当地风速条件下充分成长波高的情形。

波浪的物理定义是波浪主相速与风速的比值。基于大量的实测数据和理论分析，Glazman 等(1990)提出了一种基于风速和有效波高的波龄近似计算方法:

$$WA = 3.24 \left(\frac{gH_s}{U_{10}^2} \right)^{0.62} \tag{1-49}$$

式中，g 为重力加速度。Alves 等(2003)指出充分成长风浪对应波龄的量值为 1.2。因此，当波龄小于 1.2 时，可以看作是风浪，波龄在 1.2~6.7 时，可以看作是混合浪，而其他情形可以看作是涌浪占优。

图 1-29 所示给出了南海区域的年平均涌浪概率因子和波龄空间分布，从中可以看出，两者呈现了较为相似的空间分布特征，在靠近岸界的区域(如北部湾、南沙群岛、台湾海峡)主要为风浪占优，而南海中部涌浪成分较多。对比已发表文献中给出的开阔大洋中的涌浪分布特征结果，南海的涌浪相对成分较少，这可能主要归因于南海的封闭地形阻断效应。

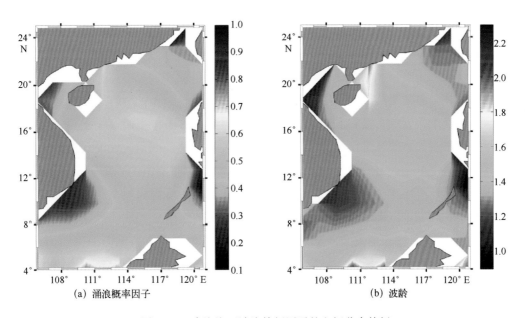

(a) 涌浪概率因子　　　　　　　　(b) 波龄

图 1-29　南海海区波浪特征因子的空间分布特征

表 1-5 给出了南海不同区域(北部、中部和南部)波龄特征因子的季节特征变化，可以看出其呈现较强的季节变化特征，其中南海南部变化最为明显，南海中部较弱。春季涌浪特征最为明显，而在夏秋季节，风浪占主导特征。

表 1-5　南海不同区域波浪特征因子的时空平均特征

因子	区域	春季	夏季	秋季	冬季	年平均
涌浪概率因子	全部	0.54	0.44	0.44	0.47	0.46
	北部	0.50	0.49	0.32	0.34	0.41
	中部	0.55	0.47	0.52	0.51	0.51
	南部	0.57	0.37	0.48	0.42	0.46
波龄	全部	1.61	1.39	1.43	1.46	1.47
	北部	1.56	1.51	1.42	1.36	1.46
	中部	1.61	1.40	1.52	1.55	1.53
	南部	1.65	1.24	1.43	1.40	1.42

1.4　高海况合成孔径雷达海面风场与海浪谱信息提取技术

1.4.1　合成孔径雷达海浪遥感探测机理

海浪是发生在海洋中的一种普通而重要的波动现象。海浪研究与上层海洋动力学、海洋遥感和海洋工程等诸多领域具有密切的关系，对海上经济和军事活动等具有重要的应用价值。浮标可以观测海浪，但仅能获取中低海况下有限点的资料。在高海况下，海上作业受天气影响较大，浮标的布放、监测及回收都相当困难。

海面风场是海洋上层运动的主要动力来源，它与海洋中几乎所有的海水运动直接相关，是海洋学研究的重要物理参数。在海洋动力学过程中，海面风场不仅是形成海面波浪的直接动力，而且是区域和全球海洋环流的动力驱动因子。同时，海面风场调节海洋和大气之间的热量、水汽和物质交换。海面风场的常规观测系统主要通过船舶、海洋浮标及沿岸气象观测站等方式，然而上述方式获得的海面风场资料十分稀少，且时空分布不均匀，难以满足科学研究和气象海洋预报的需求。合成孔径雷达(synthetic aperture radar,SAR)能够全天时、全天候对海成像，获取二维大范围海浪方向谱信息，进而得到海浪有效波高、波长、波向和波周期等特征参数。此外，SAR 可以提供高分辨率海面风速和风向信息，对于研究海岸带区域风场以及高海况下台风海面风场的精细结构以及空间变化特征具有重要意义。

海面局地风通过风应力对海面的作用，产生风生表面波，这些表面波直接或间接地改变了海面粗糙度。卫星 SAR 接收到来自海面的后向散射回波一般可表示为位相统计不相关的小尺度后向散射表面元回波的叠加。在中等风速条件下，当雷达入射角介于20°~70°时，来自海面每个散射元的后向散射回波由微尺度波的布拉格散射机制控制。微尺度波又依次在方向、能量和运动上受到更大尺度波的调制，从而使风生海浪在 SAR 上成像。

当采用二尺度波模型模拟近似海面时，假定海面由长波浪（以下简称"长波"）和叠加在其上的均匀高度短波浪（即微尺度波）组成，其中长波波面 $\xi(r, t)$ 可以表示为

$$\xi(\boldsymbol{r}, t) = \sum_k \zeta_k \exp[i(\boldsymbol{k} \cdot \boldsymbol{r} - \omega t)] + c.c \qquad (1-50)$$

式中，$\boldsymbol{k}$ 为长波矢量，$\boldsymbol{k} = (k_x, k_y)$；$\boldsymbol{r}$ 为平面直角坐标，$\boldsymbol{r} = (x, y)$；ω 为长波角频率；ζ_k 为波面 $\zeta(r, t=0)$ 的傅里叶系数；$c.c$ 表示复共轭。

长波长的海浪是通过对海面微尺度波的调制作用而成像，这些调制作用包括倾斜调制、水动力调制和速度聚束调制。

1.4.1.1　冻结海面的成像机理

冻结海面的 SAR 海浪成像包含三种成像机制：倾斜调制、水动力调制和距离向聚束调制。倾斜调制是由于长波引起的局地入射角变化引起的，这种调制作用在任何过程中都存在。当波面朝向雷达时，后向散射最强；当波面背离雷达时，后向散射最弱。倾斜调制的大小与短波能量的谱分布有关，也与雷达相对平均海面的观测角有关。对于 Phillips k^{-4} 高波数谱和较大的介电常数，垂直极化和水平极化倾斜调制传递函数表达式（Wright,1968；Lyzenga,1986）可以近似为

$$T_k^t = 4ik_l\cot\theta / (1 + \sin^2\theta)$$
$$T_k^t = 8ik_l / (\sin2\theta) \qquad (\theta \leqslant 60°) \qquad (1-51)$$

式中，θ 为雷达入射角；k_l 为入射波数矢量在雷达视向方向上的分量。

海表面并不是由叠加在长波上幅度均匀的短波构成的，而是长波调制短波的幅度。长波改变海洋表面，生成会聚和发散区，即长波和短波的流体力学相互作用，长波调制短布拉格波的能量和波数，即为水动力调制。水动力调制主要对沿距离方向传播的海浪起作用。倾斜调制和水动力调制均为线性调制过程。利用长波与短波相互作用的二尺度波水动力模型可以获得水动力调制的解析表达式。Keller 等（1975）引入了一个以衰减因子 μ 为特征的简单松弛源项，来描述短波对长波调制的响应。Feindt（1985）发现如果在水动力调制函数中包含一个额外的以复反馈因子 Y_r+iY_i 为特征的反馈项，可以获得和实验室测量比较接近的结果。图 1-30 所示为倾斜调制和水动力调制示意图，其数学表达式如下：

$$T_k^h = \frac{\omega - i\mu}{\omega^2 + \mu^2} 4.5k\omega \left(\frac{k_y^2}{k^2} + Y_r + iY_i \right) \qquad (1-52)$$

由于沿长波的坡度变化，有效后向散射系数也随之变化，这将导致距离向聚束现象，距离向聚束调制也为线性调制过程。图 1-31 所示为距离向聚束调制示意图，其数学表达式为

$$T_k^{rb} = \frac{i\mathbf{k}}{\tan\theta} \qquad (1-53)$$

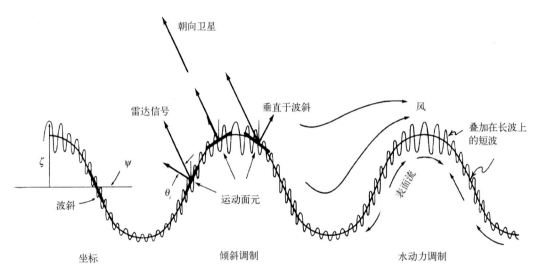

图 1-30 倾斜调制和水动力调制示意图

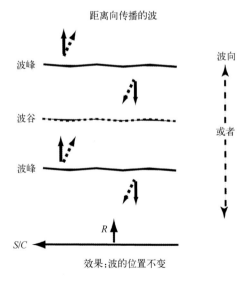

图 1-31 距离向聚束调制示意图

1.4.1.2　海面运动效应

SAR 海浪成像的运动效应主要指速度聚束和速度模糊。速度聚束是由于长波浪的运动引起的。如果长波浪的波峰垂直于雷达速度矢量，则波峰前面的海面区域向雷达图像的方位方向移动，而波峰后面的海面区域向反方向移动。如果长波幅度不算大，则位移量将是几分之一海浪波长，即使忽略前述两种作用，也使波浪在波峰附近黑暗，波谷附近明亮，这种现象就是速度聚束。若波浪幅度太大，那么位移大于一个波长，此时速度聚束函数为高度的非线性。海浪运动的加速度在雷达距离向的分量将引起散焦并使 SAR 海浪图像在方位向变得模糊。图 1-32 为速度聚束调制示意图，其数学表达式为

$$T_k^{vb} = -i\beta k_x T_k^v = -\beta k_x \omega(\cos\theta - i\sin\theta k_l/k) \tag{1-54}$$

式中，$\beta = \rho/U$，ρ 为斜距；U 为雷达飞行速度；k_x 为方位向波数；ω 为海浪角频率；T_k^v 为距离向速度传递函数，其形式为

$$T_k^v = -\omega\left(\sin\theta \frac{k_l}{|k|} + i\cos\theta\right) \tag{1-55}$$

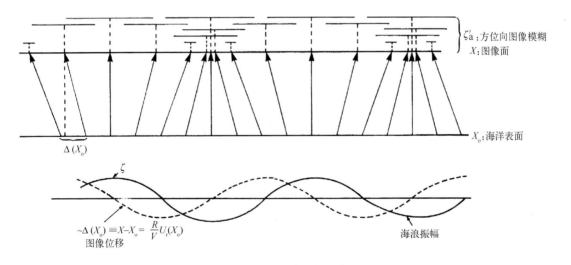

图 1-32　速度聚束调制示意图

1.4.1.3　海浪方向谱与 SAR 图像谱非线性积分映射模型

由 SAR 海浪成像机理可知，如果不考虑海面的运动效应，那么 SAR 对静止海面的成像等同于真实孔径雷达（real aperture radar，RAR）对海面的成像。在线性理论框架下，

海面高度 $\zeta(r,\ t)$ 和局地后向散射系数的变化可以表示为

$$\zeta(r,\ t) = \sum_k \zeta_k \exp(k \cdot r - \omega t) + c.c \qquad (1-56)$$

$$\sigma(r,\ t) = \overline{\sigma} \left[1 + \left(\sum_k T_k^R \exp(ikr - \omega t) \right) \right] + c.c \qquad (1-57)$$

式中, $\overline{\sigma}$ 为空间平均的后向散射系数; T_k^R 为 RAR 调制传递函数, 由倾斜调制 T_k^t、水动力调制 T_k^h 和距离向聚束调制 T_k^{rb} 三部分组成:

$$T_k^R = T_k^t + T_k^h + T_k^{rb} \qquad (1-58)$$

对于 RAR 海浪成像, 图像密度直接正比于后向散射系数。因此, 如果用平均图像密度对图像调制归一化, 则有

$$I^R(r) = \sigma(r,\ 0) / \overline{\sigma} - 1 \qquad (1-59)$$

再将 $I^R(r)$ 作傅里叶展开, 可得

$$I^R(r) = \sum_k I_k^R \exp(ikr) \qquad (1-60)$$

其中, I_k^R 可以表示为

$$I_k^R = T_k^R \zeta_k + (T_{-k}^R \zeta_{-k})^* \qquad (1-61)$$

引入海浪谱 F_k 和 RAR 图像方差谱 P_k^R 的概念, 它们分别为

$$\sum_k F_k = <\zeta^2> = 2 \sum_k <\zeta_k^* \zeta_k> \qquad (1-62)$$

$$\sum_k P_k^R = <(I_k^R)^2> = \sum_k <(I_k^R)^* I_k^R> \qquad (1-63)$$

将式(1-58)代入式(1-61)中, 再结合式(1-63), 即可得到描述海浪谱 F_k 和图像方差谱 P_k^R 的关系式:

$$P_k^R = \frac{1}{2} \left[|T_k^R|^2 F_k + |T_{-k}^R|^2 F_{-k} \right] \qquad (1-64)$$

式(1-64)反映了 SAR 和 RAR 对静止海面成像时, 海浪谱与图像谱之间的映射关系。

由于运动海面会导致速度聚束调制, 海面上位置为 r' 的成像单元在图像平面上的成像位置将由 $r = r'$ 改变为 $r = r' + \xi(r')$。因此, 在速度聚束调制作用下, 运动海面的 SAR 图像密度 $\hat{I}^S$ 与静止海面的 SAR 图像密度 $\hat{I}^R$ 存在如下关系(Hasselmann et al., 1991):

$$\hat{I}^S(r) = \int \hat{I}^R(r') \delta[r - r' - \xi(r')] dr' \qquad (1-65)$$

式中, $\delta(r)$ 为 Delta 函数, $\hat{I}^{S,R}$ 是仅包括由微尺度波引起的图像密度在内的总的图像密度, 即

$$\hat{I}^{S,R}(r) = 1 + I^{S,R}(r) \qquad (1-66)$$

将式(1-66)积分，可得

$$\hat{I}^S(\boldsymbol{r}) = \left\{ \hat{I}^R(\boldsymbol{r}') \left| \frac{\mathrm{d}\boldsymbol{r}'}{\mathrm{d}\boldsymbol{r}} \right| \right\}_{\boldsymbol{r}' = \boldsymbol{r} - \xi(\boldsymbol{r}')} \tag{1-67}$$

其中，Jakobi 系数为

$$\left| \frac{\mathrm{d}\boldsymbol{r}'}{\mathrm{d}\boldsymbol{r}} \right| = \left| 1 + \frac{\mathrm{d}\xi(\boldsymbol{r}')}{\mathrm{d}\boldsymbol{r}'} \right|^{-1} \tag{1-68}$$

在满足条件：

$$\left| \frac{\mathrm{d}\xi(\boldsymbol{r}')}{\mathrm{d}\boldsymbol{r}'} \right| \ll 1 \tag{1-69}$$

的情况下，可展开为级数形式。忽略高阶项，将其代入式(1-65)，并结合式(1-61)可得

$$I_k^S = I_k^R + \left[T_k^{vb} \zeta_k + (T_{-k}^{vb} \zeta_{-k})^* \right] \tag{1-70}$$

式中，速度聚束调制传递函数 T_k^{vb} 为

$$T_k^{vb} = -\frac{R}{V} k_x \omega \left(\cos\theta - i\sin\theta \frac{k_l}{k} \right) \tag{1-71}$$

在线性近似情况下，SAR 图像方差谱 P_k^S 可以表示为

$$P_k^S = |T_k^S|^2 \frac{F_k}{2} + |T_{-k}^S|^2 \frac{F_{-k}}{2} \tag{1-72}$$

式中，SAR 调制传递函数为

$$T_k^S = T_k^R + T_k^{vb} \tag{1-73}$$

对式(1-65)进行傅里叶变换，可得 $I^S(\boldsymbol{r})$ 的傅里叶系数为

$$I_k^S = \frac{1}{(2\pi)^2} \int \hat{I}^R(\boldsymbol{r}') \exp\{-i\boldsymbol{k} \cdot [\boldsymbol{r}' + \xi(\boldsymbol{r}')]\} \mathrm{d}\boldsymbol{r}' \tag{1-74}$$

将式(1-61)代入式(1-74)中，可得

$$I_k^S = \frac{1}{(2\pi)^2} \int \Big[1 + \sum_{k'} (T_{k'}^R \zeta_{k'} + T_{-k'}^{R*} \zeta_{-k'}^*) \cdot \exp(i\boldsymbol{k}' \cdot \boldsymbol{r}') \Big] \cdot$$
$$\exp[-i\boldsymbol{k} \cdot \boldsymbol{r}' - ik \cdot \xi(\boldsymbol{r}')] \mathrm{d}\boldsymbol{r}' \tag{1-75}$$

利用式(1-63)对图像谱 P_k^R 的定义，可得

$$P_h^S = \langle I_h^S I_h^{S*} \rangle$$
$$= \Big\langle \frac{1}{(2\pi)^4} \iint \mathrm{d}\boldsymbol{r}' \mathrm{d}\boldsymbol{r}'' \cdot \exp\{-i\boldsymbol{k} \cdot (\boldsymbol{r}' - \boldsymbol{r}'') - ik \cdot [\xi(\boldsymbol{r}') - \xi(\boldsymbol{r}'')]\} \cdot$$
$$\Big[1 + \sum_{k'} (T_{k'}^R \zeta_{k'}^* + T_{-k'}^{R*} \zeta_{-k'}^*) \cdot \exp(i\boldsymbol{k}' \cdot \boldsymbol{r}') \Big] \cdot$$
$$\Big[1 + \sum_{k''} (T_{k''}^{R*} \zeta_{k''}^* + T_{-k''}^R \zeta_{-k''}) \cdot \exp(i\boldsymbol{k}'' \cdot \boldsymbol{r}'') \Big] \Big\rangle \tag{1-76}$$

将式(1-76)展开，采用连续谱的形式，可以得到海浪谱与 SAR 图像谱非线性映射关系：

$$P^S(\boldsymbol{k}) = \frac{1}{(2\pi)^2}\exp[-k_x^2\xi'^2]\cdot\int d\boldsymbol{r}\exp(-i\boldsymbol{k}\cdot\boldsymbol{r})\exp[k_x^2\xi'^2\langle v^2\rangle^{-1}f^v(\boldsymbol{r})]\times$$

$$\left\{1+f^R(\boldsymbol{r})+ik_x\beta[f^{Rv}(\boldsymbol{r})-f^{Rv}(-\boldsymbol{r})]+\right.$$

$$\left.(k_x\beta)^2[f^{Rv}(\boldsymbol{r})-f^{Rv}(0)][f^{Rv}(-\boldsymbol{r})-f^{Rv}(0)]\right\} \tag{1-77}$$

式中，海面散射元方位向均方偏移 ξ'^2 可以表示为

$$\xi'^2 = \left(\frac{R}{V}\right)^2\int|T_k^v|^2F(\boldsymbol{k})\,d\boldsymbol{k} \tag{1-78}$$

长波径向轨道速度的自相关函数、RAR 图像密度的自相关函数和长波径向轨道速度和 RAR 图像密度的斜方差函数分别可以表示为

$$f^v(\boldsymbol{r}) = \frac{1}{2}\int\{F(\boldsymbol{k})|T_k^v|^2+F(-\boldsymbol{k})|T_{-k}^v|^2\}\,e^{ik\cdot r}d\boldsymbol{k} \tag{1-79}$$

$$f^R(\boldsymbol{r}) = \frac{1}{2}\int\{F(\boldsymbol{k})|T_k^R|^2+F(-\boldsymbol{k})|T_{-k}^R|^2\}\,e^{ik\cdot r}d\boldsymbol{k} \tag{1-80}$$

$$f^{Rv}(\boldsymbol{r}) = \frac{1}{2}\int\{F(\boldsymbol{k})T_k^R(T_k^v)^*+F(-\boldsymbol{k})(T_{-k}^R)^*T_{-k}^v\}\,e^{ik\cdot r}d\boldsymbol{k} \tag{1-81}$$

为了方便计算，将式(1-76)中的指数项进行泰勒级数展开

$$\exp[k_x^2\xi'^2\langle v^2\rangle^{-1}f^v(\boldsymbol{r})] = [1+k_x^2\xi'^2\langle v^2\rangle^{-1}f^v(\boldsymbol{r})+\cdots] \tag{1-82}$$

然后将式(1-82)代入式(1-76)可得

$$P^S(\boldsymbol{k}) = \exp(-k_x^2\xi'^2)\sum_{n=1}^{\infty}\sum_{m=2n-2}^{2n}\left(k_x\frac{R}{V}\right)^m P_{mn}^S(\boldsymbol{k}) \tag{1-83}$$

式中，下标 n 表示与输入的海浪谱有关的非线性阶数，下标 m 表示与速度聚束参数有关的非线性阶数。其中，

$$P_{n,\,2n}^S = \Omega_n\left\{\frac{f^v(\boldsymbol{r})^n}{n!}\right\} \tag{1-84}$$

$$P_{n,\,2n-1}^S = \Omega_n\left\{\frac{i[f^{Rv}(\boldsymbol{r})-f^{Rv}(-\boldsymbol{r})]f^v(\boldsymbol{r})^{n-1}}{(n-1)!}\right\} \tag{1-85}$$

$$P_{n,\,2n-2}^S = \Omega_n\left\{\frac{1}{(n-1)!}f^R(\boldsymbol{r})f^v(\boldsymbol{r})^{n-1}+\frac{1}{(n-2)!}[f^{Rv}(\boldsymbol{r})-f^{Rv}(0)]\cdot\right.$$

$$\left.[f^{Rv}(-\boldsymbol{r})-f^{Rv}(0)]f^v(\boldsymbol{r})^{n-2}\right\} \tag{1-86}$$

其中，Ω_n 为傅里叶变换算子，

$$\Omega_n = \frac{1}{(2\pi)^2} \int d\boldsymbol{r} \exp(-i\boldsymbol{k}\cdot\boldsymbol{r}) \tag{1-87}$$

在形式上对式(1-83)中的下标 m 求和，得到：

$$P^S(\boldsymbol{k}) = \exp(-k_x^2\xi'^2)\ [P_1^S(\boldsymbol{k}) + P_2^S(\boldsymbol{k}) + \cdots + P_n^S(\boldsymbol{k}) + \cdots] \tag{1-88}$$

在准线性条件下，只取其中第一项，并利用式(1-83)，可得到 SAR 图像谱的准线性近似形式：

$$P_{ql}^S(\boldsymbol{k}) = \frac{1}{2}\exp(-k_x^2\xi'^2)\ [\,|T_k^S|^2 F_k + |T_{-k}^S|^2 F_{-k}] \tag{1-89}$$

其中，$T_k^S = T_k^R + T_k^{vb}$ 为 RAR 调制传递函数与速度聚束调制传递函数之和，相当于 SAR 对运动海面成像的调制传递函数。式(1-89)可以看作是以下 3 项贡献的总和。其中，RAR 项：

$$P_{ql}^R = \frac{1}{2}\exp(-k_x^2\xi'^2)\ [\,|T_k^R|^2 F_k + |T_{-k}^R|F_{-k}] \tag{1-90}$$

速度聚束项：

$$S_{ql}^{vb} = \frac{1}{2}\exp(-k_x^2\xi'^2)\ [\,|T_k^{vb}|^2 F_k + |T_{-k}^{vb}|^2 F_{-k}] \tag{1-91}$$

相互作用项：

$$S_{ql}^S = \frac{1}{2}\exp(-k_x^2\xi'^2)\ \{[T_k^R T_k^{vb*} + T_k^{R*} T_k^{vb}]F_k + [T_{-k}^R T_{-k}^{vb*} + T_{-k}^{R*} T_{-k}^{vb}]F_{-k}\} \tag{1-92}$$

1.4.2　半参数化高海况合成孔径雷达海浪信息提取技术

利用 SAR 图像反演海浪方向谱的传统方法是利用海浪方向谱与 SAR 图像谱之间的非线性关系，结合海浪数值模式提供的初始猜测谱，采用迭代求解方法，反演海浪方向谱。这种方法的缺点在于反演精度依赖于初始猜测谱的准确程度；其次，需要在较小的图像覆盖区域运行海浪数值模式，不适合于业务化海浪方向谱反演。为了避免 SAR 海浪方向谱反演过程中对初始猜测谱的依赖性，Mastenbroek 等(2000)提出了基于 ERS SAR 波模式图像反演海浪方向谱的半参数化海浪谱反演方法。该方法理论背景是 Hasselmann 等(1991)建立的海浪方向谱与 SAR 图像谱非线性积分映射关系。然而，相对于初始猜测谱反演方法，半参数化方法不需要海况的先验信息，它结合观测 SAR 图像谱和匹配的散射计风矢量获得风浪谱，涌浪信息为 SAR 图像谱中的残余信号。

半参数化反演方法的主要思想是首先利用交叉极化 SAR 图像反演的风速，结合假设的波龄和主波传播方向构造参数化风浪谱，然后由构造的风浪谱结合海浪方向谱与 SAR 图像谱之间的非线性映射关系，前向模拟 SAR 图像谱。当观测的垂直极化 SAR 图像谱与模拟的图像谱差别最小时，即可得到最优风浪参数对应的风浪谱。然后，利用观测的 SAR 图像谱减去风浪对应的 SAR 图像谱，即为涌浪对应的 SAR 图像谱。基于海浪谱与 SAR 图像谱准线性映射关系，可以直接由涌浪 SAR 图像谱反演涌浪谱。

半参数化反演方法的优点在于不需要海浪数值模式提供的初始猜测谱，避免了反演海浪谱的精度受到初始猜测海浪谱准确度的制约。然而，半参数化反演方法有 3 个缺点：① 由于涌浪的传播方向不能由风向确定，又无外部海浪模式提供的先验信息，因此该方法反演的涌浪谱存在 180°方向模糊；② 半参数化反演方法将含有待定参数的风浪谱输入非线性映射关系前向模拟 SAR 图像谱，认为当模拟的图像谱和观测的图像谱差别最小时，可以获取最优风浪谱。然而，当 SAR 对风浪和涌浪构成的混合浪成像时，用风浪谱对应的图像谱去逼近风浪和涌浪共同对应的观测图像谱是不合适的；③ 半参数化反演方法需要同步卫星微波散射计提供的风矢量信息。

早期的 ERS 卫星上同时搭载 SAR 和散射计，因此利用 ERS 波模式 SAR 图像结合半参数化方法可以获取海浪方向谱信息。然而，现有高级雷达卫星如 RADARSAT-2、ALOS-2、TerraSAR-X 以及 Sentinel-1 均无同步散射计，因此无法提供外部风场先验信息。但是，研究表明交叉极化 SAR 后向散射在高海况下与海面风速呈线性相关，对雷达入射角和海面风向不敏感，从而可以利用全极化 SAR 图像同时获取海面风速和风向信息。因此，可以考虑先用全极化 SAR 图像反演海面风场，然后结合半参数化方法反演海浪方向谱，进一步计算如有效波高、波长、波向和波周期等海浪特征参数。

半参数化 SAR 海浪谱和海面风场协同反演方法分为以下几个步骤：① 利用全极化 SAR 图像反演海面风速和风向；② 基于反演的海面风矢量构造风浪方向谱；③ 结合参数化风浪谱和 SAR 图像方差谱与海浪方向谱非线性积分映射模型，前向仿真 SAR 图像谱并与实际观测 SAR 图像谱进行定量比较；④ 构造代价函数，获取最优风浪参数。半参数化方法一般采用的是 Donelan 风浪谱，因为该谱的尾部依然依赖于风速，与浮标观测较为一致。

在风浪谱反演过程中，基本假设是风浪充分成长，并且波浪的传播方向和风向一致。风浪的成长状态(波龄)和平均波向是 2 个待定参数，全极化 SAR 提供的风矢量是确定参数，利用这 3 个参数计算风浪谱，然后将计算的风浪谱输入至非线性映射关系

$P_{ws}(\boldsymbol{k}) = \Phi(F_{ws})(\boldsymbol{k})$，前向模拟 SAR 图像谱。然后，利用观测 SAR 图像谱统计特征，构造包含观测的 SAR 图像谱和模拟的 SAR 图像谱之差的代价函数。代价函数关于 2 个自由参数(波龄和平均波向)求最小值，则得到最优风浪参数。将观测的 SAR 图像谱与最优风浪谱对应的 SAR 图像谱作差，即得到涌浪对应的 SAR 图像谱。对于涌浪的 SAR 成像，可以近似认为是线性的。

$$P(\boldsymbol{k}) \approx \Phi(F'_{ws})(\boldsymbol{k}) + \left.\frac{\partial \Phi(F)(\boldsymbol{k})}{\partial \Phi(F)(\boldsymbol{k}')}\right|_{F=F_{ws}} F_{\text{swell}}(\boldsymbol{k}') \tag{1-93}$$

式中，F_{swell} 为涌浪谱。由于线性映射在波数空间是局部的，可以定义一个增益函数 $\alpha(\boldsymbol{k})$ 将涌浪谱映射为 SAR 图像谱：

$$\alpha(\boldsymbol{k})\,\delta_{kk'} = \left.\frac{\partial \Phi(F)(\boldsymbol{k})}{\partial F(\boldsymbol{k}')}\right|_{F=F_{ws}} \tag{1-94}$$

注意，$\alpha(\boldsymbol{k})\delta_{kk'}$ 是 Φ 的切线性模型对于风浪谱的近似，仅在 SAR 线性映射的波数范围内有效。对于给定含有噪声 P_{cl} 的 SAR 观测图像谱 $P_{\text{obs}}(\boldsymbol{k})$ 和最优风浪谱对应的 SAR 图像谱，涌浪谱可以依据下式计算：

$$F_{\text{swell}}(\boldsymbol{k}) = \frac{P_{\text{obs}}(\boldsymbol{k}) - P_{\text{cl}} - P_{ws}(\boldsymbol{k})}{\alpha(\boldsymbol{k})} \tag{1-95}$$

在利用半参数化方法反演海浪方向谱之前，首先需要进行数值模拟实验，验证该方法的可行性。假设海浪方向谱由一个风速为 12 m/s 产生的完全成长的风浪和一个主波波长为 300 m 并沿距离向传播的涌浪构成。风浪采用参数化风浪谱形式构造，其形式为

$$F(\omega,\,\theta) = \frac{1}{2}\Phi(\omega)\beta\sec h^2(\theta - \bar{\theta}) \tag{1-96}$$

式中，$\bar{\theta}$ 为平均波向，且

$$\left.\begin{array}{ll} \beta = 2.61\,(\omega/\omega_p)^{+1.3} & (0.56 < \omega/\omega_p < 0.95) \\ \beta = 2.28\,(\omega/\omega_p)^{-1.3} & (0.95 < \omega/\omega_p < 1.6) \\ \beta = 1.24 & (\text{其余}) \end{array}\right\} \tag{1-97}$$

海浪频谱为

$$\Phi(\omega) = \alpha g^2 \omega^{-5}(\omega/\omega_p)\exp\left[\quad(\omega_p/\omega)^4\right]\gamma^{\Gamma} \tag{1-98}$$

$$\alpha = 0.006\,(U_c/c_p)^{0.55} \quad (0.83 < U_c/c_p < 5) \tag{1-99}$$

峰升因子为

$$\gamma = \begin{cases} 1.7 & (0.83 < U_c/c_p < 1) \\ 1.7 + 6.0\lg(U_c/c_p) & (1 \leqslant U_c/c_p < 5) \end{cases} \tag{1-100}$$

其中，$\Gamma = \exp\{-(\omega-\omega_p)^2/2\sigma^2\omega_p^2\}$，峰形参量可以表示为

$$\sigma = 0.08[1 + 4/(U_c/c_p)^3] \qquad (0.83 < U_c/c_p < 5) \qquad (1-101)$$

用于涌浪方向谱模拟的 JONSWAP 谱形式如下：

$$F(\boldsymbol{k}) = \frac{\alpha}{2}k^{-4}\exp\left\{-\frac{5}{4}\left(\frac{k}{k_m}\right)^{-2} + \ln\gamma\exp\left[-\frac{(k^{1/2}-k_m^{1/2})^2}{2\sigma_j^2 k_m}\right]\right\} \cdot$$

$$N(p)\cos^{2p}(\varphi-\varphi_m) \qquad (1-102)$$

式中，

$$\sigma_j = \begin{cases} 0.07 & (k \leqslant k_m) \\ 0.09 & (k > k_m); \end{cases} \qquad (1-103)$$

$$N(p) = \frac{1}{\pi^{1/2}}\frac{\Gamma(1+p/2)}{\Gamma(1/2+p/2)}; \qquad (1-104)$$

$$p = \begin{cases} 0.46(k/k_m)^{-1.25}p_m & (k \geqslant k_m) \\ 0.46(k/k_m)^{2.5}p_m & (k < k_m), \end{cases} \qquad (1-105)$$

其中，

$$p_m = 11.5(U/c_m)^{-2.5}. \qquad (1-106)$$

海浪方向谱与 SAR 图像谱非线性映射关系如下：

$$P^S(k) = (2\pi)^{-2}\exp(-k_x^2\xi'^2) \cdot \int dr e^{-ikr}\exp[k_x^2\xi'^2\langle v^2\rangle^{-1}f^v(\boldsymbol{r})] \times$$

$$\left\{1 + f^R(\boldsymbol{r}) + ik_x\beta[f^{Rv}(\boldsymbol{r}) - f^{Rv}(-\boldsymbol{r})] + \right.$$

$$\left.(k_x\beta)^2[f^{Rv}(\boldsymbol{r}) - f^{Rv}(0)][f^{Rv}(-\boldsymbol{r}) - f^{Rv}(0)]\right\} \qquad (1-107)$$

利用式(1-96)和式(1-102)构造的混合浪方向谱如图 1-33 所示。

从图 1-33 中可以看出，相对于输入的混合浪方向谱[图 1-33(a)]，反演的海浪方向谱中存在 180°涌浪传播方向模糊问题。需要特别说明的是，半参数化方法适用于完全成长的风浪及风浪占主体地位的海浪系统。如果是混合浪系统，而且涌浪占主体地位，则半参数化反演方法获取的海浪谱误差较大。若想减小反演误差，则必须对涌浪和风浪进行分离，即首先对 SAR 海浪图像进行二维傅里叶变换，得到 SAR 图像谱，然后采用低通滤波技术分别得到 SAR 涌浪图像谱和 SAR 风浪图像谱。对于涌浪部分，结合海浪谱与图像谱准线性映射关系计算涌浪方向谱。对于风浪部分，则结合海浪谱与图像谱非线性映射关系及参数化风浪谱，通过构造代价函数，求解最佳风浪参数，进而计算风浪方向谱。

以下是利用 RADARSAT-2 全极化 SAR 图像反演高海况下海浪方向谱的个例。SAR 图像成像时间是 2012 年 5 月 24 日 13:54(UTC)，浮标观测的风速为 12.8 m/s，风向

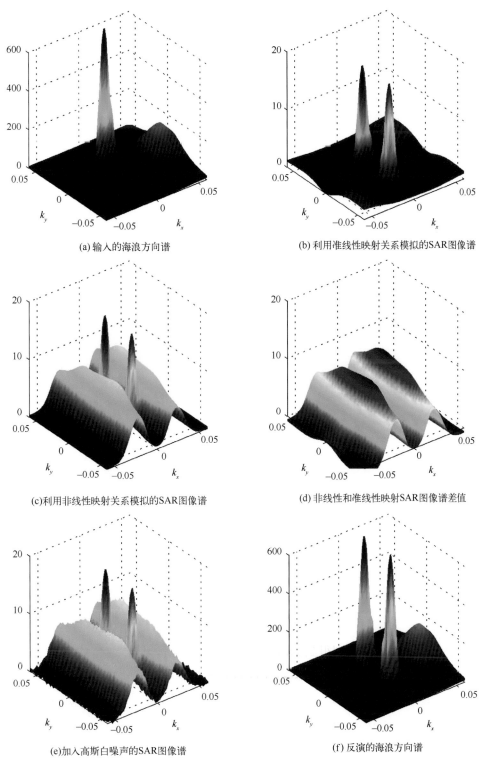

(a) 输入的海浪方向谱

(b) 利用准线性映射关系模拟的SAR图像谱

(c)利用非线性映射关系模拟的SAR图像谱

(d) 非线性和准线性映射SAR图像谱差值

(e)加入高斯白噪声的SAR图像谱

(f) 反演的海浪方向谱

图 1-33　模拟的混合浪方向谱示意图

为 338°，有效波高为 4.7 m。由于交叉极化 SAR 后向散射系数对海面风向和雷达入射角不敏感，与海面风速线性相关，因此可利用该散射特征直接反演海面风速。然后，将反演的风速输入至垂直极化地球物理模式函数 CMOD5 可获得包含模糊解的海面风向。最后，利用同极化与交叉极化通道极化相关系数关于海面风向成奇对称的特点消除风向模糊解。图 1-34 所示是利用 RADARSAT-2 全极化 SAR 图像结合交叉极化风速反演模型以及极化相关系数方法得到的高分辨率海面风速和风向。在浮标所在位置，SAR 反演的风速为 13.0 m/s，风向为 350°。图 1-35 是利用半参数化反演方法结合反演的海面风场获取的海浪方向谱。利用反演的海浪方向谱计算的有效波高为 4.4 m，与浮标观测相比，绝对偏差为 -0.3 m。

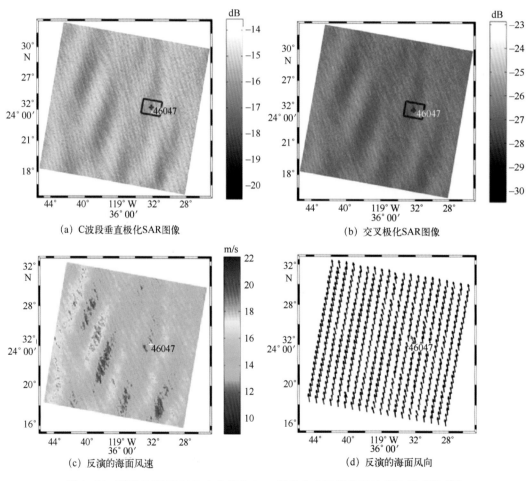

(a) C 波段垂直极化 SAR 图像   (b) 交叉极化 SAR 图像

(c) 反演的海面风速   (d) 反演的海面风向

图 1-34　利用 RADARSAT-2 全极化 SAR 图像和交叉极化风速反演模型得到的
高分辨率海面风速和风向（海面风速和风向空间分辨率为 100 m）

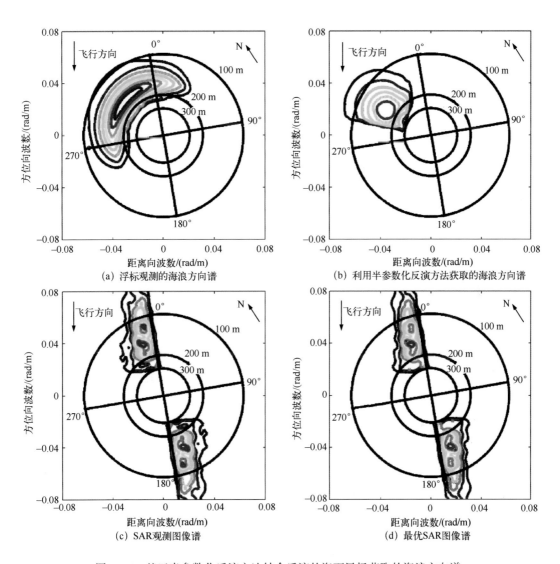

图 1-35　基于半参数化反演方法结合反演的海面风场获取的海浪方向谱

1.4.3　高海况合成孔径雷达海面风场信息提取技术

在中低海况下，传统垂直极化地球物理模式函数，如 CMOD4 可以用于反演海面风速。CMOD4 同时包含海面风速和风向两个未知量，因此在反演海面风速之前需要预先知道海面风向信息。通常，获取海面风向的方式有如下 3 种：① 利用 SAR 图像本身具有的风条纹结合二维快速傅里叶变换（FFT）方法或者局地梯度方法，该方法获取的海面风向具有 180°方向模糊；② 利用卫星散射计提供的风向，但海岸带区域由于陆地对散射计信号的干扰，在距离岸边 150 km 范围以内无法提供风向数据；③ 大气数值模式可以提供风向，但缺点是空间分辨率较低。无论以上哪种方式提供外部风向，都存在潜在的误差。因此，在利用 CMOD4 结合垂直极化 SAR 图像反演海面风速时，存在误差积累问题。如果输入的风向不准确，则会导致较大的风速反演误差。

在高海况下，CMOD5 和 CMOD5.N 通常被用于反演海面风速。然而，当风速大于 25 m/s 时，垂直极化后向散射系数不再随着风速的增加而增大，即所谓的"饱和"现象。此时，同一个后向散射系数会对应于几个大小不同的风速，即存在所谓的风速多解，具体表现为台风或飓风眼壁周围的高风速区域，该区域反演的风速却较小。虽然利用台风独特的同心圆结构特征，结合 CMOD5 和 CMOD5.N 及最小二乘法原理同时可以获取海面风速和风向信息，但是与卫星散射计观测的台风海面风场相比，依然存在较大的偏差。因此，利用垂直极化 SAR 图像反演海面高风速面临的主要技术瓶颈问题即为地球物理模式函数存在"饱和"特征。

近年来的研究表明，交叉极化 SAR 观测在反演台风海面风场方面具有独特的优势。主要原因在于交叉极化 SAR 后向散射系数在高海况下对雷达入射角和海面风向并不敏感，而且与海面高风速呈线性相关。此外，至少在 40 m/s 风速范围内，交叉极化 SAR 后向散射系数随风速的增加而增大，即不存在"饱和"现象。因此，可以利用该特征直接反演海面高风速。相对于垂直极化 SAR，交叉极化 SAR 较大程度地提高了风速反演精度，避免了外部风向的不准确导致的风速反演偏差问题。

在高海况下，SAR 海面风速遥感验证比较困难。对于极端天气事件，如台风或飓风，浮标上搭载的风速计均失去观测能力，无法测量海面高风速。卫星散射计虽然能够提供高风速观测，但是由于散射计工作波段为高频 Ku 波段，因此信号受降雨的影响较大。当风速大于 35 m/s 时，如果雨率较大，则无法提供准确的高风速信息。在强降雨区域，一般进行降雨信号标识，不提供风速信息。星载微波辐射计虽然也能观测高风速，但风速空间分辨率较低。目前，仅有机载步进频率微波辐射计（stepped-frequency microwave radiometer，SFMR）可以提供高分辨率沿轨迹风速观测。此外，SFMR 还可以测量雨率，可以用于定量分析降雨对高风速反演的影响。

SFMR 可以用于测量台风或飓风的径向风廓线，即提供风眼、眼壁及外围风速分布情况。然而，当台风或飓风结构不对称时，例如，台风结构特征为椭圆状，如果 SFMR 沿椭圆长轴飞行，而实际最大风速位置在短轴上，则 SFMR 会提供错误的最大风速观测结果，这是由其飞行路径的不确定性引起的，会造成偶然性观测误差。交叉极化 SAR 可以对台风或飓风二维成像，由于其观测的不"饱和"特性，因此可以较为准确地获取台风眼和最大风速的位置，进而建立径向风廓线模型，对每个径向方向做平均处理，则可以得到较为合理的径向风速分布特征，获取台风的强度（最大风速）和结构（最大风速半径）要素参数，从而避免 SFMR 风速观测偶然性误差问题。

如果将交叉极化 SAR 风速反演模式函数与传统垂直极化地球物理模式联合使用，则可以获得海面风速和包含模糊解的海面风向。对于风向模糊解，可以利用台风独特的结构特征进行消除。在北半球，台风的风向为逆时针旋转，并且朝着台风中心有一个 $20°$ 左右的流入角。基于台风参数化流入角模型，可以计算得到每个网格点上的流入角。一般反演的风向包含 4 个模糊解，对于每个格点，如果某个风向与切线方向夹角小于该格点的流入角值，则这个风向即为真实风向。利用双极化 SAR 图像反演台风海面风场的流程如下：① 利用交叉极化 SAR 图像直接反演海面风速；② 构造同时包含垂直和交叉极化 SAR 风速反演模型的代价函数：

$$J(i, j) = \left[\sigma_{VV}^{m}(i, j) - \sigma_{VV}^{o}(i, j) \right]^2 + \left[\sigma_{VH}^{m}(i, j) - \sigma_{VH}^{o}(i, j) \right]^2 \quad (1-108)$$

式中，σ_{VV}^{m} 和 σ_{VV}^{o} 分别为模拟和观测的垂直极化 SAR 后向散射系数；σ_{VH}^{m} 和 σ_{VH}^{o} 分别为模拟和观测的交叉极化 SAR 后向散射系数。求解代价函数，并使其达到最小值：

$$\begin{cases} \dfrac{\partial J(i, j)}{\partial U_{10}(i, j)} = 0 \\[3mm] \dfrac{\partial J(i, j)}{\partial \cos\left[\varphi(i, j)\right]} = 0 \end{cases} \quad (1-109)$$

用于消除台风风向模糊解的参数化流入角模型如下：

$$\alpha_{SR}(r^*, \theta, V_{max}, V_s) = A_{\alpha0}(r^*, V_{max}) + A_{\alpha1}(r^*, V_s)\cos\left[\theta - P_{\alpha1}(r^*, V_s)\right] + \varepsilon$$
$$(1-110)$$

式中，α_{SR} 为流入角；V_{max} 为最大风速；V_s 为台风移动速度；r^* 为归一化径向距离；ε 为模型误差。

图 1-36 所示是利用 RADARSAT-2 双极化 SAR 图像反演的飓风海面风场。图 1-36 (a) 和 (b) 分别是垂直和交叉极化 SAR 图像，图 1-36 (c) 和 (d) 分别为反演的海面风速和风向，空间分辨率为 1 km。由图 1-36 可以看出，垂直极化 SAR 图像在飓风眼壁周围存在明显的后向散射系数"饱和"现象，但交叉极化 SAR 图像则能较好地展现飓风结构特征。在飓风眼区域，风速较小，后向散射比较弱；在飓风眼壁区域，风速较大，后向散射比较强。由交叉极化 SAR 图像反演的风速分布也比较好地描述了飓风风速空间分布特征。图 1-36 中两个加号分别表示飓风眼中心位置和最大风速位置，二者之间的距离即为最大风速半径。

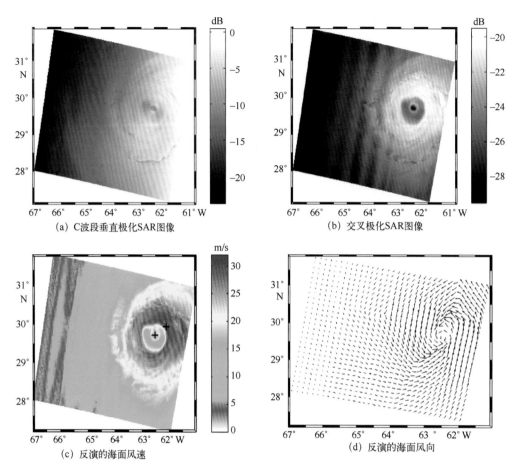

(a) C波段垂直极化SAR图像

(b) 交叉极化SAR图像

(c) 反演的海面风速

(d) 反演的海面风向

图 1-36　利用 RADARSAT-2 双极化 SAR 图像反演的飓风海面风场

参考文献

霍文娟，韩震，2013. 基于 AMSR-E 与 MODIS 数据海表面温度遥感反演研究. 上海海洋大学学报，22
　　（3）：439-445.

孟雷，伍玉梅，何宜军，2006. 基于 SSM/I 数据的神经网络方法反演海面风场. 高技术通讯，16(7)：
　　763-770.

王丽静，2008. AMSR-E 卫星海面气象参数遥感方法研究. 青岛：中国科学院海洋研究所.

王振占，李芸，2009. 利用星载微波辐射计 AMSR-E 数据反演海洋地球物理参数. 遥感学报，13(3)：
　　363-370.

伍玉梅，何宜军，等，2007. 利用 AMSR-E 资料反演实时海面气象参数的个例. 高技术通讯，17(6)：
　　633-637.

ALVES J H G，BANNER M L，2003.Performance of a saturation-based dissipation-rate source term in modeling
　　the fetch-limited evolution of wind waves. Journal of Physical Oceanography,33(6):1274-1298.

CARTWRIGHT D E, LONGUET-HIGGINS M S, 1956. The statistical distribution of the maxima of a random function. Proceedings of the Royal Society A: Mathematical, Physical and Engineering Sciences, 237(1209): 212-232.

CHEN G, CHAPRON B, EZRATY R, et al., 2002. A global view of swell and wind sea climate in the ocean by satellite altimeter and scatterometer. Journal of Atmospheric and Oceanic Technology, 19(11): 1849-1859.

FEINDT F, 1985. Radar backscattering experiments in a wind-wave tunnel on clean surfaces covered with a surface film in the X-Band (9.8 GHz). Hamburg: University of Hamburg.

GENTEMANN C L, MEISSNER T, WENTZ F, 2010. Accuracy of satellite sea surface temperatures at 7 and 11 GHz. IEEE Transactions on Geoscience & Remote Sensing, 48(3): 1009-1018.

GLAZMAN R E, PILORZ S H, 1990. Effects of sea maturity on satellite altimeter measurements. Journal of Geophysical Research Part C: Oceans, 95(C3): 2857-2870.

GOODBERLET M A, SWIFT C T, WIKERSON J, 1989. Remote sensing of ocean surface winds with the Special Sensor Microwave/Imager. Journal of Geophysical Research Part C: Oceans, 94: 547-555.

HANSON J L, PHILLIPS O M, 2001. Automated analysis of ocean surface directional wave spectra. Journal of Atmospheric and Oceanic Technology, 18(2): 277-293.

HASSELMANN K, BAFNETT T P, BOUWS E, et al., 1973. Measurements of wind-wave growth and swell decay during the Joint North Sea Wave Project (JONSWAP). Erganzung sheft, A8(12): 1-95.

HASSELMANN K, HASSELMANN S, 1991. On the nonlinear mapping of an ocean wave spectrum into a synthetic aperture radar image spectrum and its inversion. Journal of Geophysical Research Part C: Oceans, 96(C6): 10713-10729.

HONG, SUNGWOOK, SHIN, et al., 2013. Wind speed retrieval based on sea surface roughness measurements from spaceborne microwave radiometers. Journal of Applied Meteorology and Climatology, 52(2): 507-516.

HWANG P A, 2012. Foam and roughness effects on passive microwave remote sensing of the ocean. IEEE Transactions on Geoscience and Remote Sensing, 50(8): 2978-2985.

HWANG P A, BURRAGE D M, WANG D W, et al., 2011. An advanced roughness spectrum for computing microwave L-band emissivity in sea surface salinity retrieval. IEEE Geosci. Remote Sens. Lett, 8: 547-551. doi: 10.1109/LGRS.2010.2091393.

HWANG P A, BURRAGE D M, WANG D W, et al., 2013. Ocean surface roughness spectrum in high wind condition for microwave backscatter and emission computations. Journal of Atmospheric and Oceanic Technology, 30(9): 2168-2188.

JACKSON D R, WINEBRENNER D P, ISHIMARU A, 1988. Comparison of perturbation theories for rough-surface scattering. Journal of Acoustical Society of America(83): 961-969.

JONES C, PETERSO P, GAUTIER C, 1999. A new method for deriving ocean surface specic humidity and air temperature: an articial neural network approach. Journal of Applied Meteorology and Climatology(38): 1229-1245.

KELLER W C, WRIGHT J W, 1975. Microwave scattering and the straining of wind-generated waves. Radio Science, 10(2): 139-147.

KORDMAHALLEH M M,SEFIDMAZGI M G,HHMAIFAR A,2016.A sparse recurrent neural network for trajectory prediction of Atlantic hurricanes[C]//ACM.ACM Press the 2016:proceedings of the 2016 on Genetic and Evolutionary Computation Conference. Denver, Colorado, USA:Genetic and Evolutionary Computation Conference(2016.07.20-2016.07.24):957-964.

KUDRYAVTSEV V N,HAUSER D,CAUDAL G, et al.,2003.A semiempirical model of the normalized radar cross section of the sea surface,2.Radar modulation transfer function.Journal of Geophysical Research Part C:Oceans,108(C3):FET-1-FET 3-16.

LIU C C,LOU G R,CHEN W J,et al.,2003.Modified Bowen ratio method in near-sea-surface air temperature estimation by using satellite data.IEEE Transactions on Geoscience and Remote Sensing,41(5):1025-1033.

LONGUET-HIGGINS M S,1952.On the statistical distributions of sea waves.Journal of Marine Research,11(11):245-265.

LYZENGA D R,1986.Numerical simulation of synthetic aperture radar image spectra for ocean waves.IEEE Transactions on Geoscience and Remote Sensing(6):863-872.

MASTENBROEK C,de VALKC F,2000.A semiparametric algorithm to retrieve ocean wave spectra from synthetic aperture radar.Journal of Geophysical Research,105(C2):3497-3516.

PHILLIPS O M,1977.The dynamics of the upper ocean.2Edition.Cambridge:Cambridge University Press.

SHIBATA S、IIYAMA M、HASHIMOTO A, et al., 2017. Restoration of sea surface temperature images by learning-based and optical-flow-based inpainting[C]// IEEE International Conference on Multimedia & Expo.IEEE.

SINGH R,VASUDEVAN B G,PAL P K,et al.,2004.Artificial neural network approach for estimation of surface specific humidity and air temperature using multifrequency scanning microwave radiometer.Journal of Earth System Science,113:89.https://doi.org/10.1007/BF02702001.

WENTZ F,PETEHERYCH S,THOMAS L,1984.A model function for ocean radar cross sections at 14.6 GHz.Journal of Geophysical Research(89):3689-3704.

WITTER D L,CHELTON D B,1991.A Geosat altimeter wind speed algorithm and a method for altimeter wind speed algorithm development.Journal of Geophysical Research Part C:Oceans,96(C5):8853-8860.

WRIGHT J W,1968.A new model for sea clutter.IEEE Transactions on antennas and propagation,16(2):217-223.

YAN BANGHUA,WEN Fuzhong,2008.Applications of AMSR-E measurements for tropical cyclone predictions part I:retrieval of sea surface temperature and wind speed.Advances in Atmospheric Sciences,25(2):227-245.

YOUNG I R,1999.Wind generated ocean waves.Elsevier Ocean Engineering.

ZABOLOTSKIKH E V,CHAPRON B,2016.Neural network-based method for the estimation of the rain rate over oceans by measurements of the satellite radiometer AMSR2.Izvestiya Atmospheric and Oceanic Physics,52(1):82-88.

Chapter 2 第 2 章

自主微波遥感卫星海洋动力环境信息提取技术

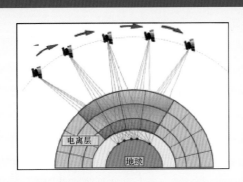

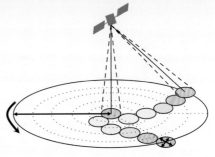

2.1 HY-2A 卫星雷达高度计海洋动力环境信息提取技术优化

2.1.1 HY-2A 卫星雷达高度计简介

卫星测高技术主要以星载雷达高度计载荷实现对海洋要素的测量。雷达高度计通过向海面垂直发射尖脉冲，并接收返回脉冲的信号来进行观测。在返回的脉冲信号中包含了全球海面高度分布和变化、有效波高和海面风速等信息。具体来说，根据雷达发射和接收脉冲的时间间隔可以确定卫星到海面的距离或测距，根据返回脉冲的形状可以确定有效波高和海面风速。如果卫星轨道精确确定，并且校正影响卫星测距的电离层、大气、海面变化和固体地球因素后，那么就可以确定潮汐、地转流和其他海洋现象决定的海面高度的变化等。

2.1.2 GPS 电离层路径延迟校正

电磁波在非真空环境传播都会存在折射，上层大气中自由电子的存在使得大气折射指数不同于真空，从而引起光速的衰减，其折射指数为

$$\eta_{\text{ion}} = 1 + \frac{40.3 \times 10^6 n_e(z)}{f^2} \tag{2-1}$$

式中，f 为电磁波的频率；n_e 为电子数/cm³。群折射率 N_{ion} 为

$$N_{\text{ion}}(z) = 10^6(\eta_{\text{ion}} - 1) = \frac{40.3 \times 10^{12} n_e(z)}{f^2} \tag{2-2}$$

电离层校正可表示为

$$\Delta R_{\text{ion}}(f) = 10^{-6} \int_0^R N_{\text{ion}}(z) \, \mathrm{d}z = \frac{40.3 \times 10^6}{f^2} \int_0^R n_e(z) \, \mathrm{d}z \tag{2-3}$$

由式(2-3)可知，只要知道垂向积分的电子含量，就可以计算电离层延迟，并且根据此式可知，频率越高由电离层引起的路径延迟越小(Chelton et al.,2001)。图 2-1 所示为频率和电离层延迟的关系，从图 2-1 中可知高频 Ka 波段电离层路径延迟比低频 S 波段至少小一个量级以上，所以高频更有利于获取更少误差的距离观测，但是高频更容易受水汽、云和氧分子的削弱，这些大气影响要求高度计的频率上限为 15 GHz，因此 Ku 波段(13.6 GHz)成为 T/P、Jason-1、Jason-2 和 HY-2A 等主要的高度计频率，其距离校正为 0~40 cm。对 Ku 波段来说，其敏感性为 1TECU(total electron content unit，1 TECU = 10^{12} e/cm² = 10^{16} e/m²)将引起 0.22 cm 的延迟，而对于 Ka 波段，1TECU 引起的电离层延迟仅为 0.032 cm，是 Ku 波段的 1/7。目前在水汽延迟反演取得较好结果的

情况下，利用更高频率高度计仅用单频就可获得较好质量的观测数据（如 SARAL），这也是之后 SWOT 高度计采用 Ka 波段的主要原因（Fu et al.，2010）。图 2-1 中 S 波段为Envisat 上搭载的 RA2 高度计其中的一个波段，电离层自由电子对其延迟影响很大，此频段设置主要是为了海冰反演（Lacroix et al.，2008）。

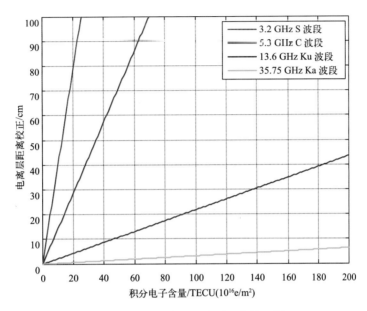

图 2-1　不同频率下电离层距离校正量

对于给定的电磁波频率而言，ΔR_{ion} 完全由传输路径上的积分电子数量来决定，垂向电子量积分范围从晚上最小为 1TECU 到白天最高可达 180TECU（极端情况）。一般而言，典型垂向积分电子含量范围为 10~50TECU。图 2-2 所示为 120°E 垂向电子积分含量随时间和纬度的分布，图 2-2(a) 所示为较低电子含量密度的情形，图 2-2(b) 所示为较高电子含量密度状况。显然其含量分布是沿纬向递减的，在纬度 ±15° 达到最大，然后向两极逐渐递减，这种电子含量纬向递减的结构叫作赤道异常，是受地磁场影响而致。图 2-2(a) 和(b) 中各有两个时间刻度，下部为 UTC（协调世界时）时间，顶部为当地时间。在时间分布上看，电子密度在每天都会有一个峰值，根据 2007—2012 年6 年的全球电离层分布数据（global ionosphere map，GIM）的统计结果，电子密度在当地时间 14 时至 15 时达到峰值，这也与众多研究统计结果吻合。此外电子密度存在季节和年际变化，年际变化存在 11 年的周期，这与太阳活动密切相关，太阳黑子强度也存在着 11 年的年际周期。

主要影响电磁波传播的带电粒子层位于高度 50~2 000 km 的范围，最高浓度区位于 250~ 400 km 的大气层范围内。径向距离延迟梯度在 20°—30°N 达到最大，在时间

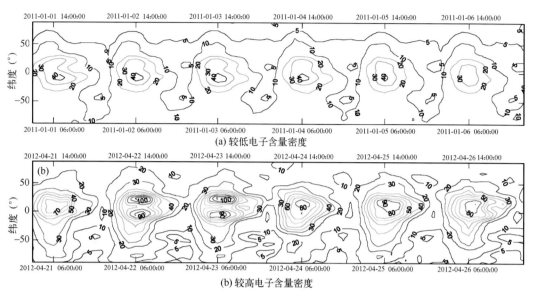

图2-2　垂向积分电子含量随时间和纬度的分布与变化(TECU)

上从中午到下午达 2 cm/100 km，由于不可预测的电磁干扰引起的沿轨道延迟高达 4 cm/100 km。与干湿对流层校正相比，电离层对海陆分布并不敏感(图 2-3)，但是双频高度计由于陆地对足印的影响，足印内有陆地时电离层校正精度会降低，此外在印度洋和西太平洋地区电子含量不稳定。图 2-3(a) 为 120°E 所对应当地时间为 14 时的全球平均 TEC 分布 [TEC 数据来自美国国家航空航天局喷气推进实验室(JPL)的 GIM 数据，时间跨度为 2007—2012 年，数据的时间分辨率为 2 h]。随着地球的自转，TEC 峰值区域会随之自东向西移动，TEC 标准差在地理分布上也与 TEC 含量一致。图 2-3(b)标准差较大，说明 TEC 分布随时间变化很大，虽然同为一个时刻，但是长时间 TEC 在低纬标准差可达 20TECU。对于 Ku 波段而言，会带来约 4 cm 的延迟变化。图 2-3(c)和(d)为 2007—2012 年每隔 2 h 全球 GIM 数据求平均值和标准差的结果，显然两者的地理分布特征非常相似，都由于受到地磁场影响而和地磁赤道平行，并且标准差变化量级接近均值范围，而越接近两极，变化越小。对于特定地理位置平均的 TEC 分布，其量值大小只取决于季节、日变化(当地时间)和太阳活动。其中，季节影响较小，主要在两极地区，夏季 TEC 含量可达冬季 5 倍之多；日变化在当地白天 14 时左右达到最高，是凌晨 2 点多最低值的 10 多倍；太阳活动最强、最弱之间可差 5 倍之多。

在 T/P 发射之前，电离层距离校正是基于对电子密度估计的半经验模型实现。如对于 Seasat，基于从地球上两个地方测量的地球同步卫星发射信号的法拉第旋转来建立模型，再利用基于纬度时间太阳角的简单方程来进行电子密度的外插。对于 Geosat 电离

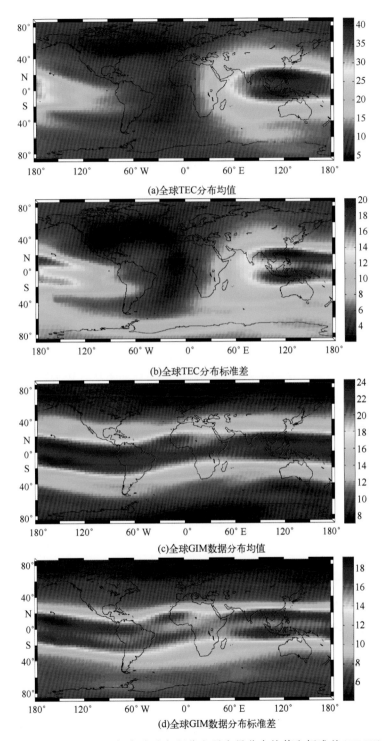

(a)全球TEC分布均值

(b)全球TEC分布标准差

(c)全球GIM数据分布均值

(d)全球GIM数据分布标准差

图 2-3　2007—2012 年全球垂向积分电子含量分布均值和标准差（TECU）

层校正，是根据地面 10.7 cm 波长处测量的太阳能量通量来建立模型(电离层延迟和能量通量成比例)。对于 Seasat 和 Geosat 电离层延迟引起的误差不确定性也缺乏定量的分析，根据研究其均方根准确度为 50%。在各种高度计误差估计中，基于模型的电离层延迟校正是最难的问题之一。物理模型主要有 Bent 模型、IRI 模型、PRISM 模型、NIC09 气候模型以及目前精度较高的 JPL-GIM 模型等。这些模型旨在研究全球 TEC 数据时空分布的特征，利用参数模型来校正电离层延迟，其固有的优势是不受足印内陆地的影响，因此可以用这些模型来对双频高度计进行评估。目前众多模型误差都比较大，如 Bent 模型在太阳活动较弱情况下模型精度为 2 cm，但是在太阳活动较强的时候在地磁赤道误差达到 10 cm，总体上其电离层差大于 8 cm，PRISM 模型也超过 8 cm，而 NIC09 模型的精度与大气中的总电子含量成比例，误差为 TEC 的 18%(优于 IRI2007 的 35%)，而 T/P、Jason 系列等的需求精度(accuracy goal)为 1 cm，所以面临的挑战是如何提高模型的精度。

T/P 是最早实现双频探测的高度计，其真实距离测量 R 根据频率 f_i 处的微波的传播时间来确定：

$$R = \hat{R}(f_i) - \Delta R_{ion}(f_i) + \varepsilon(f_i) \tag{2-4}$$

式中，$\hat{R}(f_i)$ 为忽略电离层折射影响，根据频率 f_i 计算的距离；R 为真实距离；$\varepsilon(f_i)$ 为误差源。将式(2-3)代入式(2-4)，两边同时乘以 f_i^2 可得

$$f_i^2 R = f_i^2 \hat{R}(f_i) - 40.3 \times 10^6 \int_0^R n_e(z)\,dz + f_i^2 \varepsilon(f_i) \tag{2-5}$$

式中，i 为不同的波段，对 T/P 而言，f_k 为 13.6 GHz，f_c 为 5.3 GHz。将 f_i 代入式(2-5)相减并除以 $(f_k^2 - f_c^2)$ 可得

$$R = \widetilde{R} + \widetilde{\varepsilon} \tag{2-6}$$

其中，
$$\widetilde{R} = a_k \hat{R}(f_k) - a_c \hat{R}(f_c) \tag{2-7}$$

称作双频高度计联合距离估计。联合测量误差为

$$\hat{\varepsilon} = a_k \hat{\varepsilon}(f_k) - a_c \hat{\varepsilon}(f_c) \tag{2-8}$$

式中，a_k、a_c 分别为

$$a_k = \frac{1}{1 - \delta_f^2} \tag{2-9}$$

$$a_c = \frac{\delta_f^2}{1 - \delta_f^2} \tag{2-10}$$

其中，$\delta_f^2 = (f_c/f_k)^2 = (5.3/13.6)^2 = 0.152$，可得 $a_k = 1.18$，$a_c = 0.18$，a_k 为 a_c 的 6.56 倍，这也表明 $\widetilde{R}$ 计算中，$\widetilde{R}(f_k)$ 的权重将是 $\widetilde{R}(f_c)$ 的 6.56 倍。Ku 波段对于联合高度误差

贡献则会乘以 $a_k = 1.18$；Ku 和 C 波段的仪器均方根误差分别为 2 cm 和 3~3.5 cm，而 C 波段的误差将被其因子 $a_c = 0.18$ 削弱。根据式（2-8）可以计算双频观测所带来的误差，Beckley 等（2010）计算的 Jason-1 和 Jason-2 之间的偏差为 8.6 mm。

联合计算的误差方差表示如下：

$$\widetilde{\sigma}^2 = a_k^2 \sigma_k^2 + a_c^2 \sigma_c^2 - 2a_c a_k \sigma_c \sigma_k \rho_{ck} \tag{2-11}$$

式中，ρ_{ck} 表示 C 和 Ku 波段互相关测量误差，ρ_k^2 和 ρ_c^2 分别是误差方差。从式（2-11）可以看出双频高度计测量的误差不仅与单个波段的测量误差相关，也受不同误差成分的互相关影响，联合测量的误差和相关系数成比例，同时误差因子为 $(2a_c a_k)^{1/2}$。

具体的计算步骤为：① 各自计算没有考虑延迟影响的距离 $\hat{R}(f_k)$、$\hat{R}(f_c)$，计算过程中忽略大气折射的影响；② $\hat{R}(f_k)$、$\hat{R}(f_c)$ 分别进行海况偏差 SSB 校正，需要注意的是，SSB 校正和电离层校正一样也受频率影响；③ 最终对 Ku 波段进行大气电离层校正，同时还有其他的校正，如干湿对流层大气校正等。

详细的推导计算过程如下：首先在 $\hat{R}(f_k)$、$\hat{R}(f_c)$ 分别进行海况偏差校正之后，根据式（2-6）至式（2-10）进行 Ku 波段的电离层校正，如下式：

$$\Delta R_{ion}(f_k) = a_c \hat{R}(f_c) - (a_k - 1)\hat{R}(f_k) + a_c \varepsilon(f_c) - (a_k - 1)\varepsilon(f_k) \tag{2-12}$$

从而得到

$$\Delta R_{ion}(f_k) = \Delta \hat{R}_{ion}(f_k) + \Delta \varepsilon_{ion}(f_k) \tag{2-13}$$

其中，

$$\Delta \hat{R}_{ion}(f_k) = a_c [\hat{R}(f_c) - \hat{R}(f_k)] \tag{2-14}$$

为 Ku 波段的距离校正；

$$\Delta \varepsilon_{ion}(f_k) = a_c [\varepsilon(f_c) - \varepsilon(f_k)] \tag{2-15}$$

为误差估计。

根据 Ku 波段雷达信号的双程往返时间和 Ku 波段的电磁校正式（2-9）至式（2-12），可得卫星测距测量：

$$\widetilde{R} = \hat{R}(f_k) - \Delta R_{ion}(f_k) = (1 + a_c)\hat{R}(f_k) - a_c \hat{R}(f_c) + \Delta \varepsilon_{ion}(f_k)$$
$$= a_k \hat{R}(f_k) - a_c \hat{R}(f_c) + \Delta \varepsilon_{ion}(f_k) \tag{2-16}$$

式中，$\widetilde{R}$ 为联合距离估计；$\Delta R_{ion}(f_k)$ 为含有误差的大气电离层校正。根据式（2-8）可得联合测量的误差：

$$\widetilde{\varepsilon} = \varepsilon(f_k) - \varepsilon_{ion}(f_k) = a_k \varepsilon(f_k) - a_c \varepsilon(f_c) \tag{2-17}$$

由式（2-16）可以得出，任何来自 $\hat{R}(f_k)$、$\hat{R}(f_c)$ 的误差将会影响 $\Delta \hat{R}_{ion}(f_k)$ 的校正，仪器

测量误差本质上是随机的，不会影响 $\Delta\hat{R}_{ion}(f_k)$ 的计算。

双频高度计对流层大气校正在两个波段是相同的，因此不会对 $\Delta\hat{R}_{ion}(f_k)$ 造成影响，但是海况偏差在两个波段表现不同，此误差将会影响电离层校正，必须要先于电离层校正才行。目前海况对电离层校正影响最大为 0.5 cm，也说明了受波高影响的海况偏差已经很好地得到校正。

除了双频高度计以外，另一个通过获取电子密度的方法来计算电离层延迟的方法是通过星载多普勒测轨和无线电定位系统（doppler orbitography and radiopositionning intergrated by satellite，DORIS），DORIS 的主要作用是用来对 T/P、Jason、HY-2A 等卫星进行精确定轨。DORIS 由 57 个地面信号站组成，其中 6 个由精确原子钟驱动，这些信号站发射 401.25 MHz（用来测量电离层延迟）和 2.04 GHz（用来进行精密多普勒测量）两种微波。多普勒数据可以被用来计算卫星和地面站连线之间的电子密度，DORIS 电离层校正所提供的自由电子含量是从地面到卫星高度的，这一点要比 GPS 测电子密度更具有优势。其主要的缺陷为：① 数据只提供斜距距率（slant rang-rate），对于高度计校正而言，其只提供电子含量沿轨的变化，因此必须结合其他模型来计算总电子含量；② 斜距和垂向测量是有差异的，而从斜距来计算垂向的电子含量也将带来误差（如何把斜距测量转化为垂向测量也将在本节详述）；③ DORIS 覆盖不是很密集，并不能保证覆盖所有的海岸带，其研究进展缓慢。一般而言，基于 GPS 计算的 TEC 要比 DORIS 更加精确（除了 GPS 有 11 年的活动周期，在太阳活动增强年份，所计算的 TEC 精度较低，DORIS 也可作为此期间的备用方法）。研究表明，在太阳活动增强的年份，双频高度计和 DORIS 之间的差异往往有几厘米。

部分基于 DORIS 和 T/P 双频计算的电离层校正的研究表明，DORIS 不能满足 T/P 1 cm 均方根准确度的目标。也有研究表明 DORIS 和 20 s 平均的 T/P 双频计算的均值和标准差的差异为 1.0 cm 和 1.9 cm。另有研究指出，在中纬度、中等电子含量的情况下，DORIS 的均方根误差超过 T/P 双频，大于 1 cm，DORIS 的重要性也有所降低，所以 DORIS 的确定性需要进一步的定量研究。

GPS 是获得全球电离层电子分布特征的有效方式，利用在地面对 GPS 卫星发射的双频微波信号的计算获取距离延迟。通过 1.228 GHz 和 1.575 GHz 的 GPS 信号可以计算 GPS 卫星和地面接收器之间的电离层延迟。其精度受与路径传播时间有关的未知偏差影响，但其准确度明显高于 DORIS，并且目前在诸多数据的电离层校正中已经取代 DORIS。在处理过程中，电离层被假设为地理分布均一、并被看成高度约 350 km 处的薄层（最大电子密度所在的层），如图 2-4 所示。在电离层的穿透点上（slant & shell）垂向的电子密度被看作斜距测量值乘以简单的映射函数：

$$\frac{STEC}{VTEC} = \frac{1}{\cos(z')} \qquad (2-18)$$

$$\sin(z') = \frac{R_E}{R_E + H}\sin(z) \qquad (2-19)$$

式中，$STEC$ 为斜距 TEC；$VTEC$ 为垂向 TEC，如图 2-4(a)所示；H 为最大电子密度层所在的高度；R_E 为地球半径，典型的 R_E 和 H 分别被设为 6 371 km 和 450 km；z' 为电离层穿透点(ionospheric pierce point,IPP)处的大顷角；z 为 IGS 地面站点与卫星连线和法向的夹角。目前，适用于 IGS GIM 的更精确的算法对式(2-19)做了修正：

$$\sin(z') = \frac{R_E}{R_E + H}\sin(\alpha z) \qquad (2-20)$$

式中，α 为修正因子，在 R_E 和 H 为 6 371 km 和 507 km 时，其值为 0.978 2。

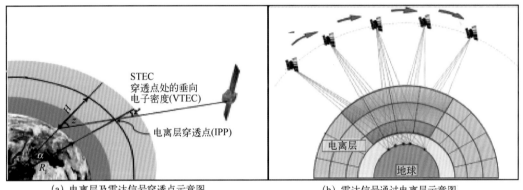

(a) 电离层及雷达信号穿透点示意图　　　　　　(b) 雷达信号通过电离层示意图

图 2-4　基于 GPS 的 TEC 获取过程

基于 GPS 测量大气电子含量的主要不足为穿透点方法中电离层薄层高度的确定将带来不确定性，原因主要是由于纬向变化和昼夜差异在最大电子高度上的变化，这也将导致电离层修正误差。有研究表明在电子含量为 50TECU 时，确定电离层薄层(shell)高度产生的误差为 5TECU(约为 1 cm)。其中，电离层薄层的高度确定可以通过不同高度和双频高度计电子含量的距离校正量进行最小二乘拟合来实现，同时也能消除 GPS 和双频高度计观测高度不等所带来的误差。另一个不足是 GPS 卫星的高度为 20 200 km，T/P 卫星的高度为 1 336 km，这样大于此高度的大气中也会有几个TECU 存在，引起的误差为 2~10 mm。另外，与 DORIS 一样，基于 GPS 的电子含量估计，也就是要把斜距(slant)电子含量转化为垂向电子含量，而这种插值转化与 DORIS估计电子含量一样将明显带来误差。最后 H 的确定目前尚需进一步的研究，有研究认为 H 范围应该为 600~1 200 km，平均值为 750 km，这意味着目前算法估计的 TEC 要低

15%~30%。

早期由于 GPS 站点覆盖较少的缘故，校正精度较差，随着 GPS 站点增多之后，电离层延迟修正精度得到极大提高。目前为止，源于 GPS 的 GIM 随时间、空间插值的准确度与双频高度计测量结果相当，研究表明对电子密度的估计优于 1TECU（Ku 波段为 0.22 cm）。Tseng 等（2010）得到 Jason-2 和基于 GPS 的 GIM 之间的误差为（6.75 ± 0.40）mm，Jason-1 和 GIM 之间的误差为（0.42 ± 0.40）mm，Andersen 等（2011）也得到类似的结果（GIM 和 Jason-1 之间的差异约为 6 mm）。又由于电子活动的强弱变化对电离层校正也产生重要影响，在电离层活动变化时距离 GPS 地面站 100 km 的距离将产生 5.8TECU 的均方根误差（1.3 cm），更远的 4 000 km 将产生 12.5TECU 的均方根误差（2.75 cm）（Chelton et al.,2001），这也说明 GPS 站点数目和分布也是 GIM 模型的制约因素。同时，在星下点放置 GPS 浮标也可获取垂向积分的电子含量数据，随着 GPS 浮标精度和稳定性的提高，可以预见，部署 GPS 浮标也将会是一种方便、高效、可用的方法，尤其在现场定标过程中，此方法的优点很明确。

对 T/P 双频高度计 1 s 平均的电离层校正精度已经可以达到 1.1 cm，其误差升高主要是源于仪器噪声的积累（2~3 cm）。有研究利用低通滤波器对 15~25 个连续测量进行滤波，可以把仪器误差减小到 0.5 cm（Imel et al.,1994）。Jason-1 每 100 km 的滤波数据误差也为 0.5 cm（Ménard et al.,2003）。Envisat 和 Sentinel-3 也都达到了 0.5 cm（Donlon et al.,2012）。Mertikas 等（2010）针对 Jason-1，根据 Ku 波段计算的电离层距离延迟为（10.36±0.47）cm，而对应的 C 波段为（10.93±0.85）cm，两者差异较小，同时研究表明，Jason-1 和 Jason-2 在 Ku 波段的电离层延迟校正差异为 1.38 cm［Andersen 等（2011）得出的差异小于 6 mm］，但是在 C 波段的差异有数厘米。

作为独立于高度计仪器的 TEC 数据，GIM 可以对双频高度计电离层校正提供独立客观的评估，这里也利用 GIM 模型来对高度计进行修正，同时以 Jason-2 作为参考任务对 HY-2A 双频高度计电离层修正项进行评估。

结果显示，GIM 模型和 HY-2A 双频高度计之间的电离层延迟校正差异较大［图 2-5（a），其中修正量大于 0 的数据均被剔除］，两校正结果之差分布更离散［图 2-5（b）］，并且线性关系较弱，其差值标准差达到 3.2 cm，其主要原因为双频高度计根据式（2-16）来计算电离层延迟，但是 HY-2A 的 C 波段并没有很好地进行标定，由此导致电离层延迟修正结果较差。

GIM 模型校正结果和 Jason-2 吻合较好［图 2-6（a）］，最为集中的修正范围位于 -5~0 cm［图 2-6（b）］，其差值直方图分布表明模型修正和高度计修正结果一致性很好，标准差不到 1.5 cm，就各个统计指标而言，远远优于与 HY-2A 的对比结果。

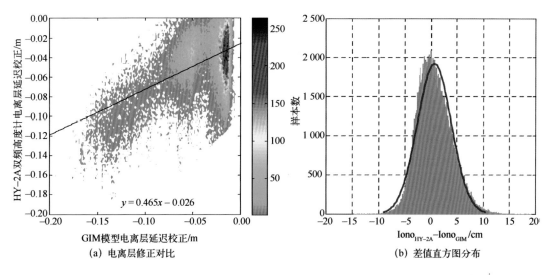

(a) 电离层修正对比　　　　　　　　(b) 差值直方图分布

图 2-5　GIM 模型和 HY-2A 双频高度计计算结果对比

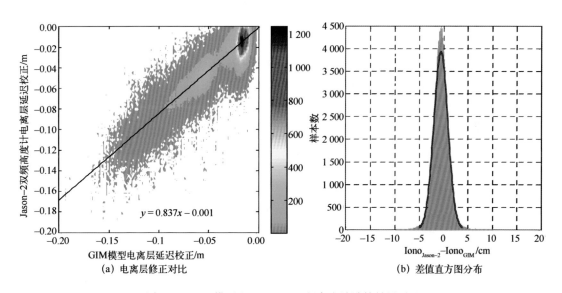

(a) 电离层修正对比　　　　　　　　(b) 差值直方图分布

图 2-6　GIM 模型和 Jason-2 双频高度计计算结果对比

双频高度计和 GIM 模型校正的结果在全球分布具有明显的地理相关特性(图 2-7)，Jason-2 在太平洋和大西洋赤道地区具有较大的差值，具体表现是高度计校正的结果低于 GIM 模型的修正，此地区也是 TEC 较高地区，中高纬度误差则更小，而在全球海洋其他部分波动也很小。

HY-2A 的地理相关性非常明显，相对于 GIM 模型，在 10°S 以北的大部分海

洋，HY-2A 双频高度计校正结果普遍偏低，而在 30°S 以南，尤其是南半球 50°S
左右的海区，如图 2-7 所示修正值之差明显偏大，鉴于 TEC 全球平均的分布，在
南半球高纬电子含量均值小于 10TECU（对于 Ku 波段而言 1TECU 带来 0.22 cm 的
延迟），但是 HY-2A 双频高度计和 GIM 之差高达 6 cm，据此可知此区域利用双频
高度计修正的电离层延迟给海面高度计算带来明显的误差。而根据各自的统计结
果（表 2-1），HY-2A 在全球的均值为 0.637 cm，其主要源于南半球高纬电离层延
迟的误差。

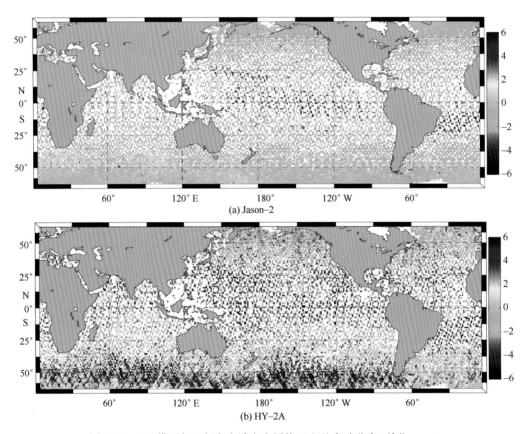

(a) Jason-2

(b) HY-2A

图 2-7 GIM 模型与双频高度计电离层修正之差全球分布（单位：cm）

表 2-1 GIM 模型与 HY-2A、Jason-2 的电离层修正对比统计结果　　单位：cm

高度计	偏差	标准差	均方根误差	有效样本	数据源
HY-2A	0.637	3.2	3.262	98.94%	双频高度计
Jason-2	-0.515	1.471	1.559	99.7%	双频高度计

根据对比的结果，GIM 与 Jason-2 双频高度计之间吻合较好，与 HY-2A 的高度计电离层延迟修正结果差异较大，由于参考任务 Jason-2 数据 GDR 为已经过验证的数据，因此利用 GIM 可以显著地减小 HY-2A 电离层修正的误差。

2.1.3　HY-2A 卫星雷达高度计回波模型优化

波形重跟踪算法的优劣直接影响雷达高度计的测高精度，可直接反映波形重跟踪算法是否合适的参数是海面有效波高。

波形重跟踪算法是将雷达理论回波模型与实测波形进行拟合来估计地球物理参数。传统卫星雷达高度计在星上搜索并跟踪波形，然后进行信号平均、重跟踪，最后下传海面参数。对于传统卫星雷达高度计而言，由于星上计算能力有限，星上进行重跟踪后，地面还需进行一次波形重跟踪，以便获得更准确的海洋参数。HY-2A 卫星也是采用地面重跟踪的方式，对卫星测得的 20 Hz 波形进行再处理。尽管可用于描述海洋回波的理论模型并不多，但却存在许多拟合方法，其中通过最大似然估计（MLE）导出的最小二乘估计的方法已经应用于很多高度计（TOPEX、Jason-1、Jason-2 和 Envisat）地面处理系统中。

另外，高度计天线指向角的处理也是通过高度计资料获取海洋信息的重要步骤。该参数与波形后沿斜率有关，并强烈影响波形振幅，它与后向散射系数相关性很强，导致两者无法同时获取。一种解决方法就是，首先根据波形后沿单独反演指向角，然后再通过波形拟合反演其余参数。但对于 Jason-1，在其发射初期（2002 年），卫星指向角出现偏大的情况，而一阶理论回波模型假设指向角小于 0.3°，那么，对于更高指向角采用该模型得到的海洋参数是不准确的，因此，Amarouche 等（2004）提出了二阶理论回波模型。该模型能准确获取指向角在 0.8° 以内的各参数，因而被用在 Jason-1 和 Jason-2 的波形重跟踪中。HY-2A 卫星雷达高度计在设计时并不是直接指向地表，而是指向地形，指向角变化更大。由于二阶理论回波模型应用时指向角必须和其他各参数一起反演，这样有可能影响其他参数的反演，因此对于 HY-2A 有效波高影响如何，需要进一步探讨。

通常情况下，理论模型中海面散射点高度概率密度函数存在偏度系数和峰度系数。虽然它们的存在对重跟踪有一定的影响，但在求取过程中往往比较困难，偏度系数常常被设置成常数，峰度系数则设置为零。主要原因是偏度系数反演时噪声较大，很容易出现异常值，从而影响其他参数的获取。在 TOPEX 数据处理中，该系数为 0.1；对于 Jason-1，该系数设置为-0.1。Gómezenri 等（2007）通过 2 个 cycle 的 Envisat 波形数据测量了全球的偏度系数，得出有物理意义的偏度系数在大波高区域往往比较大。而对于 HY-2A 卫星雷达高度计来说，该偏度系数如何处理才能得到最准确的海洋参数尚且未知。

由于 HY-2A 卫星雷达高度计波形后沿噪声较大，因此重跟踪之前对波形去噪很有必要。Thibaut 等（2004）运用奇异值分解滤波于 Jason-1 波形处理中，得到了令人满意的降噪效果。因此，这里将该方法用于 HY-2A 波形重跟踪，并分析其对有效波高反演的影响。

本研究给出带有偏度系数的二阶理论回波模型，介绍高度计资料处理的 6 种重跟踪方案，并探讨和分析不同重跟踪方案对反演海浪有效波高的影响。

2.1.3.1 重跟踪方法

1）一阶理论回波模型

对于海面粗糙散射面，Moore 等（1957）、Barrick（1972）、Barrick 等（1985）及 Lipa（1981）的研究表明卫星高度计的平均回波能量可以表示成以时间为自变量的 3 个函数的卷积：

$$W(t) = P_{FS}(t) * q_s(t) * p_\tau(t) \tag{2-21}$$

式中，$W(t)$ 为回波的平均功率；$q_s(t)$ 为海面散射点高度概率密度函数；$p_\tau(t)$ 为雷达系统点目标响应函数；$P_{FS}(t)$ 为平坦海平面脉冲响应函数，

$$P_{FS}(t) = A\exp(-\delta t) I_0(\beta t^{1/2}) U(t) \tag{2-22}$$

$$I_0(z) = \sum_{n=0} \left(\frac{z^2}{4}\right)^n \left(\frac{1}{n!}\right)^2 \qquad (z = \beta t^{1/2}) \tag{2-23}$$

由于指向角 ξ 一般情况下小于 $0.3°$，Rodriguez 取式（2-23）中的前两项（$n=0$，1），贝塞尔多项式 I_0 可以表示成：

$$I_0(\beta t^{1/2}) \approx \exp(\beta^2 t/4) \tag{2-24}$$

于是有

$$P_{FS}(t) = A\exp\left[-\left(\delta - \frac{\beta^2}{4}\right)t\right] U(t) \tag{2-25}$$

其中，

$$A = A_0\exp\left(-\frac{4}{\gamma}\sin^2\xi\right) \tag{2-26}$$

$$\delta = \frac{4}{\gamma} \cdot \frac{c}{h}\cos(2\xi) \tag{2-27}$$

$$\gamma = \frac{2}{\ln 2} \cdot \sin^2\left(\frac{\theta}{2}\right) \tag{2-28}$$

$$\beta = \frac{4}{\gamma}\left(\frac{c}{h}\right)^{1/2}\sin(2\xi) \tag{2-29}$$

式中，$U(t)$ 为单位阶跃函数；h 为卫星高度；c 为光速；ξ 为天线偏离天底指向角；γ 为天线波束宽度参数。

海面散射点高度概率密度函数是由 Gram-Charlier 级数展开得到，为了兼顾海面的非高斯特性，使用含偏度系数的散射点高度概率密度函数：

$$q_s(t) = \frac{1}{\sqrt{2\pi}\,\sigma_s}\left[1 + \frac{\lambda_s}{6}H_3(t/\sigma_s)\right]\exp\left[-\frac{1}{2}(t/\sigma_s)^2\right] \tag{2-30}$$

式中，σ_s 为波高均方根值；λ_s 为偏度；H_3 为埃尔米特(Hermite)多项式。

雷达点目标响应为

$$S_r(t) = \frac{1}{\sqrt{2\pi}\,\sigma_r}\exp\left[-\frac{1}{2}(t/\sigma_r)^2\right] \tag{2-31}$$

式中，σ_r 为高度计点目标响应的 3 dB 宽度。

最终理论回波模型可表示为

$$W(t) = \frac{A}{2}\exp(-v)\left\{\left(\frac{\lambda}{6}\sigma_c^3\alpha^3 + 1\right)[\mathrm{erf}(u) + 1] + \right.$$
$$\left. \exp(-u^2)\left(-2u^2 - 3\sqrt{2}\sigma_c\alpha u - 3\alpha^2\sigma_c^2 + 1\right)\right\} \tag{2-32}$$

式中，

$$v = \alpha\left(t - \frac{\sigma_c^2\alpha}{2}\right); \qquad u = \frac{t - \sigma_c^2}{\sqrt{2}\sigma_c}; \tag{2-33}$$

$$\sigma_c^2 = \sigma_s^2 + \sigma_r^2. \tag{2-34}$$

2）二阶理论回波模型

由于 Jason-1 发射初期（2002 年），卫星指向角出现偏大的情况，一阶理论回波模型已经无法准确对波形数据重跟踪，Amarouche 等（2004）提出了二阶理论回波模型。该模型中，贝塞尔多项式 I_0 展开到了 $n=2$ 项，即

$$I_0(z) \approx 2\left[1 + \frac{z^2}{8} + \frac{z^4}{128}\right] \approx 2\exp\left(\frac{z^2}{8}\right) - 1 \qquad (z = \beta t^{1/2}) \tag{2-35}$$

则平坦海面回波公式变为

$$P_{FS}(t) = 2A\exp\left[\left(-\delta - \frac{\beta^2}{8}\right)t\right]U(t) - A\exp(-\delta t)U(t) \tag{2-36}$$

在二阶理论回波模型推导过程中，对于海面散射点高度概率密度函数，Amarouche 等（2004）并未在模型中加入偏度，本研究加入了该偏度，即仍然采用式（2-30），雷达点目标响应仍然采用式（2-31），最终得到的理论回波模型表达式为

$$W(t) = 2A\exp(-v_1) \left\{ \left(\frac{\lambda}{6}\sigma_c^3\alpha^3 + 1 \right)[\mathrm{erf}(u_1) + 1] + \exp(-u_1^2)(-2u_1^2 - \right.$$

$$\left. 3\sqrt{2}\sigma_c\alpha u_1 - 3\alpha^2\sigma_c^2 + 1) \right\} - A\exp(-v_2)\left\{ \left(\frac{\lambda}{6}\sigma_c^3\alpha^3 + 1 \right)[\mathrm{erf}(u_2) + 1] + \right.$$

$$\left. \exp(-u_2^2)(-2u_2^2 - 3\sqrt{2}\sigma_c\alpha u_2 - 3\alpha^2\sigma_c^2 + 1) \right\} \qquad (2-37)$$

式中，

$$u_1 = \frac{t - \alpha_1\sigma_c^2}{\sqrt{2}\sigma_c}, \qquad v_1 = \alpha_1\left(t - \frac{\alpha_1}{2}\sigma_c^2 \right) \qquad (\alpha_1 = \delta - \beta^2/8)$$

$$\hspace{12cm} (2-38)$$

$$u_2 = \frac{t - \alpha_2\sigma_c^2}{\sqrt{2}\sigma_c}, \qquad v_2 = \alpha_2\left(t - \frac{\alpha_2}{2}\sigma_c^2 \right) \qquad (\alpha_2 = \delta)$$

一阶理论回波模型和带有偏度系数的二阶理论回波模型如图 2-8 所示，其中虚线和实线分别代表一阶理论回波模型和二阶理论回波模型。有效波高、指向角和偏度系数分别为 1 m、0.7°、0.15，可以明显看出在指向角较大时，在波形前沿两种模型一致，而对于波形后沿一阶理论回波模型比二阶理论回波模型上升更快，实际上二阶理论回波模型更接近实际回波。

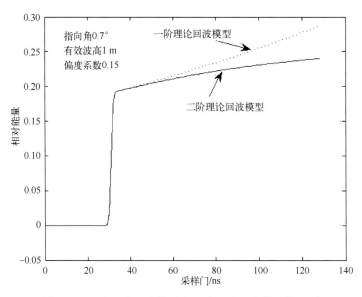

图 2-8　一阶理论回波模型和二阶理论回波模型的区别

3）6 种重跟踪方案

根据反演参数的不同，获得 3 种重跟踪方案。

（1）三参数法（MLE3）

采用一阶理论回波模型，该模型中天线指向角 ξ 与振幅 A_0 都对波形振幅产生较大影响，在拟合中无法同时获取，因此首先根据波形后沿斜率反演天线指向角 ξ，然后将海面散射点高度概率密度函数中的偏度 λ_s 设成常数，并采用 MLE 算法对波形拟合得到其余 3 个参数 τ、σ_c、A_0。

（2）四参数法（MLE4）

采用带有偏度系数的二阶理论回波模型，即式（2-37）。该模型无法利用波形后沿得到指向角，在假设海面散射点高度概率密度函数中偏度 λ_s 为常数的情况下，可以直接利用波形拟合得到 4 个参数 τ、σ_c、A_0、ξ。

（3）五参数法（MLE5）

采用带有偏度系数的二阶理论回波模型，波形拟合得到 5 个参数 τ、σ_c、A_0、ξ、λ_s。

由于 HY-2A 卫星雷达高度计波形噪声较大，在以上 3 种方案之前，如若先进行奇异值分解滤波，则会分别产生另外 3 种方案：MLE3_SVD、MLE4_SVD、MLE5_SVD。6 种方案中，MLEN 中 N 代表了反演参数的个数。

2.1.3.2　数据介绍

HY-2A 卫星前两年 14 天一个周期，后一年 168 天一个周期，卫星高度 971 km（重复周期 14 天），倾角 99.34°。HY-2A 卫星雷达高度计 SDR 是在 IDR 基础上增加波形生成的，本处所用 SDR 分别为 2012 年 7 月份的 cycle21 和 2012 年 12 月份的 cycle32。图 2-10、图 2-11 以及图 2-14 至图 2-20（a），均采用这两个周期。在 HY-2A IDR 与浮标对比时，为增加匹配点数，采用的 IDR 数据为 cycle11 至 cycle16 以及 cycle19 至 cycle27，如图 2-20（b）。

利用浮标所测有效波高与轨迹经浮标附近的高度计所测有效波高对比是一个比较标准的方法，图 2-9 中所示黑点为对比所用 NDBC 浮标所在位置，共 33 个，为 2012 年全年标准气象数据，该数据每小时提供一次有效波高。浮标编号遵循了世界气象组织标准命名惯例。所有浮标所处水深都大于 1 000 m，离岸距离均超过 50 km。另外，高度计所测有效波高与浮标观测有效波高对比，也有一定局限。本书所用大部分浮标在北美大陆附近，缺少南半球浮标大波高数据，这种地理位置的限制说明本研究有效波高反演准确性并不能完全代表全球环境。浮标数据自身也有系统误差。在对比时，这些因素都会影响结果。

为了在对比时增加匹配点数，用到的 Jason-1 GDR c 版本数据为 cycle505 至 cycle521，对应时间为 2012 年 7—12 月。本文所用卫星数据均针对 Ku 波段数据，C 波段暂未处理。

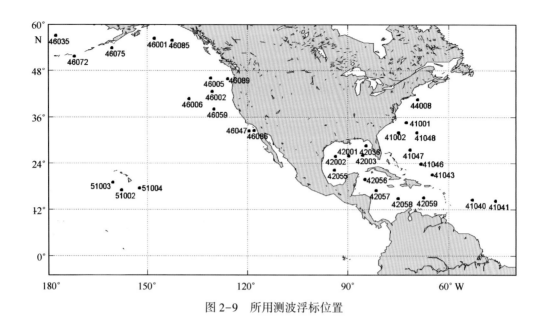

图 2-9　所用测波浮标位置

2.1.3.3　不同方案对有效波高的反演

1）偏度系数

根据 MLE5 及 MLE5_SVD 两种方案，利用 HY-2A 卫星雷达高度计 cycle 21 和 cycle 32 两个周期的波形得到偏度系数，其直方图和随有效波高的变化趋势如图 2-10 和图 2-11 所示。

由图 2-10（a）（b）可以看出，MLE5 和 MLE5_SVD 两种方案偏度系数绝对值一般较小，均值分别为 0.21 和 0.15；而噪声较大，标准偏差分别为 0.849 和 0.627，点数相差 7 006 个，说明 SVD 滤波去噪作用明显，利用 SVD 滤波后的波形进行拟合有利于去除偏度系数的异常，使结果更稳定。

图 2-11 相邻误差棒横坐标距离代表有效波高，间隔为 10 cm，其长度为该间隔内所得偏度系数标准偏差的 4 倍，中间实线代表不同间隔内偏度系数均值随有效波高的变化，虚线代表不同有效波高个数（也是偏度系数的个数）。可以看出，两种方案得到的偏度系数均值随着有效波高的增加基本不变。由误差棒的长度可知，有效波高小于 1 m 时，偏度系数容易出现异常，随着有效波高增大，偏度系数误差变小。这主要由于有效波高较大时噪声能量相对较小，因此重跟踪的结果更反映真实海面情况，偏度系数更接近真值。有效波高大于 10 m 时，偏度系数均值和误差棒长度变化比较杂乱，这是因为大波高点数太少，结果显示的随机性较大。因此，为了在有效波高反演时避免反演异常出现太多，由图 2-10（b）的均值可知，在反演时可将偏度系数设置为常

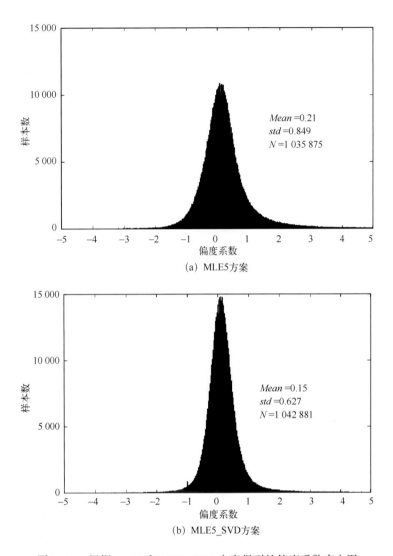

图 2-10　根据 MLE5 和 MLE5_SVD 方案得到的偏度系数直方图

数 0.15。

2）奇异值分解降噪

奇异值分解（singular value decomposition，SVD）是 20 世纪 40 年代发展起来的经典信号处理技术，有时用在信号降噪方面。Thibaut 等（2004）将该技术运用到 Jason-1 波形处理中，并得到了令人满意的降噪效果。若 S 是 $m \times n$ 的矩阵，$m = 128$，$n = 20$，代表有噪声的波形矩阵，则

$$S = U \sum V^*$$

（2-39）

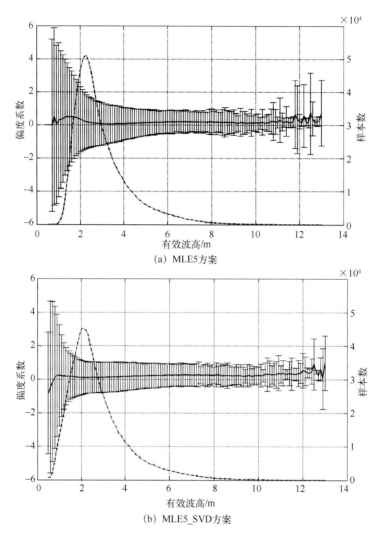

(a) MLE5方案

(b) MLE5_SVD方案

图 2-11　利用 MLE5 和 MLE5_SVD 方案得到的偏度系数对有效波高的依赖关系

式中，U 为 $m×m$ 阶酉矩阵；Σ 为半正定 $m×n$ 阶对角矩阵；而 V^*，即 V 的共轭转置，是 $n×n$ 阶酉矩阵。这样的分解就称作 S 的奇异值分解。$\Sigma(m，n)$ 对角线上的元素即为 S 的奇异值。常见的做法是将奇异值由大而小排列，这样 Σ 便能由 S 唯一确定(虽然 U 和 V 仍然不能确定)。于是 20 个波形组成的矩阵 S 可表示为

$$S = \lambda_1 U_1 V_1 + \cdots + \lambda_k U_k V_k + \cdots + \lambda_r U_r V_r \qquad (r \leqslant n) \qquad (2\text{-}40)$$

k 之后的较小奇异值被看作噪声舍去，剩下的矩阵则代表滤波后的信号。

　　图 2-12(a)所示为 1 s 20 个归一化后的原始波形，图 2-12(b)所示为图 2-12(a)中波形经 SVD 滤波后的结果。图 2-13 所示中蓝色线代表单个归一化原始波形，后沿震荡

较为剧烈，红色线是 SVD 降噪后波形，震荡程度减缓。从图 2-13 中可以看出，HY-2A 波形在波峰区及后沿噪声较大，SVD 滤波对该部分有明显降噪效果，且波形上升沿和后沿斜率基本没有改变，这对准确重跟踪非常有利。

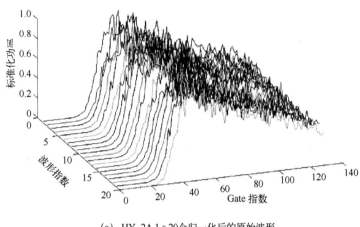

(a) HY-2A 1 s 20个归一化后的原始波形

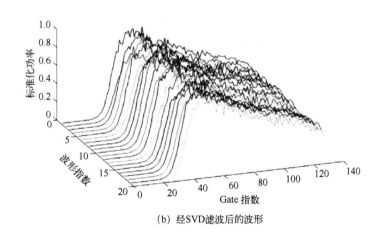

(b) 经SVD滤波后的波形

图 2-12　HY-2A 1 s 20 个归一化后的原始波形及经 SVD 滤波后的波形

图 2-14、图 2-15、图 2-16 分别为 6 种重跟踪方案所得有效波高数量分布图，相邻点之间横坐标间距代表有效波高 10 cm 的间隔，每个点的纵坐标代表了该 10 cm 间隔内的有效波高点数。如图例所示，红色是未经 SVD 滤波直接重跟踪的结果，绿色代表原始波形经 SVD 滤波后重跟踪得到的结果。从图中可以看出：从全球来看，不管是 7 月还是 12 月，有效波高为 2 m 左右时出现概率最大，且无论夏季还是冬季，有效波高大小数量分布曲线基本不变。

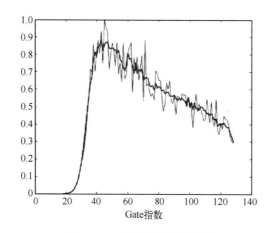

图 2-13　单个波形滤波结果

蓝色代表 HY-2A 归一化后原始波形；红色代表经 SVD 滤波后的波形

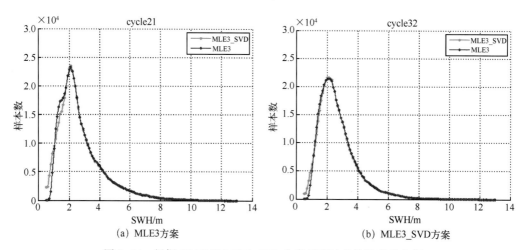

(a) MLE3方案

(b) MLE3_SVD方案

图 2-14　根据 MLE3 和 MLE3_SVD 方案得到的有效波高分布图

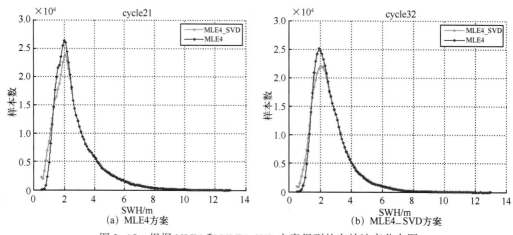

(a) MLE4方案

(b) MLE4_SVD方案

图 2-15　根据 MLE4 和 MLE4_SVD 方案得到的有效波高分布图

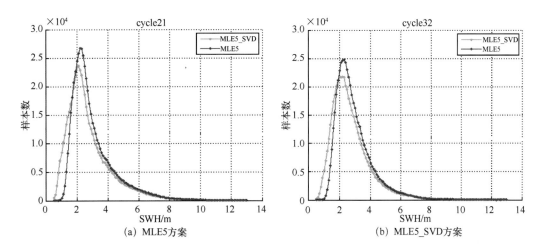

图 2-16　根据 MLE5 和 MLE5_SVD 方案得到的有效波高分布图

通过绿色和红色线的对比，可以发现经 SVD 滤波后有效波高低值数量有所增加，2 m 有效波高数量有所降低（四参数及五参数反演最为明显），小波高数量增加。这是因为 SVD 滤波作用对波形达到峰值以后震荡比较剧烈的 40~60 采样门噪声去除得比较显著，如图 2-12 所示。小波高时，前沿斜率较陡，而采样门 40~60 噪声能量较大，若不去除，波形拟合时受波峰强烈震荡影响，拟合后波形前沿斜率变大，导致波高变大；反之，波高变小。而 3 m 以上波高，波峰震荡作用相对较小，对前沿拟合的影响变弱，故滤波影响变弱。

方案 MLE3_SVD 和 MLE4_SVD 对于有效波高的反演，基本差别不大，因为从文中所用 HY-2A 卫星雷达高度计波形后沿来看，卫星天线指向角是正常的。所以对于 MLE4 方案，较大指向角反演能力并未凸显。

五参数反演时，由于反演的偏度系数经常出现异常，这种异常影响了有效波高的反演，导致有效波高误差变大，这些从表 2-1 和表 2-2 的统计结果中可以看出。而经 SVD 滤波后，波形中噪声减少，偏度系数标准偏差（图 2-10）和有效波高均方根误差都有所减小（表 2-1、表 2-3）。可见，波形中的噪声对偏度系数影响很大。

表 2-1　各方案与浮标对比结果　　　　　　　　　　　　　　　　单位：m

方案	MLE3	MLE3_SVD	MLE4	MLE4_SVD	MLE5	MLE5_SVD	HY-2A IDR	Jason-1 GDR
Bias/RMS	0.16/ 0.32	0.12/ 0.30	0.16/ 0.32	0.12/ 0.29	0.38/ 0.49	0.15/ 0.33	-0.25/ 0.41	-0.01/ 0.29

表 2-2　各方案与 HY-2A IDR 对比结果 　　　　　单位：m

方案	MLE3	MLE3_SVD	MLE4	MLE4_SVD	MLE5	MLE5_SVD
Bias/RMS	0.47/ 0.55	0.44/ 0.53	0.44/ 0.51	0.44/ 0.52	0.69/ 0.75	0.48/ 0.56

表 2-3　各方案与 Jason-1 GDR 对比结果 　　　　　单位：m

方案	MLE3	MLE3 SVD	MLE4	MLE4_SVD	MLE5	MLE5_SVD	HY-2A IDR
Bias/RMS	0.27/ 0.45	0.23/ 0.42	0.2/ 0.39	0.22/ 0.41	0.46/ 0.60	0.28/ 0.47	−0.31/ 0.50

3）6 种重跟踪方案结果

6 种重跟踪方案反演的有效波高结果与浮标、HY-2A IDR、Jason-1 GDR 对比，采用的时空匹配窗口为 30 min、50 km，这与 Durrant 等（2013）对国外卫星波高验证时一致。散点图图 2-17 至图 2-21 中对角线代表两种有效波高相等，相关系数 R、均方根误差 RMS、平均偏差 Bias 计算公式分别由式（2-41）、式（2-42）、式（2-43）给出，N 代表匹配点的数量。

图 2-17 至图 2-21 中相关系数 R、均方根误差 RMS 和平均偏差 Bias 的计算公式为

$$R = \frac{\sum_{i=1}^{N} (A_i - \overline{A})(B_i - \overline{B})}{\sqrt{\sum_{i=1}^{N} (A_i - \overline{A})^2 * \sum_{i=1}^{N} (B_i - \overline{B})^2}} \tag{2-41}$$

$$RMS = \sqrt{\frac{1}{N} \sum_{i=1}^{N} (A_i - B_i)^2} \tag{2-42}$$

$$Bias = \frac{1}{N} \sum_{i=1}^{N} (A_i - B_i) \tag{2-43}$$

式中，A_i 为匹配点的纵坐标，B_i 为匹配点的横坐标。将 Bias 和 RMS 统计成表格形式，见表2-1至表2-3。

由图 2-17 所示的平均偏差 Bias 可知，HY-2A IDR 结果明显比三参数方案结果小，偏差可达 40 余厘米。而三参数方案比浮标略偏大，误差较小，与 Jason-1 GDR 相比也偏大，说明三参数方案所得结果整体有偏大趋势，但准确度优于 IDR。

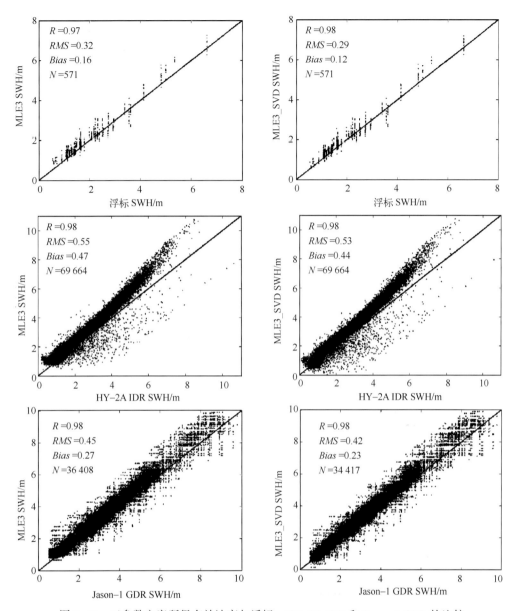

图 2-17　三参数方案所得有效波高与浮标、HY-2A IDR 和 Jason-1 GDR 的比较

　　由图 2-18、图 2-19 可看出，四参数方案与五参数方案反演有效波高结果与三参数方案结果趋势类似，平均值略有偏大。但五参数方案随机性较大，由于增加了偏度系数，造成反演异常增多，导致可用点数有所降低。

　　图 2-20 中 HY-2A IDR 不论是与 Jason-1 GDR 比较，还是与浮标比较，平均偏差 *Bias* 都是负值，说明 IDR 中有效波高整体偏小，尤其是图 2-20(a)，两种结果有一系统偏差。图 2-21 中 Jason-1 GDR 与浮标对比，结果表明 Jason-1 有效波高平均偏差很

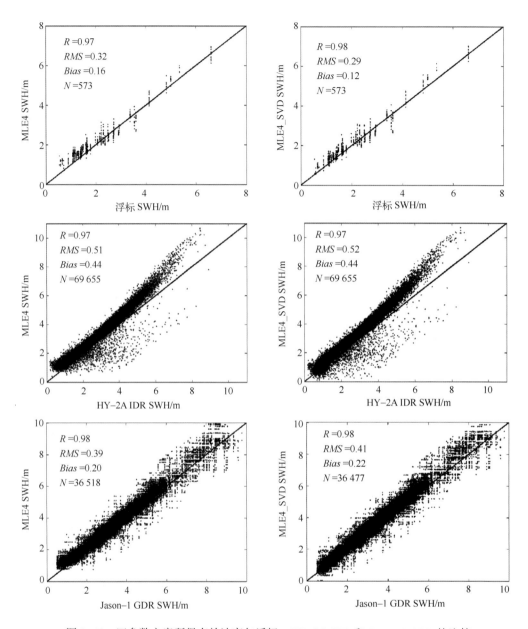

图 2-18 四参数方案所得有效波高与浮标、HY-2A IDR 和 Jason-1 GDR 的比较

小，只比浮标小 0.7 cm，可认为无系统偏差。

通过图 2-17 至图 2-21 所示散点图和表 2-1 至表 2-3 可以看出，不同方案得到的有效波高与浮标对比时，经过 SVD 滤波的方案总会改善有效波高反演的准确度。这是因为 SVD 滤波去除了波形中一部分的噪声，对波形中包含的波高等信息几乎没有改变，因此在波形拟合过程中噪声的影响变弱，更利于海面信息的提取。

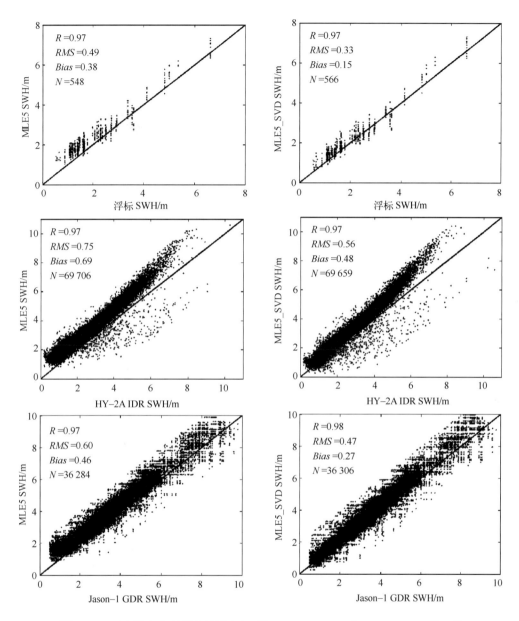

图 2-19 五参数方案所得有效波高与浮标、HY-2A IDR 和 Jason-1 GDR 的比较

当偏度设置为反演参数之一，即采用五参数方案时，不论是与浮标还是与 Jason-1 对比，反演的有效波高准确度都恶化了。因为偏度一般较小，但较大值却经常出现，噪声较大，这是将海面散射点高度概率密度函数表示成 Gram-Charlier 级数的缺点。当其出现异常值时，海面散射点高度概率密度函数会出现负值，其值已经不能表示实际海况，影响了有效波高的反演。当原始波形经过 SVD 滤波后，经 MLE5_SVD 反演的结

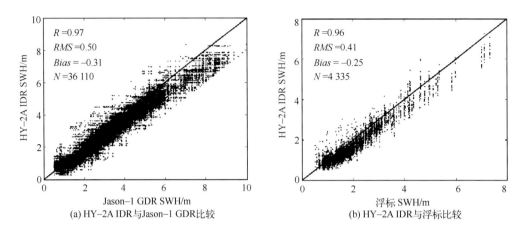

(a) HY-2A IDR与Jason-1 GDR比较   (b) HY-2A IDR与浮标比较

图 2-20   HY-2A IDR 有效波高与 Jason-1 GDR、浮标的比较

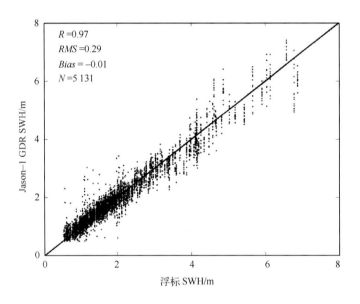

图 2-21   Jason-1 GDR 有效波高与浮标的比较

果与浮标对比，准确度大大改善，甚至可以与 MLE3_SVD 和 MLE4_SVD 相媲美，说明噪声对偏度和有效波高反演的影响特别大，这一点也可以在图 2-10 的直方图中看出。虽然 MLE5_SVD 与三参数方案、四参数方案对有效波高的反演比较接近，但仍然建议将偏度设置成常数，因为偏度系数增加为反演参数，降低了波形数据的利用率，使其在波形拟合过程中很容易出现结果异常。

    与浮标、Jason-1 GDR 的有效波高对比，当偏度设置成常数 0.15 时，方案 MLE3_

SVD 和 MLE4_SVD 的均方根误差分别为 0.3 m、0.42 m 和 0.29 m、0.41 m，都能准确对 HY-2A 波形重跟踪得到有效波高，二者差别不大，而 IDR 与之对比则分别为 0.41 m、0.5 m，可见这两种方案均优于 IDR 产品。三参数方案和四参数方案反演有效波高时比较一致，其区别在于，四参数方案可以应对指向角偏大的情况，对于 Jason-1 卫星来说，也是这样的结果。采用四参数方案导致的唯一缺点就是后向散射系数的计算出现误差，这种误差在 Jason-2 的数据处理中进行了修正，HY-2A 卫星雷达高度计数据处理目前尚未考虑。

2.2　HY-2A 卫星微波散射计海洋动力环境信息提取技术优化

2.2.1　HY-2A 卫星微波散射计简介

本小节在探讨 HY-2A 卫星微波散射计风场反演算法优化问题之前，先从应用指标、设计参数、观测几何特征等几个方面对其进行简要介绍。

与以往的星载散射计一样，HY-2A 卫星微波散射计的主要目标是获取全球地表后向散射测量数据，并由此估算各种天气条件下的全球无冰海面风矢量，海面风场反演是其最主要的应用目标。由 HY-2A 卫星微波散射计获取的风矢量数据将被广泛用于海洋、气象和海-气相互作用等研究中。根据这些应用需要，HY-2A 卫星微波散射计应满足如下应用测量指标(表 2-4)。

表 2-4　HY-2A 卫星微波散射计主要应用测量指标

参数	要求	适用范围
风速	< 2 m/s(均方根值)	3~20 m/s
	< 10%	20~30 m/s
风向	< 20°(均方根值)	3~30 m/s
空间分辨率	25 km	σ_0 分辨单元
	25 km	风矢量单元
定位精度	25 km(均方根值)	绝对
	10 km(均方根值)	相对
时空覆盖率	每天覆盖90%无冰海区	—
设计寿命	3 年	

为了达到表 2-4 所列应用指标，HY-2A 卫星微波散射计采用抛物面天线和圆锥扫描方式的设计思想，其主要设计参数见表 2-5(王小宁等，2013)。

表 2-5 HY-2A 卫星微波散射计主要设计参数

项 目	参 数
雷达频率	Ku 波段(13.256 GHz)
轨道高度	965km
雷达峰值功率	120 W
脉冲持续时间	1.5 ms
脉冲重复频率	185 Hz
天线孔径	1 m
内定标精度	0.15 dB
接收机动态范围	60 dB
3dB 波束宽度	1.5°×1.5°(方位×俯仰)
侧视角	35.5°(内波束),40.8°(外波束)
地面入射角	约 41°(内波束),约 48°(外波束)
极化方式	HH(内波束),VV(外波束)
扫描速率	16.67 r/min
扫描方式	圆锥形扫描方式
刈幅宽度	1 400 km(内波束),1 750 km(外波束)

由表 2-5 可见,HY-2A 卫星微波散射计的工作频率为 13.256 GHz,有两个侧视角:内侧波束为 35.5°,外侧波束为 40.8°,并且分别对应水平(HH)和垂直(VV)两种极化方式,由于地球曲率的影响,两个波束的地面入射角分别约为 41°和 48°。

卫星微波散射计的观测几何特征对其风场反演算法的设计和反演效果都有重要影响。HY-2A 卫星轨道平均高度约为 965 km,在这一高度下,内外波束的地面轨迹半径分别约为 700 km 和 875 km。图 2-22 为 HY-2A 卫星微波散射计的空间观测几何示意图。

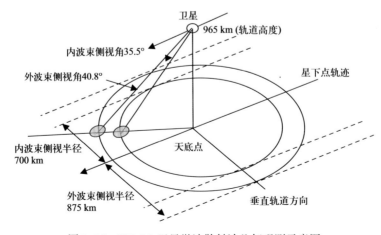

图 2-22 HY-2A 卫星微波散射计几何观测示意图

根据 HY-2A 卫星微波散射计的几何观测特征，在其刈幅边缘区域，每个风矢量单元只能得到外波束的前后两次观测。而在轨道垂向距离小于 700 km(内波束半径)的轨道内侧区域，每个风矢量单元可以得到 4 个不同角度的观测，按时间先后顺序依次为外波束的前向观测、内波束的前向观测、内波束的后向观测、外波束的后向观测。

2.2.2　卫星微波散射计海面风场反演研究进展

风矢量反演与模糊解去除是散射计海面风场反演数据处理中的两个关键环节，模型函数的非线性以及模型误差与测量误差的存在决定了风矢量反演的复杂性。自 1978 年美国发射 Seasat-A 卫星及其散射计 SASS(Seasat Scatterometer)以来，研究者提出了多种散射计海面风矢量反演方法，主要包括：SOS(sum-of-square)法、MLE(maximum-likelihood estimation)法、LS(least squares)法、WLS(weighted least squares)法、AWLS(adjustable weighted least squares)法、L1 法和 LWSS(least wind speed squares)法等(Chi et al., 1988)。这些反演方法基本上能够在一定精度要求范围内实现全球海面的风场反演，都曾经或正在被散射计地面数据处理系统所采用，在业务化风场反演中发挥了重要作用。

其中最具代表性的是 SOS 和 MLE 两种方法。SOS 方法最早由 Wentz 提出，主要用于早期的 SASS 散射计的数据处理(Wentz, 1978；Schroeder et al., 1982)。但该方法要求后向散射系数以对数形式表示，因此它的一个严重缺陷是不能处理后向散射能量为负值的情况，而此种情况在信噪比较低时经常发生。另外，SOS 方法是针对 SASS-I 模型函数提出来的，因此其在风矢量搜索求解过程中，只要固定风向即可确定风速表达式的优点，不能推广到其他模型函数。

针对 SOS 方法的上述缺点和限制，Pierson 首次提出了将最大似然法用于风场反演的基本思想，MLE 方法不再受后向散射测量值正负的限制(Pierson, 1984；Freilich et al., 1987)。与 SOS 法相比，MLE 法有着更深刻的理论依据，其目标函数可以由同一分辨单元内的一组测量值的联合概率密度函数严格导出，而且同时考虑了模型误差和测量误差对反演的影响(Dunbar et al., 1988；Long, 1994)。因此，MLE 方法被认为是目前风矢量反演的最佳方法，已成功用于 AMI/ERS、NSCAT、SeaWinds、ASCAT 和 HY-2A 散射计的风矢量反演中。

与此同时，国内学者在海面风矢量反演方面也做了大量有益的探索性工作。林明森(2000)针对常规点方式风矢量反演中存在的风向多解性问题，提出了一种改进的场方式反演方法，该方法不需要进行模糊去除，但其计算量过大，目前还不能用于散射计的业务化风场反演。Zhang 等(2000)采用 Moore 模型和最大似然估计法对铅笔形波束圆锥扫描散射计 CNSCAT(多模态微波遥感器模式之一)的风矢量反演进行了模拟研究，发现反演精度与风矢量单元在轨道上所处的位置有关。林明森等（2006）利用 ERS-1/2 散射计数据和欧洲中期天气预报（ECMWF）风场数据，建立了一个利用神经网络演海面风场的模型，证明了神经网络用于海面风场反演的可行性和高效性。解学通等（2006；2010）根据 MLE 目标函数的一般分布特征建立了一种较为高效的海面风矢量搜索算法，该算法在能够保证反演精度的前提下，使反演效率得到较大程度地提高。林明森等（2013）针对 HY-2A 卫星微波散射计的特有观测模式，建立了一套适合于该散射计的海面风场反演算法，并用于HY-2A卫星散射计业务化风场反演。

利用上述风矢量反演方法进行反演往往只能得到一组可能解，即模糊解，要得到唯一的风矢量解还必须进行模糊去除。早期科学家利用人工干预的方法，根据气象图案和流场特征，并借助天线指向信息进行模糊去除（Wurtele et al.,1982）。Mardia（1972）首先对传统中数定义进行了扩展，使之能够适用于圆分布数据，为圆中数滤波算法奠定了理论基础。圆中数滤波算法通过在风场二维空间中开一定大小的窗口，计算该窗口数据的圆中数，然后在窗口中心风元的几个模糊解中找出与圆中数最接近的一个替代当前窗口中心的风矢量，反复迭代，直到风场不再改变或者迭代次数达到预设的最大迭代次数为止（Schultz,1990；Shaffer et al.,1991）。Shaffer 等（1989）详细研究了滤波模式（矢量滤波和风向滤波）、窗口大小、似然权重和位置权重 4 个参数对圆中数滤波算法性能的影响，发现滤波模式和滤波窗口对算法性能的影响较大，在其他参数相同时，矢量滤波比风向滤波的效果稍微好一些；7×7 窗口大小时的滤波效果最好；而似然权重和位置权重的影响相对微弱。实践证明，圆中数滤波方法能有效去除大部分风矢量模糊，成为散射计模糊去除的主要方法，并促进了模糊去除过程的自动化。林明森等（1997）针对美国 Seasat-A 卫星散射计（SASS），提出了一种利用等风速线进行风矢量解模糊去除的新方法，并通过计算实例证明了该方法对平流风场、锋面及气旋等多种风场情况模糊去除的有效性。李燕初等（1999）利用圆中数滤波算法，对 ERS-1 散射计模拟数据反演的风场进行了模糊去除实验研究，结果表明在无需任何附加信息的条件下，圆中数滤波算法能够较好地再现模拟的海面真实风场。

在散射计反演算法优化方面，为了解决 SeaWinds 散射计星下点附近区域的风场反演误差大的问题，Stiles 等（2002）首先提出了一种 DIR（directional interval retrieval）算法。但是，该算法需要计算每个风向上目标函数最大值对应的概率，并要求根据给定的概率阈值确定所有局部最大值对应的风向取值区间，因而计算量大且不易实现。此外，理论计算表明，目标函数沿风向的平坦区域一般只存在于似然值较高的第一和第二模糊解中，因此实际反演时无需对所有模糊解进行风向扩展处理。随后，Portabella 等（2004）提出了一种类似的基于最大似然估计的改进风场反演方法——MSS（multiple solution scheme）方法。Xie 等（2013）通过实测数据分析发现，在圆锥扫描散射计的刈幅边缘区域同样存在目标函数分布相对平坦的现象，据此将风向扩展算法应用到整个刈幅区域，并利用 QuikSCAT 散射计实测数据对算法的有效性进行了验证。王志雄(2014)对 MSS 算法进行了系统研究与调试，并利用 HY-2A 卫星微波散射计数据进行了反演实验，结果表明，该算法比标准 MLE 算法具有更高的反演精度。

2.2.3　反演算法优化

HY-2A 卫星微波散射计属于笔形波束圆锥扫描散射计，该类型的散射计成功解决了存在于固定扇形波束散射计中的星下点附近区域的数据空缺问题，可以获得更大的刈幅宽度。但是，该散射计特有的几何观测模式使得风场反演误差随地面交轨位置(风元列号)而变化，星下点附近区域和刈幅边缘区域往往产生较大的风向反演误差。

本小节以我国 HY-2A 卫星上搭载的微波散射计作为研究对象，根据其几何观测特征和特有工作模式，针对现有风矢量反演与模糊去除算法存在的主要缺点和限制，探讨适合于该散射计的风矢量反演与模糊去除算法。研究将从风矢量反演和模糊解去除两个方面对现有算法进行适当改进，以进一步提高 HY-2A 卫星微波散射计的海面风场反演精度。

2.2.3.1　改进的风矢量反演算法

目标函数分布特征是设计合理的风矢量反演算法的主要依据。传统 MLE 反演方法的主要缺点是运算量大、效率低，原因是传统的 MLE 反演方法实际上就是在某一搜索范围内将不同风矢量代入目标函数逐个测试的过程。尽管可以根据目标函数的一般分布特征，通过改善搜索策略来提高运行效率，但是也只能在有限的程度上减小目标函数运算次数。MLE 目标函数的一般表达式如下(Freilich,2000)：

$$J_{MLE}(w, \Phi) = -\sum_{i=1}^{N} \left\{ \frac{[z_i - M(w, \Phi - \varphi, \theta_i, p_i)]^2}{V_{Ri}} + \ln V_{Ri} \right\} \tag{2-44}$$

式中，z 为后向散射系数测量值；M 为后向散射系数模型值；φ、θ、p 分别为雷达观测方位角、入射角和极化方式；w 和 Φ 分别表示风速和风向；V_R 为总体误差方差。风矢量反演就是要寻找使得式(2-44)取得局部最大值的风速和风向作为模糊解。

同时，针对 MLE 反演算法运算量较大的问题，研究提出了基于风速标准差的海面风矢量反演算法(wind speed standard deviation,WSSD)，其目标函数如下：

$$s(\varphi) = \sqrt{\sum_{i=1}^{n} [w_i(\varphi) - \bar{w}(\varphi)]^2 / n} \qquad (i = 1, 2, \cdots, n) \tag{2-45}$$

式中，$w_i(\varphi)$ 为 HY-2A 卫星微波散射计第 i 个后向散射系数测量值对应的风速；$\bar{w}(\varphi)$ 为平均风速；n 为测量值数目。

由于 MLE 和 WSSD 两种反演算法的优化思路基本相同，本书仅给出基于 WSSD 的优化算法描述，基于 MLE 的反演算法优化过程与之类似。

1）目标函数一般分布特征

传统 MLE 风矢量反演算法没有考虑不同轨道区域内目标函数分布特征的差异对风场反演的影响。本书针对目标函数分布特征在不同轨道区域的差异性，对基本 WSSD 算法进行改进，使之更适合于 HY-2A 卫星微波散射计。

通过理论分析和仿真计算可以得出目标函数在不同轨道区域的分布特征如下：① 在星下点附近区域，目标函数在峰值附近随风向的变化率较小，分布较为平坦，且平坦区域延伸的范围较大；② 在轨道中间区域，目标函数在峰值附近随风向的变化率相对于星下点附近区域明显增大，同时平坦区域的延伸范围减小；③ 在刈幅边缘区域，目标函数在峰值附近随风向的变化率较小，但同时由于该区域只有外测波束能够到达且前后观测夹角较小，导致目标函数各局部最大值之间的相对差异比较微弱。

2）风矢量反演算法的建立

传统最大似然风矢量反演算法在反演时，只保留目标函数局部极值点所对应的风矢量作为模糊解。但在圆锥扫描散射计的星下点附近区域，由于受噪声影响，真实风矢量解往往并不对应于局部极值点，而是在目标函数峰值附近相对平坦的风向区间内漂移，从而导致一定的风向反演误差。因此，在星下点附近区域，通过某种度量指标对风向取值范围进行适当扩展，保留更多的风向解参与后续的模糊去除，是提高该区域风场反演精度的可能途径。本研究根据风矢量单元的列号，在地面轨道的不同区域分别采用不同的风矢量反演算法。在轨道中间区域由于目标函数随风向的变化率相对较大，受噪声影响局部最大值偏离真实位置的概率较小，故可以采用基本 WSSD 算法。在星下点附近区域和刈幅边缘区域，则需要对基础算法进行改进，以便为模糊去除保留更多的风向解。

改进的具体风矢量反演算法如下：① 利用基本 WSSD 风矢量反演算法，寻找使得目标函数取得局部最小值的风矢量组成模糊解集合；② 将模糊解按目标函数值由小到大的顺序排列；③ 从排序后的模糊解集合中取出前两个模糊解，以目标函数随风向的变化率作为度量指标对风向取值区间进行扩展，寻找风向扩展区间的左右边界值；④ 将风向扩展区间的左右边界值信息添加到相应的第一、第二模糊解数据结构中。

风向取值区间的扩展是反演算法改进的关键环节。本书采用目标函数随风向的变化率作为测度指标，实现风向可能解区间的扩展。算法分为向左扩展和向右扩展两部分。

（1）以模糊解风向为起始点向左侧扩展

以模糊解风向为起始点向左侧扩展，具体算法步骤如下。

① 将模糊解风向作为右侧风向 d_r，按如下公式计算当前风向 d_c，并计算搜索当前风向对应的目标函数最大值 s_c：

$$d_c = d_r - \Delta d = \begin{cases} d_c & (d_c \geq 0) \\ d_c + 360° & (d_c < 0) \end{cases} \tag{2-46}$$

式中，Δd 为风向取值间隔。

② 类似地，按下式计算左侧风向 d_l，并计算搜索左侧风向对应的目标函数最大值 s_l：

$$d_l = d_c - \Delta d = \begin{cases} d_l & (d_l \geq 0) \\ d_l + 360° & (d_l < 0) \end{cases} \tag{2-47}$$

③ 计算当前风向对应的目标函数随风向的变化率，计算公式如下：

$$k = \frac{|s_R - s_L|}{2 \cdot \Delta d} \tag{2-48}$$

④ 将当前风向和左侧风向分别作为新的右侧风向和当前风向，重复步骤②至④，直到目标函数变化率大于预先设定的阈值为止。

⑤ 取出循环结束后的当前风向作为风向扩展的左边界。

（2）以模糊解风向为起始点向右侧扩展

向右扩展的算法与向左扩展时基本相同，但扩展风向需按下式进行计算：

$$d_c = d_l + \Delta d = \begin{cases} d_c & (d_c < 360°) \\ d_c - 360° & (d_c \geq 360°) \end{cases} \tag{2-49}$$

$$d_r = d_c + \Delta d = \begin{cases} d_r & (d_r < 360°) \\ d_r - 360° & (d_r \geq 360°) \end{cases} \tag{2-50}$$

2.2.3.2 改进的模糊解去除算法

第一模糊解分布特征是设计模糊解去除算法的出发点，本小节将根据地面轨道不同位置上第一模糊解的质量情况，建立适合圆锥扫描散射计的模糊解去除算法。

1）第一模糊解空间分布特征及其形成机制

第一模糊解是指风矢量反演后似然值最高的风矢量可能解。在缺乏其他参考数据的情况下，模糊去除一般都是以反演后的第一模糊解构成的风场作为初始风场，因此第一模糊解风场的质量对模糊解去除效果有重要影响。深入研究第一模糊解的质量在地面轨道上的分布特征是对现有算法进行改进和优化的根本途径。

本书根据圆锥扫描散射计的几何观测特征将地面轨道划分为 3 个不同区域，即刈幅边缘区域、轨道中间区域和星下点附近区域，如图 2-23 所示。每个区域后向散射系数测量值数目和观测几何参数不同，故由此反演出来的第一模糊解质量也存在着差异。

刈幅边缘区域只有外波束能够到达，且不同测量值之间的方位角差异较小；轨道中间区域大部分波束能够到达，测量值数目较多，且不同测量值之间的方位角差异适中；星下点附近区域后向散射测量值数目较少，且前向与后向波束观测方位角相差接近180°。研究通过对多条轨道的海面风矢量反演实验，研究各区域内第一模糊解的质量和空间分布特性，并探讨第一模糊解的质量随地面轨道位置的变化规律。3个区域第一模糊解的分布特征如下。

（1）星下点附近区域

在此区域内，后向散射系数测量值较少，而且前向与后向波束观测方位角相差接近180°，而模型函数存在180°的弱周期性，导致 MLE 目标函数峰值形状较平缓。所以该区域风矢量单元的风向反演往往不够准确，有时误差可达几十度。

（2）轨道中间区域

此区域内外波束都能到达，后向散射系数实测值较多，观测方位角变化范围也较大，所以该区域风矢量单元的第一模糊解绝大多数为真实解，第二模糊解与第一模糊解的风向一般相差160°～180°。

（3）刈幅边缘区域

此区域由于只有外波束能够到达，且方位角变化范围较小，致使该区域风矢量单元的真实解很可能并不是第一模糊解，而是存在于第二、第三甚至第四模糊解中，而且这种模糊解分布特性一般具有空间连续性。

图 2-23　HY-2A 卫星微波散射计地面轨道区域划分

2）模糊解去除算法的建立

受噪声影响，星载微波散射计经常出现伪解集中分布的现象，即块状模糊现象，导致风场反演质量下降。HY-2A 卫星微波散射计也存在类似的问题。借助数值天气预报模型（numerical weather prediction，NWP）风场提供的风向信息对输入风场进行初始化，能在较大程度上解决这一问题。

根据目标函数的分布特征，圆锥扫描散射计地面轨道的中间区域第一模糊解质量较好，其正确率一般超过 50%，且在空间上随机分布。因此，在轨道中间区域可以以第一模糊解作为初始场，星下点附近区域和刈幅边缘区域借助 NWP 风场进行初始化。基于此，本研究通过调整滤波次序和改变滤波方向对传统圆中数滤波算法进行改进，改进后的滤波算法步骤如下：① 对轨道中间区域以第一模糊解初始化，星下点附近区域和刈幅边缘区域借助 NWP 风场进行初始化；② 利用圆中数滤波算法对整个轨道区域进行滤波，选取圆中数时考虑风向扩展解；③ 对前两步滤波后的风场，利用 NWP 风场再次进行优化修正。

上述滤波过程中，圆中数的计算公式如下：

$$A^* = \frac{1}{(L_{ij}^k)^p} \min_k \sum_{m=i-h}^{i+h} \sum_{n=j-h}^{j+h} W_{mn} \parallel A_{ij}^k - A_{mn} \parallel \tag{2-51}$$

式中，(i, j) 为 $N \times N$ 大小滤波窗口的中心位置（N 为奇数），$h = (N-1)/2$；A_{ij}^k 为窗口中心位置风矢量单元的第 k 个模糊解；A_{mn} 为初始化后滤波窗口内 (m, n) 位置上的模糊解；W_{mn} 为滤波窗口内 (m, n) 位置相对于中心位置 (i, j) 的权重；L_{ij}^k 为滤波窗口中心 (i, j) 位置上风矢量单元第 k 个模糊解的似然值；指数 $p \geq 0$。

改进的风矢量反演算法通过对风向取值区间的扩展为模糊解去除提供了更多的风矢量可能解，但要使这些更多的风矢量可能解在模糊解去除中得到合理选择，还需要在各个地面轨道区域对常规滤波算法进行适当改进。改进后的算法步骤如下。

① 根据第一、第二模糊解风向扩展区间的左右边界和风向取值间隔，构建参与滤波的扩展风向数组，对于每个模糊解按从左边界到右边界的顺序，每隔一个风向间隔取一个风向值放入数组中，其中模糊解对应的风向除外，记录加入数组中的风向个数。

② 计算滤波窗口中心风矢量单元参与滤波的风向与滤波窗口内其他风矢量单元模糊解风向的残差和，计算公式如下：

$$E_{ij}^k = \sum_{m=i-h}^{i+h} \sum_{n=j-h}^{j+h} W_{mn} \parallel \theta_{ij}^k - \theta_{mn} \parallel \tag{2-52}$$

式中，θ_{ij}^k 和 E_{ij}^k 分别为滤波窗口中心第 k 个参与滤波的风向及其对应的残差和。参与滤波的风向包括扩展风向和各模糊解风向，其索引号按风向数组在前、各模糊解风向在后的顺序排列。

③ 寻找最小残差和所对应的风向作为滤波窗口的圆中数，并记录该风向对应的索引号。

④ 根据最小残差风向的索引号判断该风向是属于风向数组中的扩展风向还是属于某个模糊解风向。

⑤ 如果最小残差风向属于扩展风向，则计算该风向上的目标函数最小值及其对应的风速，并将该风向和计算出的风速作为圆中数模糊解；如果最小残差风向属于某个

模糊解风向，则将该模糊解作为圆中数模糊解。

⑥用圆中数模糊解替换当前滤波窗口中心的模糊解。

由于风场反演采用数值搜索算法，即在给定的风速、风向二维空间中按一定的间隔搜索，使得目标函数取得局部最大值或最小值的风矢量作为模糊解，搜索间隔的设定将会产生一定的误差，为了进一步提高反演精度，本研究开发了相应的风向、风速二次函数插值算法。

2.2.4 K_p 系数计算

实验表明，在风场反演中是否考虑 K_p 将对风场反演精度有一定影响。因此，本研究建立了 HY-2A 卫星微波散射计的 K_p 系数计算模型，作为两种反演算法的基础。

微波散射计的辐射测量精度可以用 K_p 表征，它与系统带宽 B_s、脉冲时宽 T_p 以及信噪比 SNR 有关，可由下式计算：

$$K_p = \frac{1}{\sqrt{B_s T_p}} \cdot \sqrt{1 + \frac{1}{SNR} + \left(\frac{1}{SNR}\right)^2} \qquad (2-53)$$

式中，B_s 和 T_p 为散射计系统参数，在计算 K_p 时可以看作已知常数，因此只要估算出信噪比 SNR，即可计算 K_p。

根据信噪比的定义，有

$$SNR = \frac{P_r}{P_n} = \frac{X \cdot \sigma_0}{P_n} \qquad (2-54)$$

式中，P_r 和 P_n 分别为散射计接收到的回波信号功率和噪声功率；X 为雷达方程因子，可由下式计算：

$$X = \frac{P_t G^2 \lambda^2 A}{(4\pi)^3 R^4 L_F} \qquad (2-55)$$

其中，P_t 为雷达发射功率；G 为天线增益；λ 为雷达波长；L_F 为系统差损；A 为照射面积；R 为斜距。

令

$$SNR' = \frac{X}{P_n} \qquad (2-56)$$

则 K_p 可以重新写成：

$$K_p = \frac{1}{\sqrt{B_s T_p}} \cdot \sqrt{1 + \frac{2}{SNR' \cdot \sigma_0} + \left(\frac{1}{SNR' \cdot \sigma_0}\right)^2} \qquad (2-57)$$

整理，得

$$K_p = \sqrt{\frac{1}{B_s T_p} + \frac{2}{B_s T_p} \cdot \frac{1}{SNR'} \cdot \frac{1}{\sigma_0} + \frac{1}{B_s T_p} \cdot \frac{1}{SNR'^2} \cdot \frac{1}{\sigma_0^2}} \qquad (2-58)$$

根据 David Long，散射计测量方差可表示为

$$\mathrm{Var}(\hat{\sigma}_0) = (K_p \cdot \sigma_0)^2 = \alpha\sigma_0^2 + \beta \cdot \sigma_0 + \gamma \qquad (2-59)$$

所以，有

$$K_p = \sqrt{\alpha + \beta \cdot \frac{1}{\sigma_0} + \gamma \cdot \frac{1}{\sigma_0^2}} \qquad (2-60)$$

式（2-60）中的 α、β、γ 通常称为 K_p 系数。对照式（2-58）和式（2-60），可得 K_p 各系数计算公式如下：

$$\alpha = \frac{1}{B_s \cdot T_p} \qquad (2-61)$$

$$\beta = \frac{2}{B_s \cdot T_p} \cdot \frac{1}{SNR'} \qquad (2-62)$$

$$\gamma = \frac{1}{B_s \cdot T_p} \cdot \frac{1}{SNR'^2} \qquad (2-63)$$

在风场反演过程，可根据散射计系统参数和当前波束的观测几何参数估算 K_p 各系数，并计算相应的测量方差。

2.2.5　反演验证

为了对反演算法进行验证，研究利用 HY-2A 卫星微波散射计 207 条轨道的 L2A 数据进行了初步反演实验。经统计，HY-2A 卫星微波散射计与浮标的匹配点为 596 个。反演中，MLE 改进算法和 WSSD 改进算法目标函数变化率阈值 k_0 分别设为 0.1 和 0.003，滤波最大迭代次数设为 100，滤波窗口为 7×7，粗搜索风向间隔为 10°，精搜索风向间隔为 2°，并对风速和风向采用二次函数插值算法进行优化。反演结果相对于浮标观测的误差见表 2-6。

表 2-6　MLE、WSSD 改进算法与 L2B 风场、NWP 风场误差比较

误　差	L2B 风场	NWP 风场	MLE 改进算法	WSSD 改进算法
平均风速误差/（m/s）	1.519 573	1.757 904	1.316 920	1.305 380
平均风向误差/（°）	14.789 425	15.979 777	13.391 243	13.410 000

刈幅各区域误差统计结果见表 2-7。

表 2-7　MLE、WSSD 改进算法与 L2B 风场、NWP 风场在不同刈幅区域的误差比较

刈幅区域		L2B 风场	NWP 风场	MLE 改进算法	WSSD 改进算法
中间区域	风速误差/（m/s）	1.39	1.71	1.37	1.34
	风向误差/（°）	13.16	16.03	12.88	12.43

续表

刈幅区域		L2B 风场	NWP 风场	MLE 改进算法	WSSD 改进算法
刈幅边缘区域	风速误差/(m/s)	1.99	1.96	1.39	1.41
	风向误差/(°)	17.13	15.59	14.24	13.94
星下点附近区域	风速误差/(m/s)	1.36	1.67	1.11	1.09
	风向误差/(°)	16.68	16.25	13.87	15.49

由以上误差统计结果可以看出，改进算法能够提高 HY-2A 卫星微波散射计的风向反演精度，特别是刈幅边缘区域和星下点附近区域风向反演精度提高较为明显。同时，由于 WSSD 算法风矢量反演采用基于风速标准差的目标函数形式，其反演效率约为 MLE 反演算法的 2.5 倍。

2.3 HY-2A 卫星微波辐射计海洋动力环境信息提取技术优化

2.3.1 HY-2A 卫星微波辐射计简介

2.3.1.1 仪器基本情况

HY-2A 卫星上搭载的是一个 5 频率 9 通道多频段微波辐射计，目的是为了观测海表温度、海面风速、水汽含量和云液水含量等物理海洋环境参数。其频率设置为 6.6 GHz、10.7 GHz、18.7 GHz、23.8 GHz 和 37 GHz，除了 23.8 GHz 只有垂直极化通道以外，其他 4 个频率都有垂直极化和水平极化双通道。HY-2A 卫星微波辐射计使用了一个抛物面天线和两组馈源的设计，6.6 GHz 和 10.7 GHz 共用一组双频馈源，其余的共用一组三频馈源。

HY-2A 卫星微波辐射计天线主波束与天顶方向的夹角设置为 40°，地面入射角为 47.7°，扫描周期约为 3.78 s，在卫星前进方向上有 ±70° 的前视方位角范围，提供的扫描刈幅宽度约为 1 600 km。HY-2A 卫星微波辐射计使用了高低端两点定标的设计，其热源是恒温的辐射黑体，冷源是冷空天线反射的宇宙背景辐射，发射前在地面经过热真空罐定标试验。HY-2A 卫星微波辐射计仪器参数设置见表 2-8。

表 2-8　HY-2A 卫星微波辐射计仪器参数设置

频率/GHz	6.6	10.7	18.7	23.8	37.0
极化方式	V/H	V/H	V/H	V	V/H
扫描刈幅宽度/km			< 1 600		

续表

地面足印宽度/km	100	70	40	35	25
灵敏度/K	< 0.5	< 0.5	< 0.5	< 0.5	< 0.8
动态范围/K	3~350				
定标精度/K	1(180~320)				

2.3.1.2　反演方法

HY-2A 卫星微波辐射计业务化产品生产采用多元线性回归的反演方法，根据最小二乘回归找到反演参量和观测亮温的线性经验方程的系数，线性经验方程如下：

$$P = \sum_{i=1}^{9} c_i F_i + c_{10} \qquad (2-64)$$

$$F_i = TB_i - 150 \qquad (i \neq 7) \qquad (2-65)$$

$$F_i = -\ln(290 - TB_i) \qquad (i = 7) \qquad (2-66)$$

式中，P 为产品海表温度（SST）、海面风速（SSW）、大气水汽含量（WV）和云液水含量（CLW）；c_i 为线性经验方程的系数；F_i 为线性经验方程；下标 i 为 HY-2A 卫星微波辐射计不同的通道（1=6.6 GHz V、2=6.6 GHz H、3=10.7 GHz V、4=10.7 GHz H、5=18.7 GHz V、6=18.7 GHz H、7=23.8 GHz V、8=37.0 GHz V、9=37.0 GHz H）。

2.3.1.3　数据产品

HY-2A 卫星微波辐射计生成的数据种类包括 Level 0A、Level 1A、Level 1B、Level 2A、Level 3A 共 5 类数据，简称 L0A、L1A、L1B、L2A 和 L3A。L0A 采用二进制数据格式，其他采用 HDF 数据格式。

1）零级产品

L0A 数据是将接收数据通过去重复后拼轨而成的，其内容包括了原始数据中遥感数据包中所有的信息。利用此级数据中的所有遥测信息，用于获取全面的卫星实时信息。

2）一级产品

L1A 数据是将 L0A 数据经过几何定位后得到的，并且根据海陆底图加入了海陆标志信息，还加入了头文件信息，例如数据长度和生成时间等信息。利用此级数据中的所有地理定位信息、计数值和电压等信息，用于获得卫星地理位置和对地观测计数值数据。

L1B 数据是将 L1A 数据分轨后得到的数据，每个 L1B 文件都是以半轨（pass）数据组成的标准长度数据，并且经过亮温计算和重采样后得到了不同分辨率组合的亮温。利用此级数据中的所有地理定位信息和亮温等信息，用于获得卫星地理位置和对地观测亮温数据。

3）二级产品

L2A 数据是将 L1B 数据反演成各种物理海洋参数，并且通过反演得到的云液水含量和海冰底图信息，生成海冰标记和降雨标记。利用此级数据中的所有二级产品信息和海冰、降雨等信息，用于获得地面地物情况和地球物理产品数据，用于精确判断和修正地球对冷空的影响，并且用于比对修正前后的产品精度。

2.3.1.4 反演精度提高

馈源接收冷空反射镜反射的大约 2.7 K 的宇宙背景辐射，被用来当作星上两点定标中的冷空定标点。冷空观测在每次扫描周期中采样多次，并在多次扫描周期中采样。冷空观测的能量组成结构非常复杂，包括宇宙背景辐射、卫星本体的仪器反射和发射能量，还包括通过冷空反射镜旁瓣进入馈源的地球辐射污染，其中主要是主反射镜反射的地球辐射污染进入了冷空反射镜旁瓣，当然也有少量直接进入冷空反射镜旁瓣的地球辐射污染。因此，可以通过修正冷空反射镜进入馈源的信号提高反演精度。

从前文介绍可以得知，为提高微波辐射计反演精度，需要尽量去除地表和其他星体的信号，修正观测亮温；同时，针对不同海表温度和海面风速的分布区间，优化反演模型和系数，进而达到微波辐射计海洋动力环境信息提取技术优化的目的。

2.3.2 HY-2A 卫星微波辐射计冷空修正技术

2.3.2.1 冷空观测受其他星体影响修正技术研究

1）技术思路

卫星运行期间，月球和其他星体也有可能进入卫星冷空观测范围，月球能量进入冷空在其他采用冷空作为低端定标点的卫星微波辐射计上非常明显，本部分将介绍冷空观测受其他星体信号影响的修正技术研究，以此提高冷空观测效果（图 2-24）。

修正算法将对冷空天线观测方位进行计算，并且同时计算月球等其他星体位置，再进行判断，如果月球或者其他星体在卫星冷空观测天线的主瓣范围内，则剔除观测数据，并进行标记，如果不在观测天线的主瓣范围内，则通过天线方向图，计算在方向图中不同位置上的冷空修正值的大小（图 2-25）。

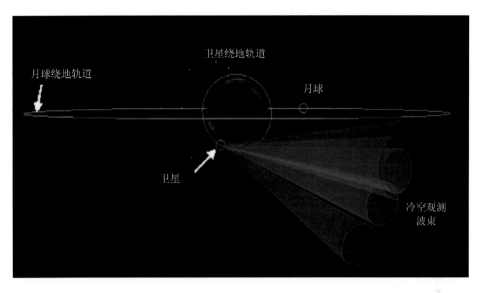

图 2-24　其他星体信号对卫星冷空观测影响示意图

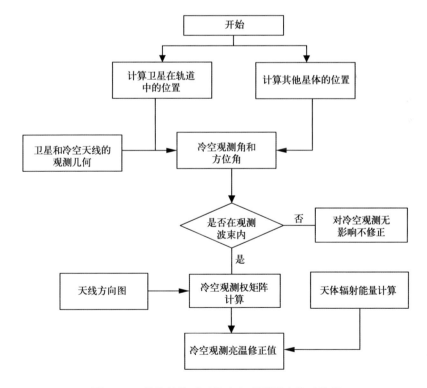

图 2-25　其他星体对卫星冷空观测影响修正流程

2)冷空观测受其他星体影响分析

（1）传感器扫描点位置矢量计算

利用天线的观测视角 θ 和方位角 φ 计算在卫星本体坐标系中的单位观测矢量 W，公式如下：

$$
\begin{aligned}
W_x &= \cos\varphi\sin\theta \\
W_y &= \sin\varphi\sin\theta \\
W_z &= \cos\theta
\end{aligned}
\tag{2-67}
$$

将星体坐标系中的单位观测矢量 W 转换到地心旋转坐标系中，得到天线单位观测矢量 D'，其旋转矩阵为 $T_{\text{ecr/sc}} = T_{\text{ecr/loc}} T_{\text{loc/sc}}$。

星体坐标系到轨道坐标系的转换是由与卫星姿态有关的三维旋转矩阵实现的。卫星在运动过程中的俯仰（pitch）、滚动（roll）和偏航（yaw）3 个角度是随时间变化的，因此该坐标系的转换矩阵也是随时间变化的，转换矩阵为

$$
\boldsymbol{T}_{\text{loc/sc}} =
\begin{bmatrix}
\cos Y & -\sin Y & 0 \\
\sin Y & \cos Y & 0 \\
0 & 0 & 1
\end{bmatrix}
\begin{bmatrix}
1 & 0 & 0 \\
0 & \cos R & -\sin R \\
0 & \sin R & \cos R
\end{bmatrix}
\begin{bmatrix}
\cos P & 0 & \sin P \\
0 & 1 & 0 \\
-\sin P & 0 & \cos P
\end{bmatrix}
\tag{2-68}
$$

局部坐标系到地心旋转坐标系之间的变换，首先要计算得到局部坐标系的 3 个坐标轴在地心旋转坐标系中的单位矢量。Z_{loc} 轴、Y_{loc} 轴和 X_{loc} 轴在地心旋转坐标系中的单位矢量分别为

$$
\begin{aligned}
\vec{z} &= -\vec{r}/r \\
\vec{y} &= \vec{z} \times \vec{v}/v \\
\vec{x} &= \vec{y} \times \vec{z}
\end{aligned}
\tag{2-69}
$$

因此，局部坐标系到地心旋转坐标系的矩阵为

$$
\boldsymbol{T}_{\text{erc/loc}} =
\begin{bmatrix}
x_1 & y_1 & z_1 \\
x_2 & y_2 & z_2 \\
x_3 & y_3 & z_3
\end{bmatrix}
\tag{2-70}
$$

其中，$\vec{r}$ 为地心直角坐标系中的卫星位置矢量；r 为位置矢量的模；$\vec{v}$ 为卫星的速度矢量；v 为速度的模。

至此，已经求出地心旋转坐标系下的卫星位置矢量 S 和天线单位观测矢量 D'，如果再求得观测矢量的长度 d，就可以得到天线观测矢量 D，那么根据图 2-26 所示的几何关系就可以解算出目标点的位置矢量 G。

根据卫星的位置矢量 S、天线观测矢量 D 和观测目标点的位置矢量 G 之间的几何关系可以得出：$S+D=G$，即

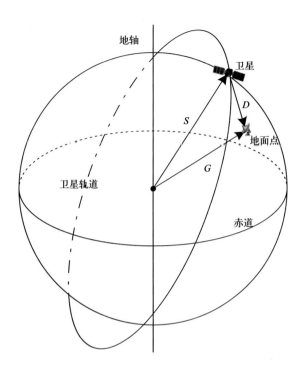

图 2-26　辐射计地理定位原理示意图

$$\boldsymbol{S} + d \cdot \boldsymbol{D}' = \boldsymbol{G}$$

式中存在两个未知数，必须再建立一个方程，先求出斜距 d，才能得到最终的结果。展开得到：

$$
\begin{aligned}
S_x + d \cdot D_x' &= G_x \\
S_y + d \cdot D_y' &= G_y \\
S_z + d \cdot D_z' &= G_z
\end{aligned}
\tag{2-71}
$$

建立椭球方程，将待求点 G 代入：

$$G_x^2 + G_y^2 + \frac{G_z^2}{(1-e^2)} = a^2 \tag{2-72}$$

其中，a 为地球的半长轴；e 为地球偏心率。于是得到：

$$(S_x + d \cdot D_x')^2 + (S_y + d \cdot D_y')^2 + \frac{(S_z + d \cdot D_z')^2}{(1-e^2)} = a^2 \tag{2-73}$$

将式(2-73)展开整理可得

$$A \cdot d^2 + B \cdot d + C = 0 \tag{2-74}$$

其中，

$$A = D_x^{2'} + D_y^{2'} + D_z^{2'}/(1 - e^2)$$

$$B = 2S_x \cdot D_x' + 2S_y \cdot D_y' + 2S_z \cdot D_z'/(1 - e^2) \qquad (2-75)$$

$$C = S_x^2 + S_y^2 + S_z^2/(1 - e^2) - a^2$$

$$d = \frac{-B \pm \sqrt{B^2 - 4AC}}{2A} \qquad (2-76)$$

解一元二次方程，取斜距的两个平方根中较小的那一个，因为这是观测矢量与地球近端的交点，求得 d，可以计算得到目标观测点的坐标 G。

考虑地球扁率的影响，通过观测点坐标计算地理经纬度，如下式：

$$\text{lat} = \arctan\left(\frac{G_z}{(1-f)^2 (G_x^2 + G_y^2)^{1/2}}\right)$$

$$\text{lon} = \arctan\left(\frac{G_y}{G_x}\right) \qquad (2-77)$$

通过以上计算步骤就可以唯一确定天线视角为 θ、天线方位角为 φ 处的目标观测点经纬度坐标。

（2）天线温度计算

天线温度可分为两部分：① 地球的贡献，包括地球表面、大气及电离层；② 太空辐射。则

$$T_a = T_a^{\text{Sky}} + T_a^{\text{Earth}} = \int_{\Omega_{\text{Sky}}} [G] T_{ap} \mathrm{d}\Omega + \int_{\Omega_{\text{Earth}}} [G] T_{ap} \mathrm{d}\Omega \qquad (2-78)$$

其中，天线温度的天空部分包括太阳、月球及太阳系以外的太空辐射，则

$$T_a^{\text{Sky}} = \int_{\Omega_{\text{Sky}}} [G] T_b^{\text{Sky}} \mathrm{d}\Omega + \int_{\Omega_{\text{S}}} [G] T_b^{\text{S}} \mathrm{d}\Omega + \int_{\Omega_{\text{M}}} [G] T_b^{\text{M}} \mathrm{d}\Omega \qquad (2-79)$$

其中，T_b^{Sky} 为太阳系以外的太空辐射；T_b^{S} 和 T_b^{M} 分别为太阳和月球辐射；Ω_{S} 和 Ω_{M} 分别为太阳和月球对应的立体角。由于太阳和月球可以看作点源，因此太阳/月球的直接辐射可以写成：

$$\int_{\Omega_{\text{S/M}}} [G] T_b^{\text{S/M}} \mathrm{d}\Omega \approx [G(\theta^{\text{S/M}}, \varphi^{\text{S/M}})] T_b^{\text{S/M}} \Omega_{\text{S/M}} \qquad (2-80)$$

由于太阳辐射随着其活动等级变化比较剧烈，可以使用射电望远镜的观测数据。月亮辐射在 275 的数量级，在计算时贡献较小，当月球不在主瓣范围时可以忽略。

T_a^{Earth} 表示天线温度中的地球辐射部分，为了方便使用表观温度 T_{ap} 替代，以 T_b^{TOT} 表示电离层下大气的上行辐射亮温，则

$$T_{ap} = [\boldsymbol{R}] T_b^{\text{TOT}} \qquad (2-81)$$

其中，$[\boldsymbol{R}]$ 为旋转矩阵，考虑电离层的法拉第旋转效应及天线极化定义和传统辐射极化定义之间的差异：

$$[\boldsymbol{R}] = \begin{bmatrix} \cos^2\varphi_c & \sin^2\varphi_c & 0.5\sin2\varphi_c & 0 \\ \sin^2\varphi_c & \cos^2\varphi_c & -0.5\sin2\varphi_c & 0 \\ \sin2\varphi_c & -\sin2\varphi_c & -\cos2\varphi_c & 0 \\ 0 & 0 & 0 & -1 \end{bmatrix} \qquad (2-82)$$

其中，$\varphi_c = \varphi_L - \varphi_F$。$\varphi_L$ 为极化定义差异，φ_F 为法拉第旋转角。

T_b^{TOT} 为电离层下边界的上行辐射亮温，可以写成：

$$T_b^{\text{TOT}} = T_b^{\text{atm}\uparrow} + (T_b^{\text{surf}} + T_b^{\text{refl}})\, e^{-\tau_\theta(0,\,h_s)} \qquad (2-83)$$

其中，$T_b^{\text{atm}\uparrow}$ 为大气上行辐射亮温；$e^{-\tau_\theta(0,h_s)}$ 为传播路径的大气透射系数；T_b^{surf} 为地球表面的直接辐射；T_b^{refl} 为地球表面反射。

大气上行辐射亮温和透射系数可分别表示为

$$T_b^{\text{atm}\uparrow} = \int_0^{L(h_s,\,\theta)} \kappa(s)\, T(s)\, \exp(-\tau_\theta(s,\,h_s))\, \mathrm{d}L(s,\,\theta) \qquad (2-84)$$

$$\tau_\theta(s,\,h_s) = \int_{L(s,\,\theta)}^{L(h_s,\,\theta)} \kappa(s)\, \mathrm{d}L(s,\,\theta) \qquad (2-85)$$

其中，$\kappa(s)$、$T(s)$ 分别为 s 高度大气的吸收系数和温度；$L(h_s,\,\theta)$ 为传播路径长度。吸收系数可以采用已有模型通过计算氧气、水汽吸收系数获得。

地球表面的直接辐射亮温 T_b^{surf} 可以写成：

$$T_b^{\text{surf}} = T_e \qquad (2-86)$$

其中，e 为地球表面第三个斯托克斯参数的辐射率，由基尔霍夫定律：

$$e = 1 - R \qquad (2-87)$$

其中，R 为地球表面的反射率，它在海面近似为受到扰动的平静海面：

$$R = R_{\text{Fr}} + \Delta R \qquad (2-88)$$

其中，R_{Fr} 为菲涅尔反射率；ΔR 为风对海表的扰动，可以采用经验模型计算：

$$\mathrm{d}T_v/\mathrm{d}U = 0.275 - 0.002\,415\,3\theta + 0.000\,140\,26\theta^2 - 2.332\,6 \times 10^{-6}\theta^3$$

$$\mathrm{d}T_h/\mathrm{d}U = 0.275 + 0.003\,001\theta - 2.518\,1 \times 10^{-6}\theta^2 - 6.976\,3 \times 10^{-7}\theta^3 \qquad (2-89)$$

其中，U 为海面风速；θ 为入射角。

地球表面的反射 T_b^{refl} 可以写成：

$$T_b^{\text{refl}} = T_{b*}^{\text{S}} + T_{b*}^{\text{M}} + T_{b*}^{\text{Sky}} + T_{b*}^{\text{atm}\downarrow} \tag{2-90}$$

其中，上标 S、M、Sky 和 atm↓ 分别表示太阳、月球、深空和大气下行辐射。太阳和月亮可以看作点源，可以基于镜面模型或双尺度模型模拟计算。

镜面模型是将海面视作平静表面，然后根据海面粗糙度进行校正：

$$\Delta T_a^{\text{S/M}*} = [\boldsymbol{GR}] \, R^* \, T_b^{\text{S/M}} \exp(-\tau_{\text{sup}}) \exp(-\tau_{\text{sdn}}) \, \Omega_{\text{S/M}} \tag{2-91}$$

其中，$[\boldsymbol{GR}]$ 为天线增益矩阵和地球表面反射的旋转矩阵；τ_{sup} 和 τ_{sdn} 分别为入射和反射路径大气透射系数；R^* 为添加粗糙校正系数的菲涅尔反射率。

双尺度模型计算海面对于太阳、月球的辐射，同样将太阳和月球作为点源，计算如下：

$$T_{b*}^{\text{S/M}} = T_b^{\text{S/M}} \Omega_{\text{S/M}} (\Gamma_{\text{GO}*} + \Gamma_{\text{SPM}*}) \tag{2-92}$$

其中，$\Gamma_{\text{GO}*}$ 为几何光学反射率；$\Gamma_{\text{SPM}*}$ 为利用微扰法获得长波调制后的反射率。

（3）太阳和月球等星体的亮温估算

冷空观测亮温中，主要的星体噪声源是太阳直射和月球直射等。太阳直射的贡献可看作一个点源贡献，其噪声温度为 $10\times10^4 \sim 50\times10^4$ K，这主要取决于太阳的活动。从地球上看，太阳的视在角度半径约为 $0.5°$，由于成像的位置和轨道是已知的，因此可计算太阳在冷空天线方向图的位置，亮温贡献的强度也可以测算得到。

月球直射和反射的贡献也可视为一个点源目标，从地球上看，其等效角度类似于太阳，只是其等效亮温约为 250 K，当直接进入冷空时，月球的亮温幅度约为 8 K。

2.3.2.2 冷空观测受主反射镜影响修正技术研究

1）技术思路

由于受冷空天线尺寸的限制，冷空反射器不可能设计成太大的尺寸。因此，在低频段的通道上观测冷空时，必然存在地球的信号从主反射镜反射到馈源的现象，由于地面目标的变化，造成冷空观测数据随地面目标的变化而变化。

如图 2-27 所示，描述了微波辐射计一个扫描周期，其中黄色区域为对地观测区域，深红色区域为星载热源观测区域，蓝色区域为冷空观测区域。由图 2-27 可以看出，紫色区域是沿着卫星飞行方向冷空观测波束旁瓣在地面的扫描条带，显示了当前冷空天线旁瓣观测区域与过去近期某个时刻对地观测的区域重合。

微波辐射计冷空观测点指向的地面区域与观测天线实时观测过的区域有着严格的时序关系，因此可以通过前期对地观测亮温修正冷空观测亮温。图 2-28 所示是冷空观测修正流程图。

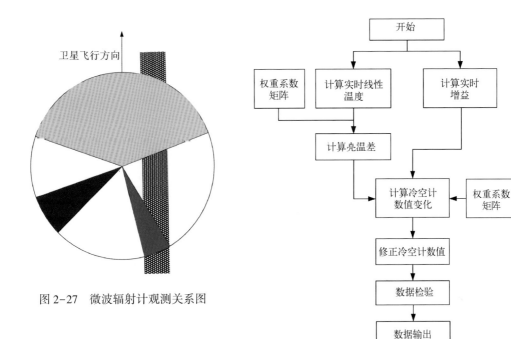

图 2-27　微波辐射计观测关系图

图 2-28　冷空观测修正流程图

2）冷空观测受地面影响分析

微波辐射计观测的设计流程是：通过主反射器和馈源的同轴旋转，馈源依次接收到主反射器反射的地球信号、冷空反射器反射的宇宙背景冷空信号和热源直接进入馈源的信号，实现微波辐射计对地观测和星上在轨两点实时定标。受限于设计方法和结构，冷空反射器（300 mm）远小于主反射器（1 000 mm），因此在冷空观测过程中，由主反射器反射的地球信号不可避免地绕过冷空反射器进入馈源，对冷空观测带来一定影响。在轨情况下为保证观测精度，需对这种影响进行修正。微波辐射计都存在此类问题，例如国外的 WindSat 和 TMI 等扫描微波辐射计，它们都使用不同的方法对冷空污染问题进行了修正。

图 2-29 所示描述了微波辐射计获得的地面特性与冷空计数值变化关系，图 2-29 中冷空观测基于地面特性的描述，分为逻辑高和逻辑低两种，其中逻辑高代表陆地或者冰川，逻辑低代表海洋。从图 2-29 中可以看出冷空观测计数值的变化与地面特性有严格的对应关系，可以充分证明冷空观测计数值波动是由于地面特性的变化引起的。

微波辐射计分系统冷空观测主要受到地面景物的影响，冷空观测结果可按下式描述：

$$T_C = T_{cos} + \eta \times T_e \tag{2-93}$$

其中，T_C 为实际冷空观测结果；T_{cos} 为冷空背景温度，取 2.7 K；η 为冷空受地面目标

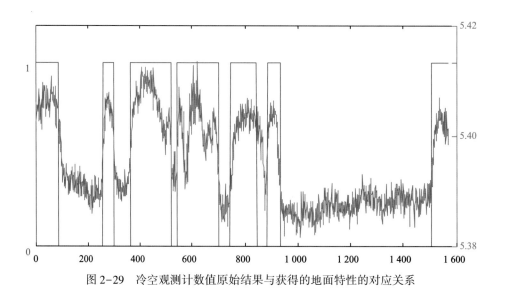

图 2-29 冷空观测计数值原始结果与获得的地面特性的对应关系

的影响的系数；T_e 为地面目标亮温。因此，要得到 T_C，需要得到地面目标亮温和冷空受地面目标影响系数。

由于进入冷空反射器的地面信号是通过主反射器反射，并且这种多余的信号在冷空反射器反射之前，也必然曾经进入过主反射器，只要在历史数据中找到这些信号，就可以确定它的大小，也就是说可以利用对地观测亮温修正冷空观测亮温 T_e。通过研究发现，进入冷空反射器的地面信号的中心位置与前 54 个扫描周期的第 133 观测点的位置完全一致，可以用前 54 个扫描线的第 133 观测点附近区域的观测计数值进行修正，通过大量的试验数据分析，采用 23×11 的权矩阵进行修正最为有效，权矩阵分布如图 2-30 所示。

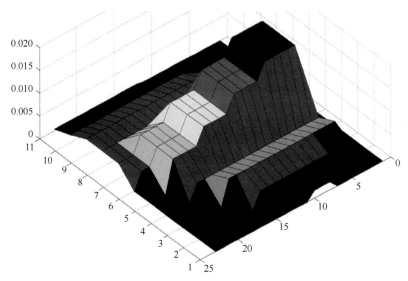

图 2-30 冷空受地面目标影响系数的权矩阵

冷空受地面目标的影响修正系数权矩阵具体见表 2-9。

表 2-9　冷空受地面目标的影响修正系数权矩阵表

序号	1	2	3	4	5	6	7	8	9	10	11
1	0.0000	0.0000	0.0000	0.0000	0.0000	0.0000	0.0000	0.0000	0.0000	0.0000	0.0000
2	0.0000	0.0000	0.0000	0.0000	0.0000	0.0000	0.0000	0.0000	0.0000	0.0000	0.0000
3	0.0000	0.0000	0.0053	0.0035	0.0000	0.0000	0.0000	0.0000	0.0000	0.0000	0.0000
4	0.0000	0.0000	0.0053	0.0035	0.0175	0.0175	0.0175	0.0000	0.0000	0.0000	0.0000
5	0.0000	0.0000	0.0053	0.0035	0.0175	0.0175	0.0175	0.0035	0.0035	0.0000	0.0000
6	0.0000	0.0035	0.0053	0.0035	0.0175	0.0175	0.0175	0.0035	0.0035	0.0000	0.0000
7	0.0000	0.0035	0.0053	0.0035	0.0175	0.0175	0.0175	0.0035	0.0035	0.0000	0.0000
8	0.0018	0.0035	0.0053	0.0035	0.0175	0.0175	0.0175	0.0035	0.0035	0.0018	0.0000
9	0.0018	0.0035	0.0053	0.0035	0.0140	0.0140	0.0140	0.0035	0.0035	0.0018	0.0000
10	0.0018	0.0035	0.0053	0.0035	0.0140	0.0140	0.0140	0.0035	0.0035	0.0018	0.0000
11	0.0000	0.0035	0.0053	0.0035	0.0140	0.0140	0.0140	0.0035	0.0035	0.0018	0.0000
12	0.0000	0.0035	0.0053	0.0035	0.0140	0.0140	0.0140	0.0035	0.0035	0.0018	0.0004
13	0.0000	0.0035	0.0053	0.0035	0.0105	0.0105	0.0105	0.0035	0.0035	0.0018	0.0004
14	0.0000	0.0035	0.0053	0.0035	0.0105	0.0105	0.0105	0.0035	0.0035	0.0018	0.0004
15	0.0000	0.0035	0.0053	0.0035	0.0105	0.0105	0.0105	0.0035	0.0035	0.0018	0.0004
16	0.0000	0.0000	0.0053	0.0035	0.0105	0.0105	0.0105	0.0035	0.0035	0.0018	0.0004
17	0.0000	0.0000	0.0053	0.0035	0.0070	0.0070	0.0070	0.0035	0.0035	0.0018	0.0004
18	0.0000	0.0000	0.0000	0.0035	0.0070	0.0070	0.0070	0.0035	0.0035	0.0018	0.0004
19	0.0000	0.0000	0.0000	0.0035	0.0070	0.0070	0.0070	0.0035	0.0035	0.0018	0.0004
20	0.0000	0.0000	0.0000	0.0000	0.0070	0.0070	0.0070	0.0035	0.0035	0.0018	0.0004
21	0.0000	0.0000	0.0000	0.0000	0.0000	0.0035	0.0035	0.0035	0.0035	0.0018	0.0004
22	0.0000	0.0000	0.0000	0.0000	0.0000	0.0035	0.0035	0.0035	0.0035	0.0018	0.0004
23	0.0000	0.0000	0.0000	0.0000	0.0000	0.0000	0.0035	0.0035	0.0035	0.0018	0.0004

　　采用这种算法进行修正，并且利用没有受到地球信号污染的热源信号进行参考比对，可以判断修正的效果，如图 2-31 所示，上线条为冷空值、下线条为热源值。修正后结果显示只有极小部分的区域略有明显差异，修正的效果比较理想，两者趋势保持一致。

　　如果不对冷空观测进行修正，将会使得星上亮点定标不准确，导致对地观测量的精度受到较大影响，进而影响反演的精度。目前采用的这种修正方法，很好地避免了纯粹使用亮温计算模型修正带来的误差，虽然这种修正方法也无法完全修正地球信号对冷空观测的污染，并且还有其他次要污染源也需要进行修正才能提高定标的精度，但是必须首先有效去除冷空污染信号，显然该修正方法非常简便而且有效。

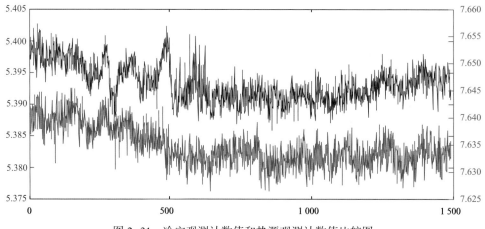

图 2-31　冷空观测计数值和热源观测计数值比较图

3）修正后结果分析

重新定标后的 HY-2A 卫星微波辐射计亮温与 WindSat 亮温比较，如图 2-32 所示，差异均值和方差见表 2-10。从图 2-32 中和表 2-10 中均可看出，重新定标后的 HY-2A RM 亮温数据与 WindSat 亮温数据基本保持一致，差异均值较小，且均匀分布。

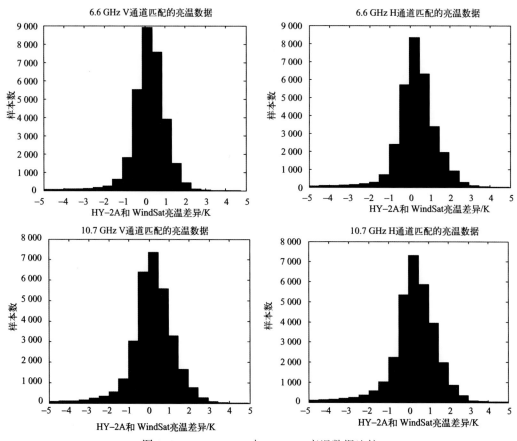

图 2-32　HY-2A RM 与 WindSat 亮温数据比较

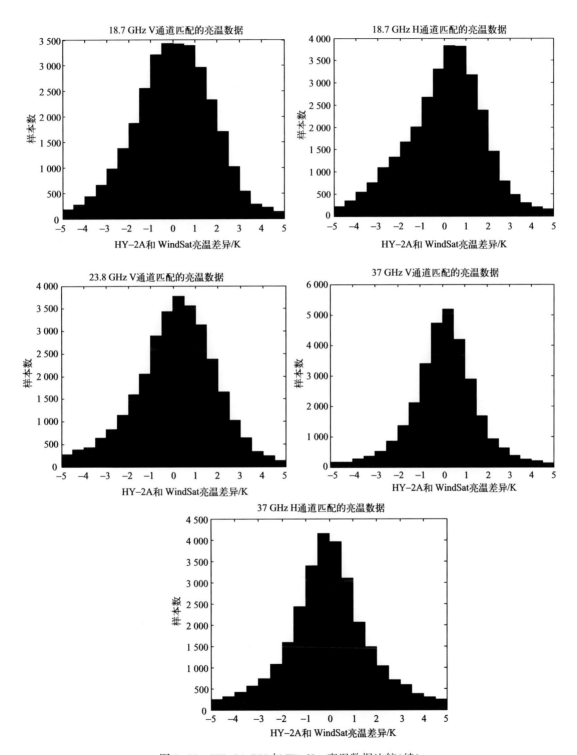

图 2-32　HY-2A RM 与 WindSat 亮温数据比较(续)

表 2-10　HY-2A RM 与 WindSat 亮温数据差异均值和方差

频率/GHz	均值/K	方差/K
6.6V	0.013	1.87
6.6H	0.004	2.57
10.7V	−0.014	2.05
10.7H	−0.009	2.89
18.7V	0.041	2.15
18.7H	0.01	2.56
23.8V	−0.11	2.28
37.0V	0.043	2.49
37.0H	−0.014	4.21

2.3.3　HY-2A 卫星微波辐射计反演优化技术

2.3.3.1　技术思路

在 HY-2A 卫星微波辐射计业务化反演中，在所有海表温度和海面风速区间，均采用同一模型和参数进行计算，考虑到在不同区间上，亮温和海面物理参数的响应关系不是完全相同的，因此可以考虑将 SST 和 SSW 分为若干个区间。不失一般性，假设共划分了 J 个 SST 区间和 K 个 SSW 区间。假设 SST 的初步估算值在第 j 个 SST 区间和第 $j+1$ 个 SST 区间之间，SSW 的初步估算值在第 k 个 SSW 区间和第 $k+1$ 个 SSW 区间之间。该模型采用式(2-94)至式(2-103)对 SST 和 SSW 作进一步的估算。

$$SST_{\text{init}} = \sum_{i=1}^{9} (b_i^{\text{init}} F_i + d_i^{\text{init}} F_i^2) + b_{10}^{\text{init}} \tag{2-94}$$

$$SSW_{\text{init}} = \sum_{i=1}^{9} (c_i^{\text{init}} F_i + e_i^{\text{init}} F_i^2) + c_{10}^{\text{init}} \tag{2-95}$$

$$SST_{j,\,k} = \sum_{i=1}^{9} (b_{i,\,j,\,k} F_i + d_{i,\,j,\,k} F_i^2) + b_{10,\,j,\,k} \tag{2-96}$$

$$SST_{j+1,\,k} = \sum_{i=1}^{9} (b_{i,\,j+1,\,k} F_i + d_{i,\,j+1,\,k} F_i^2) + b_{10,\,j+1,\,k} \tag{2-97}$$

$$SST_{j,\,k+1} = \sum_{i=1}^{9} (b_{i,\,j,\,k+1} F_i + d_{i,\,j,\,k+1} F_i^2) + b_{10,\,j,\,k+1} \tag{2-98}$$

$$SST_{j+1,\,k+1} = \sum_{i=1}^{9} (b_{i,\,j+1,\,k+1} F_i + d_{i,\,j+1,\,k+1} F_i^2) + b_{10,\,j+1,\,k+1} \tag{2-99}$$

$$SSW_{j,\,k} = \sum_{i=1}^{9} (c_{i,\,j,\,k} F_i + e_{i,\,j,\,k} F_i^2) + c_{10,\,j,\,k} \tag{2-100}$$

$$SSW_{j+1,\,k} = \sum_{i=1}^{9} (c_{i,\,j+1,\,k} F_i + e_{i,\,j+1,\,k} F_i^2) + c_{10,\,j+1,\,k} \tag{2-101}$$

$$SSW_{j,\,k+1} = \sum_{i=1}^{9} (c_{i,\,j,\,k+1} F_i + e_{i,\,j,\,k+1} F_i^2) + c_{10,\,j,\,k+1} \tag{2-102}$$

$$SSW_{j+1,\,k+1} = \sum_{i=1}^{9} \left(c_{i,\,j+1,\,k+1} F_i + e_{i,\,j+1,\,k+1} F_i^2\right) + c_{10,\,j+1,\,k+1} \tag{2-103}$$

最后采用式（2-104）和式（2-105）对上述估算值进行综合，得到最终的 SST 和 SSW。

$$
\begin{aligned}
SST_{\text{final}} = & \frac{SST_{j+1} - SST_{\text{init}}}{SST_{j+1} - SST_j} \cdot \frac{SSW_{k+1} - SSW_{\text{init}}}{SSW_{k+1} - SSW_k} \cdot SST_{j,\,k} + \\
& \frac{SST_{j+1} - SST_{\text{init}}}{SST_{j+1} - SST_j} \cdot \frac{SSW_{k+1} - SSW_{\text{init}}}{SSW_{k+1} - SSW_k} \cdot SST_{j+1,\,k} + \\
& \frac{SST_{j+1} - SST_{\text{init}}}{SST_{j+1} - SST_j} \cdot \frac{SSW_{\text{init}} - SSW_{k+1}}{SSW_{k+1} - SSW_k} \cdot SST_{j,\,k+1} + \\
& \frac{SST_{\text{init}} - SST_{j+1}}{SST_{j+1} - SST_j} \cdot \frac{SSW_{\text{init}} - SSW_k}{SSW_{k+1} - SSW_k} \cdot SST_{j+1,\,k+1} \tag{2-104}
\end{aligned}
$$

$$
\begin{aligned}
SSW_{\text{final}} = & \frac{SST_{j+1} - SST_{\text{init}}}{SST_{j+1} - SST_j} \cdot \frac{SSW_{k+1} - SSW_{\text{init}}}{SSW_{k+1} - SSW_k} \cdot SSW_{j,\,k} + \\
& \frac{SST_{j+1} - SST_{\text{init}}}{SST_{j+1} - SST_j} \cdot \frac{SSW_{k+1} - SSW_{\text{init}}}{SSW_{k+1} - SSW_k} \cdot SSW_{j+1,\,k} + \\
& \frac{SST_{j+1} - SST_{\text{init}}}{SST_{j+1} - SST_j} \cdot \frac{SSW_{\text{init}} - SSW_{k+1}}{SSW_{k+1} - SSW_k} \cdot SSW_{j,\,k+1} + \\
& \frac{SST_{\text{init}} - SST_{j+1}}{SST_{j+1} - SST_j} \cdot \frac{SSW_{\text{init}} - SSW_k}{SSW_{k+1} - SSW_k} \cdot SSW_{j+1,\,k+1} \tag{2-105}
\end{aligned}
$$

图 2-33 所示给出了整个反演模型的计算流程。与 HY-2A 卫星微波辐射计当前所采用的模型相比，该反演模型考虑到了 SST、SSW 和观测亮温之间的非线性关系，同时考虑到了 SST 和 SSW 对彼此反演过程中的影响。

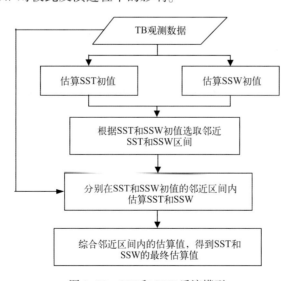

图 2-33　SST 和 SSW 反演模型

2.3.3.2 反演优化技术实现

研究采用 HY-2A/WindSat 星星交叉数据对(非用于建立反演模型的数据对)对反演模型进行初步验证。表 2-11 给出了采用该模型的 HY-2A 卫星微波辐射计 SST 反演结果和 WindSat SST 数据之间的差异统计结果。为方便对比,表 2-11 同时也给出了 HY-2A 卫星微波辐射计 SST 数据产品和 WindSat SST 数据之间的差异统计结果。从表 2-11 可以看出,采用本研究所建立的反演模型,HY-2A SST 与 WindSat SST 之间的差异明显减小。

表 2-11 HY-2A 卫星微波辐射计 SST 产品及所用模型反演 SST 结果与 WindSat SST 数据差异统计结果

HY-2A 卫星微波辐射计	WindSat SST 数据	
	平均偏差/℃	标准差/℃
SST 数据产品	0.03	2.52
模型反演 SST 结果	−0.05	1.535

利用 HY-2A 卫星微波辐射计的沿轨亮温观测数据,通过所建立的反演模型对 SST 进行反演,并对反演结果在 60°S—60°N 纬度范围内的非沿岸区域进行了月平均网格化处理。图 2-34 至图 2-38 所示给出了 2012 年 1 月、7 月和 2013 年 1 月、7 月模型反演 SST 结果及 WindSat SST 月平均分布,可以看出两者非常一致。

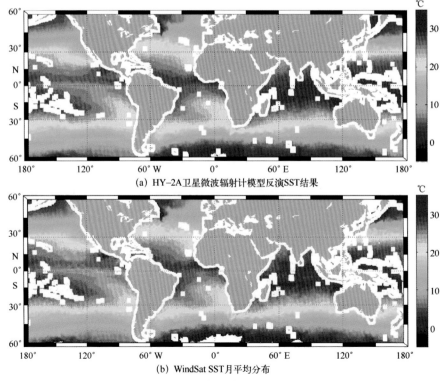

(a) HY-2A卫星微波辐射计模型反演SST结果

(b) WindSat SST月平均分布

图 2-34 2012 年 1 月 HY-2A 卫星微波辐射计模型反演 SST 结果及 WindSat SST 月平均分布

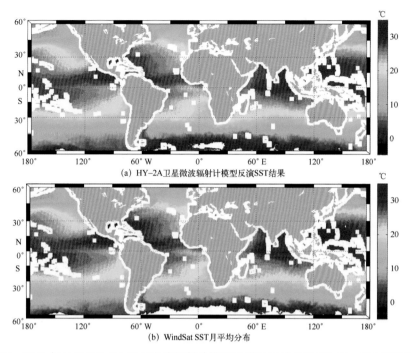

(a) HY-2A 卫星微波辐射计模型反演SST结果

(b) WindSat SST月平均分布

图 2-35　2012 年 7 月 HY-2A 卫星微波辐射计模型反演 SST 结果及 WindSat SST 月平均分布

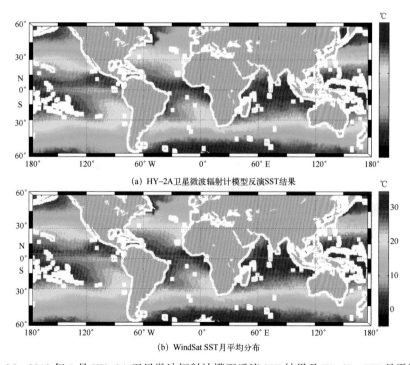

(a) HY-2A 卫星微波辐射计模型反演SST结果

(b) WindSat SST月平均分布

图 2-36　2013 年 1 月 HY-2A 卫星微波辐射计模型反演 SST 结果及 WindSat SST 月平均分布

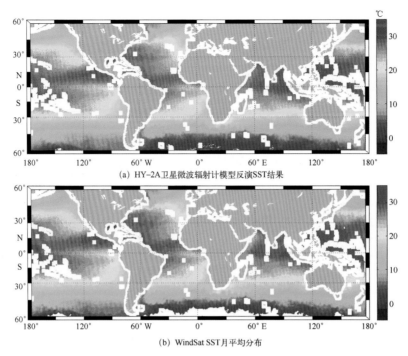

图 2-37　2013 年 7 月 HY-2A 卫星微波辐射计模型反演 SST 结果及 WindSat SST 月平均分布

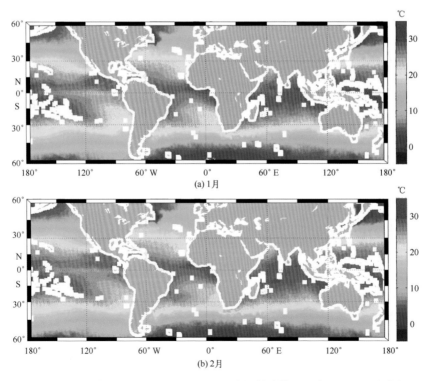

图 2-38　2013 年 1—12 月 HY-2A 卫星微波辐射计模型反演 SST 月平均分布

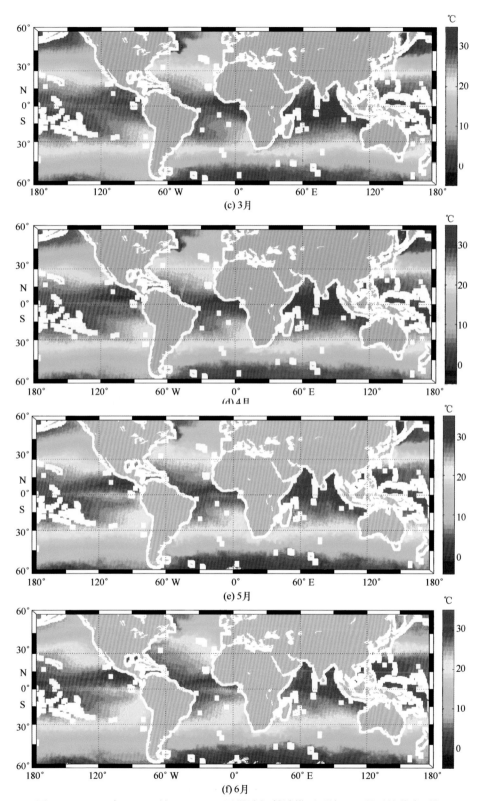

图 2-38　2013 年 1—12 月 HY-2A 卫星微波辐射计模型反演 SST 月平均分布(续)

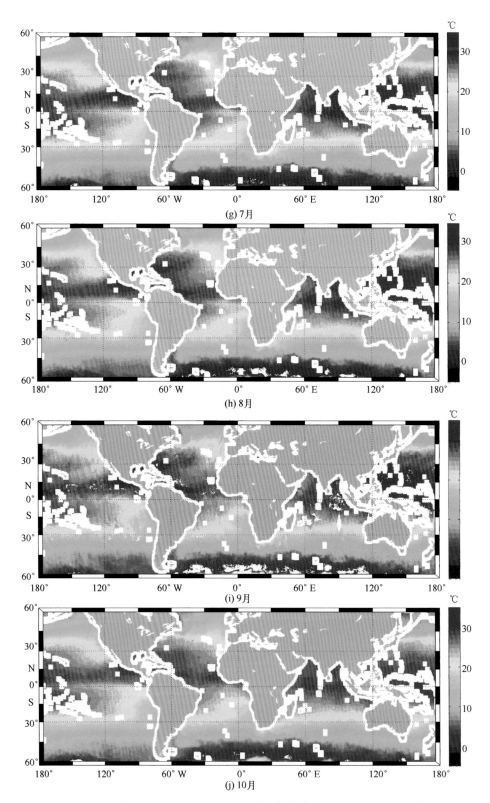

图 2-38　2013 年 1—12 月 HY-2A 卫星微波辐射计模型反演 SST 月平均分布(续)

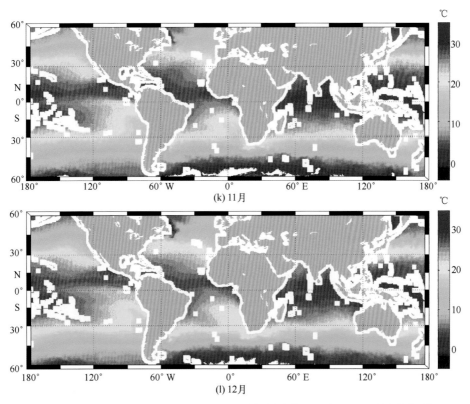

图 2-38　2013 年 1—12 月 HY-2A 卫星微波辐射计模型反演 SST 月平均分布(续)

2.3.4　HY-2A 卫星微波辐射计降雨条件下风速反演算法研究

2.3.4.1　研究背景介绍

HY-2A 是我国第一颗海洋动力环境卫星，该卫星搭载了包括雷达高度计、微波散射计、扫描微波辐射计、校正微波辐射计等多种主、被动微波传感器，可实现对全球海洋风场、有效波高、海面高度、海表温度等多种海洋动力环境参数的全天候、全天时测量(Jiang et al.,2012；蒋兴伟等，2013)。HY-2A 搭载的微波辐射计是我国第一个专门用于海洋遥感的星载被动微波传感器。微波辐射计作为 HY-2A 卫星的主要载荷之一，其海面风速数据产品是 HY-2A 卫星数据产品的重要组成部分(Huang et al.,2014)。

海洋表面风场改变了海表粗糙度，进而影响海表辐射亮温。微波辐射计通过测量海表辐射亮温，结合反演算法，可以进行海面风速监测。但是长期以来，微波辐射计在降雨条件下提取海面风速信息存在困难。强烈的降雨经常伴随着高风速、高海况以及热带气旋等灾害性天气系统，在这种极端气候和海况条件下，难以采用现场观测的手段对海面参量进行测量。同时辐射计在非降雨条件下发展的反演算法也不适用于存在降雨的情况。各国研究者采用亮温敏感性分析、降雨信号剔除或采用更低亮温频道等不同技术手段，开展了一系列针对降雨条件下的风速算法改进及产品检验工作(Zabolotskikh et al.，2015)。本节利用 HY-2A 卫星微波辐射计测量的多通道亮温数据，进行亮温对风速、降雨等海气参量的敏感性分析；在此基础上获得了对降雨不敏感的亮温通道组合，进而建立风速反演算法，并与 WindSat 全天候风速产品、浮标数据以及 HY-2A 卫星微波辐射计原有的 L2 级风速产品进行比较。

2.3.4.2 数据与时空匹配

1) HY-2A 卫星微波辐射计 L1B 亮温数据

本节采用的 HY-2A 卫星微波辐射计亮温数据为 L1B 级沿轨亮温数据，由国家卫星海洋应用中心提供，时间覆盖范围为 2012 年全年，共 5 830 轨数据。研究中利用海陆标记剔除了陆地亮温，根据 RSS(remote sensing system) 微波辐射计数据产品的网格点，生成了 HY-2A 卫星微波辐射计 25 km 分辨率的每日海洋亮温网格数据，并将升轨和降轨数据分别存放。每个亮温网格数据中包括 HY-2A 卫星微波辐射计 6.6 GHz V/H、10.7 GHz V/H、18.7 GHz V/H、23.8 GHz V 和 37 GHz V/H 共 9 个通道的亮温值以及平均扫描时间(UTC)，如图 2-39 所示。

2) WindSat 数据

WindSat 是美国海军实验室(Naval Research Laboratory，NRL)于 2003 年发射的世界上第一颗星载全极化微波辐射计，用于验证全极化微波辐射计的风场反演能力(Meissner et al.，2009)。目前 WindSat 已在轨运行超过 10 年时间，其遥感数据产品得到了广泛应用。WindSat 卫星轨道与 HY-2A 相似，均为太阳同步轨道。两颗卫星的降交点地方时也均在 6：00 左右，WindSat 的轨道倾角为 98.7°，HY-2A 的轨道倾角为 99.34°，两颗卫星相似的轨道设置可保证数据的有效匹配。同时，RSS 提供的 WindSat 最新版本(V7.0.1)数据产品中包含了全天候(all-weather)风速产品，其采用 Meissner 等(2009)发展的降雨条件下风速信息提取算法，极大地改善了 WindSat 在降雨条件下的风速反演能力。

3) HY-2A 卫星微波辐射计 L2 级数据

HY-2A 卫星微波辐射计 L2 级数据，由国家卫星海洋应用中心提供，包含了 HY-2A 卫星微波辐射计反演的海表温度、海面风速、水汽含量、云液水含量等主要海气参量产品以及观测点经纬度、扫描时间和相应的质量标记。研究中提取了 HY-2A 卫星微波辐射计各轨数据的扫描时间、观测点经纬度和原始分辨率的海面风速数据，对风速

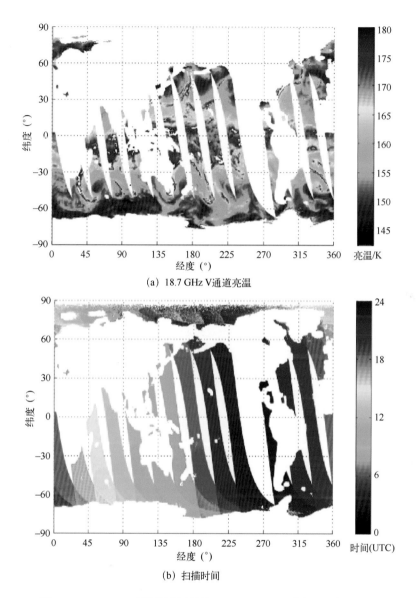

(a) 18.7 GHz V通道亮温

(b) 扫描时间

图 2-39　HY-2A 卫星微波辐射计 18.7 GHz V 通道亮温及扫描时间

数据进行了有效性检查，并利用海陆标记剔除了陆地区域的无效数据，HY-2A 卫星微波辐射计 L2 级海面风速数据及相应的扫描时间如图 2-40 所示。

4）浮标现场数据

研究中采用的浮标数据由美国国家数据浮标中心（NDBC）提供，包括 22 个 TAO 浮标、19 个 RAMA 浮标和 15 个 PIRATA 浮标，浮标阵列的空间分布如图 2-41 所示，覆盖了各大洋低纬度海域。各浮标均同步测量风速数据和降雨数据，测量的时间分辨率

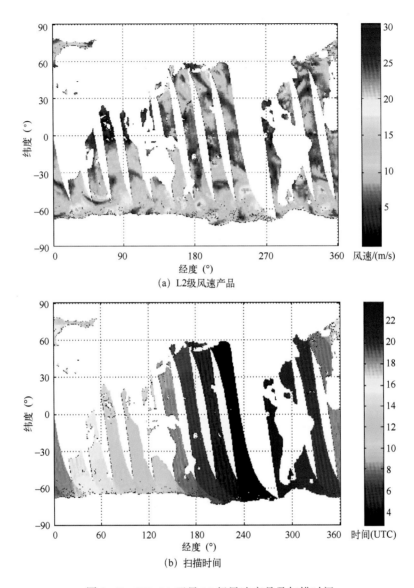

（a）L2级风速产品

（b）扫描时间

图 2-40　HY-2A 卫星 L2 级风速产品及扫描时间

为 10 min 到 1 h。研究中提取了各浮标的经纬度、观测时间、传感器高度、降雨率和风速等数据，并根据传感器高度将测量风速转换至 10 m 高度处：

$$\frac{U_z}{U_{10}} = \frac{\ln\left(\dfrac{z}{0.001\,6}\right)}{8.740\,3} \tag{2-106}$$

5）全球再分析数据

为了校正海表温度对亮温的影响，风速反演过程中需要海表温度数据。研究采用

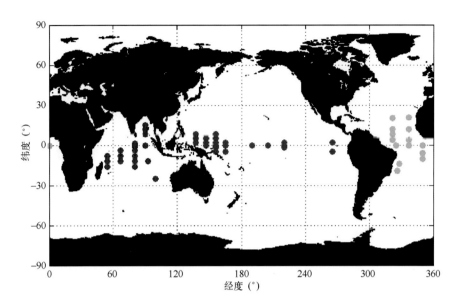

图 2-41　浮标阵列空间分布

红：TAO 浮标；绿：PIRATA 浮标；蓝：RAMA 浮标

由欧洲中程气象预报中心（European Centre for Medium-Range Weather Forecasts，ECMWF）提供的全球再分析数据，其公开产品的空间分辨率为 0.125°~3°，时间分辨率为 6 h，每日发布 4 次数据（0:00UTC、6:00UTC、12:00UTC 和 18:00UTC），数据格式为 NetCDF。

6）数据时空匹配

由于涉及的数据源包括多种遥感、现场及再分析数据，其数据时空分辨率各异，因此研究中采用不同的时空匹配窗口，对各种数据进行了时空匹配，构成了 3 个匹配数据集，用于反演算法的建立、检验和与 HY-2A 原有风速产品的比较。

（1）匹配数据集 1

该数据集包括 2012 年 HY-2A 卫星微波辐射计亮温和 WindSat 全天候风速、降雨率匹配数据，用于降雨条件下风速反演算法的建立与检验。WindSat 和 HY-2A 卫星微波辐射计均为相同的 25 km 分辨率网格数据，匹配过程中对两颗卫星数据每日升轨/降轨的测量时间进行了比较，若二者测量时间相差小于 1 h 且测量数据有效，则判定为匹配数据。为了获得风速反演算法在降雨条件下的反演精度，研究中利用 WindSat 的降雨率产品，剔除了无降雨的数据，最终获得降雨条件下的匹配数据超过 724 万组。

（2）匹配数据集 2

该数据集包括 2012 年 HY-2A 卫星微波辐射计原有风速产品和 WindSat 全天候风速、降雨率匹配数据，用于检验 HY-2A 卫星微波辐射计原有风速产品在降雨条件下的精度检验，以与研究发展的算法进行比较。匹配方法与前述 HY-2A 亮温与 WindSat 匹配的方法相同，最终获得降雨条件下的匹配数据超过 1 000 万组。

（3）匹配数据集 3

该数据集包括风速反演结果与 TAO、RAMA、PIRATA 浮标的匹配数据以及 HY-2A 卫星微波辐射计原有风速产品与以上浮标的匹配数据，用于风速数据精度的检验。研究中采用 10 min、25 km 的时空窗口对风速遥感数据和浮标数据进行匹配。

2.3.4.3 亮温敏感性分析

研究发展的降雨条件下海面参量的反演算法，依赖于对降雨不敏感的亮温组合的确定。事实上，虽然不同频段亮温数据对各海气参量的响应不尽相同，但临近频段或者同一频段不同极化方式的亮温对某一参量的响应特性一般较为固定。因此，本节介绍基于不同频道亮温对降雨、海面风速等参数的敏感性分析，以获取对降雨不敏感但保持一定的对海面风速敏感性的亮温组合方式，以亮温组合作为输入发展风速反演算法。

1）亮温预处理

由辐射传输理论知，微波辐射计 18 GHz 以上高频通道，对大气水汽变化和海表粗糙度敏感，主要用于水汽含量、云液态水、雨率和风速的遥感。但是在降雨条件下，高频亮温通道受雨滴影响大，容易掩盖亮温中的海表粗糙度信息，进而给风速反演带来困难。微波辐射计 C/X 波段亮温通道辐射波长大，大气透射率高，受大气降水影响小，原主要用于海表温度的信息提取；考虑到此处主要针对存在降雨等不利条件下对海面风速进行反演，因此这里选择 HY-2A 卫星微波辐射计 C/X 波段（6.6 GHz H/V 和 10.7 GHz H/V）建立降雨条件下的风速反演算法。

由菲涅尔公式可知，C/X 波段对海表温度变化的敏感性最高可达 0.5 K/℃（6.6 GHz V，50° 入射角），在海表温度动态范围内，海表温度对亮温的影响超过 10 K。同时，海表温度通过影响海水介电常数改变海表发射率，进而影响平静海面辐射亮温，而平静海面亮温比风致粗糙海面亮温大一个数量级以上，是星载微波辐射计亮温的主要部分。因此，在采用 C/X 波段亮温通道反演风速的过程中，若不进行海表温度影响的修正，则可能会带来风速反演较大的误差。

为了修正海表温度对 C/X 波段亮温的影响，基于 Klein-Swift(1977) 海水介电常数模型，利用匹配数据集 1 中的 ECMWF SST 数据，计算了 HY-2A 卫星微波辐射计观测方向上的平静海面亮温，并从实际测量亮温中剔除：

$$\Delta TB_p = TB_{p,\,obs} - TB_{p,\,calm} \qquad (2-107)$$

式中，$TB_{p,obs}$ 为辐射计实际观测亮温；$TB_{p,clam}$ 为 Klein-Swift 模型计算的平静海面亮温；ΔTB_p 为剔除了平静海面辐射的亮温，本文将其作为降雨条件下风速反演算法的输入参量。

　　图 2-42 所示为 HY-2A C/X 波段 H/V 双极化通道亮温在进行海表温度效应修正前后的比较，注意原始亮温均减去了一个常数值，以保证修正前后的亮温数据能显示在同一图内。从图 2-42 可以发现，对海表温度影响进行过修正的各通道亮温值（图中蓝线）随海表温度的变化范围明显小于未进行修正的原始亮温值（图中红线）。除了 10.7 GHz H 通道外，其他 3 个经过修正后的亮温随海表温度的变化范围仅相当于原始亮温变化范围的 25%。图 2-42 所示表明式 (2-107) 有效地降低了 C/X 波段双极化通道亮温受海表温度影响的程度，有利于海面风速的信息提取。

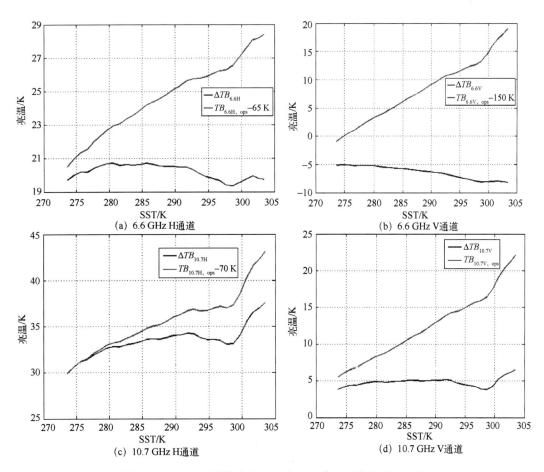

图 2-42　HY-2A 原始亮温（蓝）与 SST 修正后亮温（红）比较

2) 亮温对降雨的敏感性分析

亮温对降雨的敏感性(sensitivity)可以表示为

$$sens_{\text{TB\_rain}} = \frac{\partial TB}{\partial Rain} \qquad (2-108)$$

即在某降雨率值附近,当降雨率每改变一个单位数值(1 mm/h)时,相应的亮温值变化。对于一个对降雨不敏感的亮温通道组合,有

$$\frac{\partial (TB_1 - \lambda TB_2)}{\partial Rain} = 0 \qquad (2-109)$$

即参数 λ 等于两亮温通道对降雨敏感性的比值。

研究利用匹配数据集 1 中的 HY-2A 卫星微波辐射计各通道亮温值和匹配的 WindSat 雨率数据,分析 C/X 波段亮温对降雨的敏感性。以 0.5 mm/h 雨率间隔,绘制 0.5~12 mm/h 雨率范围内的各通道亮温变化曲线,根据式(2-109)确定各亮温通道组合的经验参数,并将亮温通道组合后的数值一并绘制,以比较其对降雨的敏感性,如图 2-43 所示。

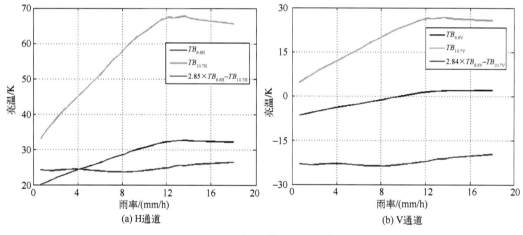

图 2-43 亮温值随雨率变化曲线

由图 2-43 可知,在雨率小于 12 mm/h 条件下,各通道亮温值均随雨率的增大而增大,表现出明显的正相关,说明降雨在海面的飞溅效应导致海面粗糙度增大,进而增加了海面辐射亮温;当雨率增大到 12 mm/h 以上时,各通道亮温饱和且有下降趋势;还可以发现,亮温通道组合在不同雨率条件下数值变化不大,说明其对降雨的敏感性较低。

3) 亮温对风速的敏感性分析

各通道亮温组合对降雨的敏感性较低,保证了风速反演算法受降雨的影响较小;但是考虑到风速反演算法的精度,要求各通道组合还需要保持对海面风速一定的敏感

性。为了将亮温通道组合对海面风速的敏感性与原有亮温通道进行比较，研究中以
1 m/s 风速间隔，绘制了 2~25 m/s 风速范围内的各通道亮温变化曲线，并将亮温通道
组合后的数值一并绘制，以比较其对海面风速的敏感性，如图 2-44 所示。

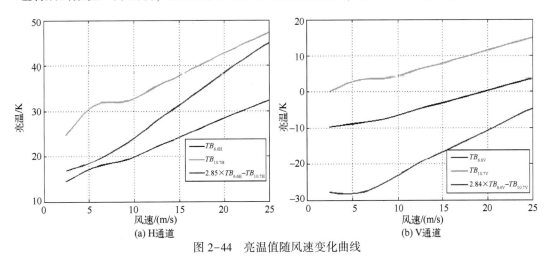

图 2-44　亮温值随风速变化曲线

从图 2-44 中可见 C/X 波段 H 通道亮温表现出与风速明显的相关性，特别是在
10 m/s 以上的风速情况下，H 通道亮温与风速呈线性增大；V 通道亮温对风速的敏感
性低于 H 通道，特别是 6.6 GHz V 通道在 5 m/s 以下低风速时，对风速的敏感性仅相
当于高风速时的 50% 左右。值得注意的是，两个亮温组合对风速的敏感性甚至高于原
始亮温通道，证明了利用其反演海面风速的可行性。

2.3.4.4　风速反演算法建立与检验

1）基于神经网络的风速反演算法

研究利用 HY-2A 卫星微波辐射计亮温和 WindSat 全天候风速匹配数据（匹配数据
集 1），随机选取 10% 作为建模数据，其余 90% 作为检验数据，选择包含一个隐含层、
10 个输出层神经元的 BP 神经网络建立风速反演算法，算法输入为两个亮温通道组合
数据，输出为海面风速值；隐含层的传递函数为正切函数，输出层的传递函数为线性
函数，训练函数为 Levenberg-Marquardt 方法。

2）与 WindSat 全天候风速产品比较

为了检验风速算法的精度，将基于 BP 神经网络反演算法的反演结果与 WindSat 全
天候风速产品进行比较，计算风速反演结果的平均偏差、标准差和相关系数。同时，
为与原有 HY-2A 卫星微波辐射计风速产品比较，研究利用匹配数据集 2，又将 HY-2A
原有风速产品与 WindSat 全天候风速产品进行比较。图 2-45 所示为两种风速数据与
WindSat 全天候风速产品相比较的散点图，不难发现本书所选风速反演算法结果明显优

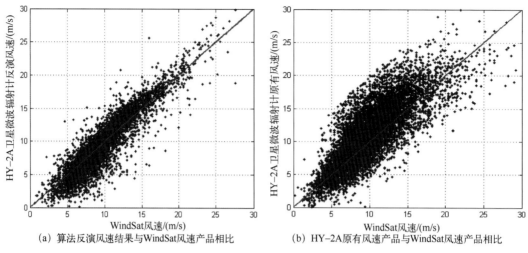

（a）算法反演风速结果与WindSat风速产品相比　　　　（b）HY-2A原有风速产品与WindSat风速产品相比

图 2-45　算法反演风速结果、HY-2A 原有风速产品与 WindSat 全天候风速产品比较

于 HY-2A 原有风速反演数据。

表 2-12 对 HY-2A 两种风速反演算法结果与 WindSat 全天候风速产品进行了对比，不难发现 HY-2A 卫星微波辐射计原有风速反演算法在降雨条件下反演精度较低，标准差为 2.6 m/s，并且系统误差超过 1 m/s。相对而言，本文所用神经网络风速反演算法系统误差仅有-0.17 m/s，标准差为 1.72 m/s。本文所用反演算法与 HY-2A 卫星微波辐射计原有风速产品均采用 HY-2A L1B 亮温数据进行风速反演，本文的反演结果明显优于 HY-2A 原有产品，说明本文所介绍的反演算法有效地抑制了降雨对亮温的影响。

表 2-12　HY-2A 两种风速反演结果与 WindSat 全天候风速产品比较

项　　目	基于 BP 神经网络的反演风速产品	HY-2A 原有风速产品
平均偏差/（m/s）	-0.17	1.03
标准差/（m/s）	1.72	2.60
相关系数	0.91	0.80

3）与浮标实测数据比较

本文采用 TAO、RAMA 和 PIRATA 浮标实测数据对降雨条件下的风速反演算法精度进行了检验，检验过程中根据浮标测量的降雨率数据，剔除了无降雨时的数据。表 2-13 列出了本文所用算法反演结果和 HY-2A 卫星微波辐射计原有风速产品与浮标数据的比较。从表 2-13 可见，本文所用算法反演结果的系统误差远小于 HY-2A 原有风速产品，反演结果标准差较 HY-2A 原有风速产品小 1 m/s，反演结果明显优于 HY-2A 原有风速产品。

表 2-13　HY-2A 两种风速反演结果与浮标实测数据比较

浮标	基于 BP 神经网络的反演风速产品			HY-2A 原有风速产品		
	匹配 数据量	平均偏差/ （m/s）	标准差/ （m/s）	匹配 数据量	平均偏差/ （m/s）	标准差/ （m/s）
TAO	1 116	-0.06	1.37	1 359	1.18	3.19
RAMA	1 094	0.22	1.82	1 388	0.89	2.78
PIRATA	1 392	0.05	1.51	2 700	0.26	2.10
全部	3 602	0.07	1.57	5 447	0.65	2.61

4）风速反演误差与雨率、风速的关系

本文在 0~20 mm/h 雨率范围内，按 2 mm/h 雨率间隔讨论了不同降雨条件下风速反演算法的精度。由图 2-46 可知，本文所用反演算法在 4 mm/h 以下雨率时，反演结果基本没有系统误差；其后，随着雨率的上升，平均偏差随之增大，在 12 mm/h 雨率时达到最大值，约 -1 m/s；当雨率继续增大时，平均偏差随之降低。标准差方面，降雨率低于 4 mm/h 时，标准差优于 2 m/s；标准差随着雨率的上升而增大，但没有超过 3 m/s。

HY-2A 原有风速产品的平均偏差随雨率上升而迅速增大，雨率每上升 1 mm/h，平均偏差约增大 0.6 m/s；当雨率达到 8 mm/h 以上时，平均偏差趋于稳定，约为 5.5 m/s；本文所用算法反演风速标准差比较稳定，保持在 3 m/s 左右。结果表明，本文发展的算法在不同降雨条件下反演结果优于 HY-2A 原有风速产品。

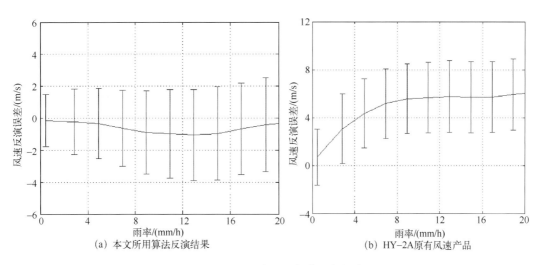

（a）本文所用算法反演结果　　　　　（b）HY-2A 原有风速产品

图 2-46　风速反演误差与降雨率的关系

本文在0~30 m/s风速范围内，按2 m/s风速间隔讨论了不同风速条件下反演算法的精度。从图2-47中可见，本文所用反演算法在10 m/s以下风速时，反演结果存在小于0.5 m/s的系统误差；在10 m/s以上风速时，反演结果的平均偏差一般优于0.2 m/s。标准差方面，在风速15 m/s以下时，风速反演标准差优于2 m/s；风速上升时，反演结果的标准差随之增大，但没有超过2.6 m/s。

当风速小于12 m/s时，HY-2A原有风速产品存在正偏差，且随风速上升而增大，最大接近1.5 m/s；当风速大于12 m/s时，HY-2A原有风速产品主要存在负偏差，风速每上升1 m/s，偏差约增大0.5 m/s，最大接近-4.5 m/s；当海面风速在3 m/s以下时，风速标准差优于2 m/s；其他条件下，风速反演标准差在2.3~3.2 m/s。

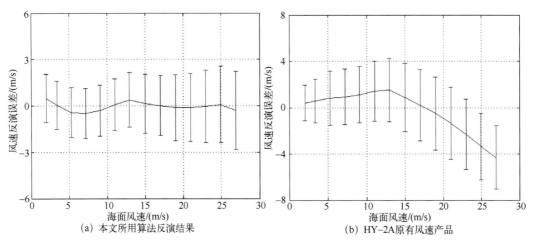

(a) 本文所用算法反演结果　　　　　(b) HY-2A原有风速产品

图2-47　风速反演误差与海面风速的关系

2.3.4.5　应用实例

本文将所用算法反演的风场与HY-2A原有产品、WindSat全天候风速产品和WindSat降雨率产品的空间特征进行了比较，以验证本文发展的反演算法应用于反演实际风场的能力。采用的数据为2012年8月2日的升轨数据，由于WindSat与HY-2A卫星的轨道参数相似，因此两微波辐射计数据的空间覆盖范围基本一致。由图2-48不难发现，HY-2A原有风速产品的空间分布特征与WindSat反演的降雨率产品高度相似，在3个降雨区(10°—30°N，135°—150°E；20°—30°N，160°—170°E；40°—50°N，150°—160°E)内HY-2A原有风速产品均出现了25 m/s以上的高风速，但是对比同一时期WindSat全天候风速产品，并没有20 m/s以上的高风速情况，这表明HY-2A原有风速反演算法不能区分降雨和海面风对亮温的影响，造成了风速反演结果的虚假值。本文所用算法反演的风场与WindSat全天候风速产品相似，表明本文发展的反演算法有效地校正了降雨对亮温的影响。

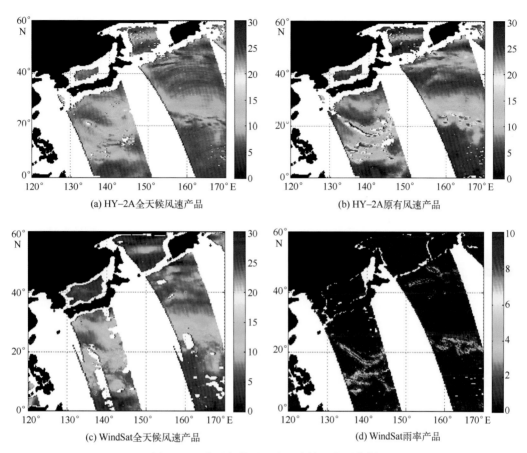

图 2-48　降雨条件下风速反演算法应用实例

本文针对 HY-2A 微波辐射计发展了一种在降雨条件下的海面风速反演算法，对不同通道亮温对降雨和海面风速的敏感性进行了分析，得到的亮温通道组合对降雨的敏感性小于 0.1 K/(mm/h)，较原有亮温通道小 2~3 个数量级；亮温通道组合对风速的敏感性大于 1 K/(m/s)，优于原有亮温通道。利用亮温通道组合，建立了 HY-2A 卫星微波辐射计降雨条件下的风速反演算法，并利用 WindSat 全天候风速产品和浮标数据进行了精度检验。表明本文发展的反演算法在各种风速和降雨条件下性能稳定，在降雨条件下风速反演精度优于 2 m/s，明显优于 HY-2A 原有风速产品；通过与 HY 2A 原有风速产品和 WindSat 全天候风速产品比较，表明本文发展的风速反演算法可以有效地校正降雨对亮温的影响，改善了 HY-2A 卫星微波辐射计在复杂气候条件下的海面风速提取能力。

2.4 中法海洋卫星波谱仪海洋动力环境信息提取技术

2.4.1 星载波谱仪海浪方向谱探测机理

2.4.1.1 星载波谱仪 SWIM 探测几何结构

中法海洋卫星(CFOSAT)作为全球第一颗搭载波谱仪(SWIM)传感器的卫星,于 2018 年 10 月成功发射,SWIM 主要用于从太空来观测和收集全球的海浪方向谱数据。SWIM 海浪波谱仪是一种新型 Ku 波段星载真实孔径雷达,主要用于海浪方向谱的观测,图 2-49 所示为 SWIM 海浪波谱仪探测几何结构示意图。如图 2-49 所示,SWIM 海浪波谱仪包括 6 个小入射角窄波束(2°),分别为 0°、2°、4°、6°、8° 和 10°,其中 0° 天顶角波束用于观测海浪的有效波高,功能类似于传统雷达高度计,另外 5 个用于观测海浪谱。

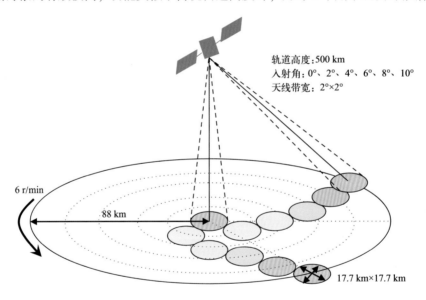

图 2-49 SWIM 海浪波谱仪探测几何结构示意图

2.4.1.2 波谱仪角度分辨率

海浪谱是一个二维海浪参数,只有在雷达距离向和方位向空间分辨率都较高的情况下,才能够实现对海浪谱的观测,若空间分辨率过低,则不能捕捉海面常见的百米级海浪信息。星载雷达观测海浪谱的一大难点就体现在方位向高空间分辨率的实现上。对于距离向的空间分辨率,可利用偏离天顶角波束,结合脉冲调制技术,通过提高波谱仪的发射能量和系统带宽，来提高距离向空间分辨率。而对于方位向分辨率，则难以借用类似方法来实现。因为这个难点，使得目前仅有 SAR 和波谱仪能够实现海浪谱观测。SAR 是利用合成孔径的方法来提高方位向空间分辨率。波谱仪作为一种真实孔径雷达，实际上也是难以保证方位向空间分辨率的，它的巧妙之处在于把对方位向空间分辨率的要求转移到方位向角度分辨率，也即从直角坐标系转移到极坐标系。

波谱仪主要利用它独特的波束旋转体制，结合足印积分处理，来实现较高的角度分辨率。限制波谱仪角度分辨率的因素主要有两个，一是天线波束足印在方位向的长度 L_y，另一个是足印内海浪波面的波陡大小。假设波谱仪的天线方位向增益为高斯型，则相应的角度分辨率 $\delta\varphi$ 为（Jackson et al.，1985）：

$$\delta\varphi \approx \frac{\delta K_y}{K} = 2\sqrt{2\ln2}\left[\left(KL_y\right)^{-2} + \left(\frac{L_y\cot\theta}{2H}\right)^2\right]^{\frac{1}{2}} \qquad (2-110)$$

其中，

$$K_y = \frac{2\pi}{L_y}$$

$$L_y = \frac{L_y^{3\text{dB}}}{2\sqrt{\ln2}}$$

式中，H 为卫星平台高度；$L_y^{3\text{ dB}}$ 为天线方位向 3 dB 足印长度；θ 为入射角；式（2-110）括号中的第一项和第二项分别代表足印方位向长度和海浪波陡的效应。当观测的波浪波长为 200 m 时，假设波谱仪具有如下参数：$H = 500$ km，$\theta = 10°$，$L_y = 7.5$ km（此时 $L_y^{3\text{ dB}} = 17.7$ km），那么对应的角度分辨率 $\delta\varphi = 5.8°$。海浪谱产品要求的角度分辨率一般小于 15°，显然，波谱仪能满足观测海浪谱角度分辨率的要求。

2.4.1.3　波谱仪海浪方向谱遥感模型

当雷达的入射角小于 15°时，海面主导散射模型为准镜面散射模型（Barrick，1974；Cox et al.，1954），而波谱仪 6 个波束的入射角均在 10°之内，因此波谱仪观测的海面散射量遵循准镜面散射模型。由准镜面散射模型，小入射角后向散射系数 σ_0（Valenzuela，1978）可表示为

$$\sigma_0 = \pi \sec^4\theta p(\zeta_x,\ \zeta_y)\ |R(0)|^2 \qquad (2-111)$$

式中，θ 为雷达波束入射角；ζ_x、ζ_y 分别表示海面两个正交方向的波陡，$\zeta_x = \frac{\partial\zeta}{\partial x}$，$\zeta_y = \frac{\partial\zeta}{\partial y}$；$p(\zeta_x,\ \zeta_y)$ 为波陡的联合概率密度函数（pdf）；$|R(0)|^2$ 表示入射角为天顶角时的菲涅尔系数（Brown，1978）。

波谱仪后向散射量 σ 可表示为

$$\sigma = \sigma_0 A \tag{2-112}$$

式中，A 为有效散射面积。那么，小入射角下倾斜调制引起的后向散射量的相对变化量 $\dfrac{\delta\sigma}{\sigma}$ 为

$$\frac{\delta\sigma}{\sigma} = \frac{\delta\sigma_0}{\sigma_0} + \frac{\delta A}{A} \tag{2-113}$$

式中，$\delta\sigma$、$\delta\sigma_0$、δA 分别表示倾斜调制而引起的后向散射量、后向散射系数以及有效散射面积的变化量。

一方面，基于准镜面散射模型，式（2-113）第一部分 $\dfrac{\delta\sigma_0}{\sigma_0}$：

$$\frac{\delta\sigma_0}{\sigma_0} = \frac{\delta p(\tan\theta,\ 0)}{p(\tan\theta,\ 0)} - \frac{\delta(\cos^4\theta)}{\cos^4\theta} \tag{2-114}$$

这里近似认为天线指向的海面波陡为 $\tan\theta$，正交方向波陡为 0。

根据倾斜调制，海面波陡的变化会引起入射角的变化，设海表局部面元的入射角为 θ'，平均海面的入射角为 θ，假如波陡引起 θ' 的变化量为 η，相对入射角 θ 很小，即 $\eta \ll \theta$，那么局部面元的入射角 θ' 可表示为

$$\mathrm{d}\theta = \theta' - \theta = -\frac{\partial\zeta}{\partial x} \tag{2-115}$$

结合式（2-114）和式（2-115）可得

$$\frac{\delta\sigma_0}{\sigma_0} = \left[-4\tan\theta - \frac{1}{\cos\theta}\frac{\partial(\ln p)}{\partial(\tan\theta)} \right]\frac{\partial\zeta}{\partial x} \tag{2-116}$$

另一方面，基于波谱仪的几何探测结构，式（2-113）第二部分 $\dfrac{\delta A}{A}$：

$$\frac{\delta A}{A} = \cot\theta\frac{\partial\zeta}{\partial x} \tag{2-117}$$

联合式（2-116）和式（2-117），式（2-113）可改写为

$$\frac{\delta\sigma}{\sigma} = \frac{\delta\sigma_0}{\sigma_0} + \frac{\delta A}{A} = \left(\cot\theta - 4\tan\theta - \frac{1}{\cos^2\theta}\frac{\partial\ln p(\tan\theta,\ 0)}{\partial\tan\theta} \right)\frac{\partial\zeta}{\partial x} \tag{2-118}$$

假设海面波陡的联合概率密度函数为高斯形式，则

$$p(\tan\theta,\ 0) = \frac{1}{2\pi\sigma_u\sigma_c}\exp\left(-\frac{1}{2}\frac{\tan^2\theta}{v} \right) \tag{2-119}$$

其中，天线视向均方波陡 v 由逆风向均方波陡（σ_u）和横风向均方波陡（σ_c）表示：

$$v = \left[\frac{\cos^2\varphi_1}{\sigma_u^2} + \frac{\sin^2\varphi_1}{\sigma_c^2} \right]^{-1} \tag{2-120}$$

式中，φ_1 为天线视向和逆风向的夹角。

将高斯海面波陡的联合概率密度函数代入式(2-119)，得到：

$$\frac{\delta\sigma}{\sigma} = \frac{\delta\sigma_0}{\sigma_0} + \frac{\delta A}{A} = \alpha(\theta)\frac{\partial\zeta}{\partial x} \tag{2-121}$$

式中，$\alpha(\theta)$ 称为敏感系数，

$$\alpha(\theta) - \cot\theta - A\tan\theta + \frac{\tan\theta}{v\cos^2\theta} \tag{2-122}$$

图 2-50 所示为波谱仪测量海面调制的示意图，波谱仪在 ox 方向由于波陡产生的调制函数 $m(x)$ 为

$$m(x) = \frac{\int G^2(\varphi)\frac{\delta\sigma}{\sigma}\mathrm{d}\varphi}{\int G^2(\varphi)\,\mathrm{d}\varphi} \tag{2-123}$$

式中，φ 为天线在方位向的波束宽度；$G^2(\varphi)$ 为天线增益函数。此时信号调制 $m(x)$ 是水平距离 x 的函数，通过天线 360°旋转扫描可获得每个方向的调制函数，即 $m(x,\varphi)$。

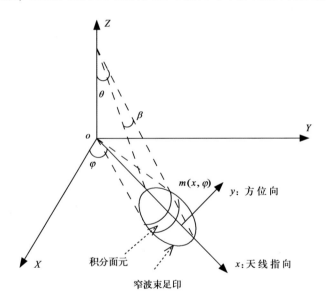

图 2-50　波谱仪测量海面调制的示意图

将式(2-118)代入式(2-123)，并对两边做互相关和傅里叶变换，$m(x,\varphi)$ 对应的调制谱 $P_{\mathrm{m}}(k,\varphi)$ 为

$$P_{\mathrm{m}}(k,\varphi) = \frac{1}{2\pi}\int_{-\infty}^{+\infty}\langle m(x,\varphi)\,m(x+r,\varphi)\rangle\exp(-ikr)\,\mathrm{d}r \tag{2-124}$$

将式(2-123)代入式(2-124)，最终得到波谱仪海浪方向谱遥感模型：

$$P_{\mathrm{m}}(k, \varphi) = \frac{\sqrt{2\pi}}{L_y} \alpha (\theta, \varphi)^2 k^2 F(k, \varphi) \qquad (2-125)$$

式中，$k^2 F(k, \varphi)$ 为波陡谱；$F(k, \varphi)$ 为海浪方向谱；k 为海浪的波数；φ 为海浪的传播方向；L_y 为方位向的足迹宽度；r 为 ox 方向的水平距离偏移量。

式(2-125)反映了调制谱和海浪谱的相互关系，可以作为波谱仪海浪方向谱遥感模型。

2.4.2 波谱仪仿真

2.4.2.1 波谱仪足印轨迹仿真

波谱仪探测天线为窄波束，波束在海面上的足印，会随着卫星平台和天线波束的旋转，在海面上形成特定的运动轨迹。10° 入射角时，波束在海面的投影足印直径约为 18 km，波谱仪星下点与足印中心的水平距离约为 88 km。为改善仿真图视觉效果，假设足印直径设为 5 km。图 2-51 所示为仿真出的波谱仪波束在海面的足印轨迹图，表 2-14 列出了相关波谱仪足印仿真卫星参数，参数主要参考中法海洋卫星搭载的 SWIM 波谱仪。由图 2-51 可以看到，波谱仪的 6 个波束，分别在地面形成了 6 条足印轨迹，其中天顶角波束对应的足印轨迹呈直线，另外 5 个(2°、4°、6°、8°和 10°)波束对应的足印呈螺旋状。

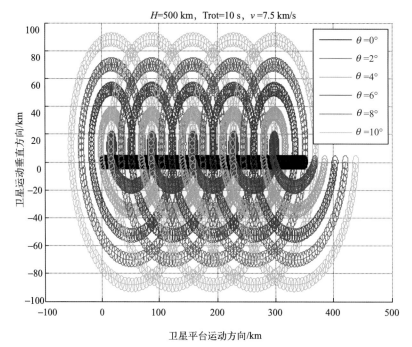

图 2-51　波谱仪足印轨迹图

表 2-14　波谱仪足印仿真卫星参数

平台高度/km	500
平台速度/(km/s)	7.5
电磁波段	Ku 波段
极化	VV(垂直)
入射角(°)	10
脉冲重复频率/Hz	10

2.4.2.2　波谱仪调制谱仿真

波谱仪天线波束足印内的回波信号，经过傅里叶变换转换成信号谱，将信号谱中的噪声消除之后，即可得到调制谱。调制谱包含了海浪对波谱仪回波信号的调制信息，将调制谱代入波谱仪海浪方向谱遥感模型，即可反演得到海浪方向谱或波陡方向谱。本节利用仿真方式来分析波谱仪调制谱的特点。仿真参数包括海况和卫星参数，见表 2-15。

表 2-15　波谱仪调制谱仿真参数

输入海浪谱	文氏谱，DV 谱	平台高度/km	500
主波波长/m	120	平台速度/(km/s)	7.5
主波传播方向/°	0，45 和 90	电磁波段	Ku 波段
成长状态	1.538	极化	VV(垂直)
海表风速/(m/s)	13	入射角/°	10

仿真结果如图 2-52 所示，图 2 -52(a)(c)和(e)为输入的不同传播方向的海浪方向谱，图 2-52(b)(d)和(f)为对应的调制谱。调制谱特点主要包括以下几个方面。

1)180°方向模糊

输入的海浪谱中只有一个谱峰，主波只按一个方向传播，而调制谱中却存在着两个相差 180°的谱峰，主波沿两个方向传播，说明波谱仪调制谱存在着 180°方向模糊的问题，这也是雷达遥感海面参数的固有问题。

2)海浪信息的完整性

通过比较海浪方向谱和对应的调制谱，可以发现海浪谱中存在海浪信息的位置，在相应的调制谱位置仍然存在着海浪信息，未发生波数截断和距离向谱峰断裂等现象。同时，对于不同传播方向的调制谱，谱值基本未变化，说明传播方向不会影响海浪谱的反演。由此看来，波谱仪对海面测量得到的调制谱，包含了较为完整的海浪信息。

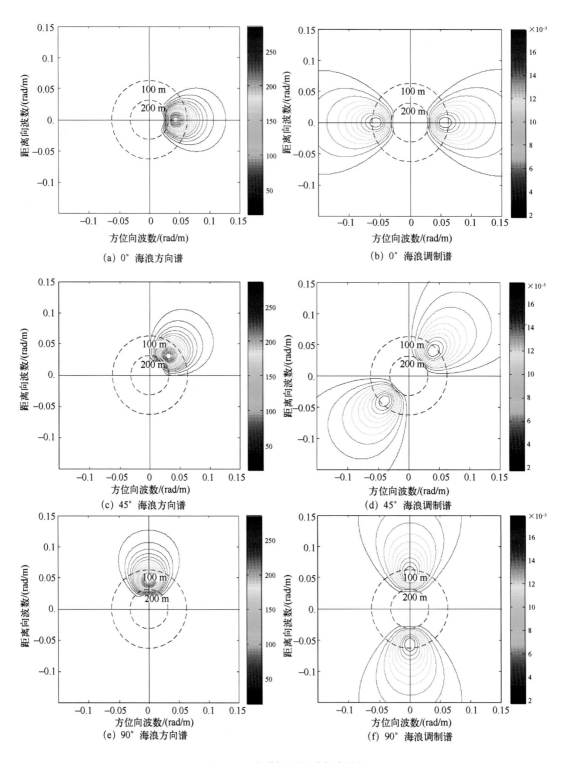

图 2-52　波谱仪调制谱仿真结果

3）谱型一致性

通过比较海浪方向谱和对应的波谱仪调制谱，海浪谱和调制谱的谱型基本一致，只是调制谱的谱型更为向外扩展，从波谱仪海浪方向谱遥感模型可知，海浪波陡谱与调制谱之间呈线性关系，所以波谱仪的调制谱同波陡谱的相对能量分布是完全一致的。那么，可以直接从调制谱得到波陡谱的相对能量分布，进而得到海浪谱的相对能量分布。这也意味着，在利用调制谱反演海浪谱之前，就可直接利用调制谱确定海浪的主波波向（含 180°模糊）和波长等参数。

2.4.2.3　波谱仪海浪方向谱探测仿真

波谱仪海浪方向谱探测仿真主要基于波谱仪真实的观测流程，来评估波谱仪在不用观测条件和不同海况下反演海浪谱的精度。

1）仿真方法

整个仿真过程分为两部分：正演过程（图 2-53）和反演过程（图 2-54），正演过程描述的是如何从输入的理论海浪谱模拟出海面的雷达回波信号，而反演过程则是一个反向的过程，即描述如何由模拟雷达信号提取出调制谱。

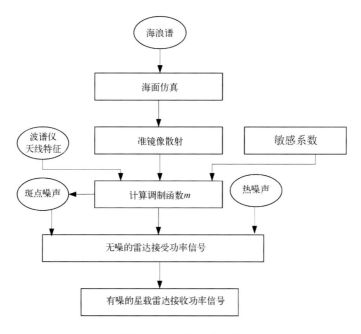

图 2-53　正演仿真流程

详细仿真过程可参见 Hauser 等（2001）相关文献，其中关键的步骤和实现方法如下。

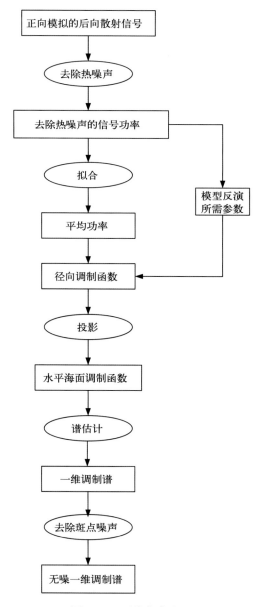

图 2-54 反演仿真流程

（1）海面的仿真

海面波动是一个随机的过程，可以认为海面是大量的正弦海浪分量的累加结果，因此，海面符合傅里叶变换的应用基础。海面可以用海浪的波高和波陡来描述，因为波谱仪海浪谱遥感模型直接建立了调制谱和波陡谱之间的线性关系，所以这里用波陡来表征海面便于仿真。基于以上分析，本文中海面波陡的仿真，以理论海浪谱模型作为输入计算出波陡谱，然后结合傅里叶逆变换实现。具体步骤如下。

①生成一个二维高斯白噪声型的变量 $b(x, y)$，均值为零，方差为 1。

②计算 $b(x, y)$ 的傅里叶变换 $B(k_x, k_y)$，变换值的相位在 $0 \sim 2\pi$ 之间呈正态分布。

③构建符合正态变化的波陡谱 $S_p(k_x, k_y)$：利用波陡谱 $k_i^2 F(k_x, k_y)$ 作为 $S_p(k_x, k_y)$ 振幅，利用 $B(k_x, k_y)$ 的相位作为 $S_p(k_x, k_y)$ 相位，$S_p(k_x, k_y)$ 表达式为

$$\mathrm{Re}[S_p(k_x, k_y)] = \sqrt{k_i^2 F(k_x, k_y)} \frac{\mathrm{Re}[B(k_x, k_y)]}{\|B\|};$$

$$\mathrm{Im}[S_p(k_x, k_y)] = \sqrt{k_i^2 F(k_x, k_y)} \frac{\mathrm{Im}[B(k_x, k_y)]}{\|B\|}$$

这里，

$$\|B\| = \mathrm{Re}[B(k_x, k_y)]^2 + \mathrm{Im}[B(k_x, k_y)]^2$$

④计算 $S_p(k_x, k_y)$ 的傅里叶逆变换，取其实部作为仿真的波陡。

当仿真系统给定不止一个波浪系统时，同一区域单元可能会存在多个不同方向的波陡分量。将不同的波陡矢量分解叠加到直角坐标系的 x 和 y 方向坐标轴上，令 x 和 y 方向得到的波陡分别为 $\zeta_x(x, y)$ 和 $\zeta_y(x, y)$，那么在任一方向 φ 的波陡 $\zeta_i(x, y)$ 为

$$\zeta_i(x, y) = \zeta_x(x, y)\cos\varphi + \zeta_y(x, y)\sin\varphi \qquad (2-126)$$

式中，φ 为 φ 方向与 x 方向的夹角。

当波谱仪天线波束在海面的足印直径为 18 km，采样点为 2 048×2 048 时，仿真海面的水平取样间隔 Δx 为 17.5 m，最大波数 $k_{max} = \dfrac{2\pi}{2\Delta x} = 0.18$ rad/m，波数间隔 $\mathrm{d}k = \dfrac{2\pi}{18\,000} = 3.489 \times 10^{-4}$ rad/m。

（2）雷达回波信号 $I(r)$ 的仿真

波谱仪雷达回波信号，也就是受到噪声干扰和海浪调制的电磁波信号，其仿真主要基于雷达方程，并结合波陡对雷达回波的倾斜调制机理来实现。

根据雷达方程，雷达信号 $I(r)$ 可表示为

$$I(r) = \frac{P_t \lambda^2}{(4\pi)^3 r^4} \iint G_e^2(\theta) G_a^2(\varphi) \sigma_0 \mathrm{d}S \qquad (2-127)$$

式中，P_t 为雷达的发射功率；λ 为发射电磁波波长；r 为目标与卫星平台的斜距；$G_a^2(\psi)$ 和 $G_e^2(\theta)$ 分别为波谱仪天线波束的方位向和仰角方向的天线增益；$\mathrm{d}S$ 为目标的观测单元；σ_0 为 $\mathrm{d}S$ 区域的后向散射系数。

考虑到 σ_0 受到的调制，σ_0 可表示为

$$\sigma_0 = \sigma_0^0 \left(1 + \frac{\delta\sigma}{\sigma}\right) \qquad (2-128)$$

将式（2-128）代入雷达方程式（2-127），可得

$$I(r) = \frac{P_{\mathrm{t}}\lambda^2}{(4\pi)^3 r^4} G_{\mathrm{e}}^2(\theta) \frac{c\tau}{2\sin\theta}\beta_\varphi r\sigma_0^0 \int G_{\mathrm{a}}^2(\varphi)\left(1+\frac{\delta\sigma}{\sigma}\right)\mathrm{d}\varphi \qquad (2-129)$$

式中，$\mathrm{d}x = \dfrac{c\tau}{2\sin\theta}$ 为观测单元的宽度；$\mathrm{d}y = r\beta_\varphi\mathrm{d}\varphi$ 为观测单元的长度；c 为光速；τ 为发射信号脉宽；β_φ 为天线方位向孔径；$\mathrm{d}\varphi$ 为投影到海面方位向的 3 dB 波束宽度。

由 2.4.1 小节波谱仪探测机理可知，

$$m(r) = \frac{\displaystyle\int G_{\mathrm{a}}^2(\varphi)\frac{\delta\sigma}{\sigma}\mathrm{d}\varphi}{\displaystyle\int G_{\mathrm{a}}^2(\varphi)\,\mathrm{d}\varphi} \qquad (2-130)$$

$$\frac{\delta\sigma}{\sigma} = \alpha(\theta)\frac{\partial\zeta}{\partial x} \qquad (2-131)$$

假设在 $\mathrm{d}\varphi$ 范围内，r、σ_0^0 和 $G_{\mathrm{a}}^2(\varphi)$ 为常数，联合式（2-129）、式（2-130）和式（2-131），可得

$$I(r) = C(r)\,[1+m(r)]\int G_{\mathrm{a}}^2(\varphi)\,\mathrm{d}\varphi \qquad (2-132)$$

其中，$C(r)$ 为常数项。因为观测过程中会有斑点噪声和热噪声的干扰，则 $I(r)$ 可改写为

$$I(r) = C(r)\{1+S[m(r)]\}\int G_{\mathrm{a}}^2(\varphi)\,\mathrm{d}\varphi + T(B_{\mathrm{T}}) \qquad (2-133)$$

其中，函数 S 表示斑点噪声对调制信号 $m(r)$ 的影响；函数 T 表示热噪声对信号 $I(r)$ 的影响；B_{T} 为热噪声功率均值。

（3）噪声的仿真

如式（2-133），仿真中主要考虑斑点噪声和热噪声。对于斑点噪声，它是雷达的固有噪声，是由于目标的衰落统计特性引起的。对于具有不同散射位置或形状的目标，回波中含有相关信息，同时也含有随机变化的信息，当这些随机信号叠加起来时，会产生近似于常量的噪声信号，即斑点噪声。

根据 Hauser 等（1992）的分析，波谱仪斑点噪声 P_{sp} 可表示为

$$P_{\mathrm{sp}}(k) = \frac{\Delta x}{4\sqrt{\pi\ln 2}}\exp\left(-\frac{k^2}{2k_{\mathrm{p}}^2}\right) \qquad (2-134)$$

式中，$k_{\mathrm{p}} = \dfrac{2\sqrt{\ln 2}}{\Delta x}$；$\Delta x$ 为海面距离向空间分辨率。

对于热噪声，又称白噪声，存在于所有的电子设备中，其均值和方差同系统中的等效温度有关，其均值功率 B_{T} 为

$$B_{\mathrm{T}} = kTB_{\mathrm{d}} \qquad (2-135)$$

式中，k 为斯忒藩-玻耳兹曼常数；T 为系统的等效温度；B_d 为系统的传输带宽。仿真过程中认为斑点噪声和热噪声均呈近似 γ 分布，其中斑点噪声均值为 $1+m(r)$，热噪声均值为 B_T。

仿真过程中所用到的波谱仪系统参数及几何参数见表 2-15。仿真研究了以下 3 种海况：成熟海浪、涌浪和发展中海浪。表 2-16 列出了每种海况选用的理论海浪谱模型。

表 2-16 不同海况下选用的海浪谱模型

海浪类型	海浪谱函数	方向函数
成熟海浪	P-M 谱 Pierson 等（1964） $F(k)=\dfrac{0.008}{2}k^{-4}\exp\left[-\dfrac{5}{4}\left(\dfrac{k_{peak}}{k}\right)^2\right]$ $k_{peak}=0.7g/U^2$	Jackson（1987） $G(\varphi)=\dfrac{4}{3\pi}\cos^4(\varphi-\varphi_0)$
涌浪	DV 谱 Durden 等（1985） $F(k)=\dfrac{H_s^2}{16\sqrt{2\pi}\,\sigma_1}\exp\left[-\dfrac{1}{2}\left(\dfrac{k-k_{peak}}{\sigma_1}\right)^2\right]$	$G(\varphi)=\dfrac{\cos^{14}(\varphi-\varphi_0)}{\int\cos^{14}(\varphi-\varphi_0)\,\mathrm{d}\varphi}$
发展中海浪	JONSWAP 谱 文圣常等（1984） $F(k)=\dfrac{a}{2}k^{-4}\exp\left[-\dfrac{5}{4}\left(\dfrac{k_{peak}}{k}\right)^2\right]\cdot$ $\gamma^{\exp\left\{-\dfrac{\left[\left(\frac{k}{k_{peak}}\right)^{0.5}-1\right]^2}{2\sigma_s^2}\right\}}$ $U=5\sim16\text{ m/s},\ X=90\text{ km},$ $a=0.081\,7\,(gX/U^2)^{-2/7},\ \gamma=3.3$ $\sigma_s=\begin{cases}0.09 & (k>k_{peak})\\ 0.07 & (k\leqslant k_{peak})\end{cases}$	$G(\varphi)=\dfrac{4}{3\pi}\cos^4(\varphi-\varphi_0)$

2）仿真质量指标

仿真效果将通过比较反演调制谱（由仿真系统反演得到）和参考调制谱（直接代入理论海浪谱至遥感模型得到）的一致性来衡量反演结果的质量，具体仿真质量指标包括以下几种。

（1）谱相关系数

谱相关系数绝对值越大，其相关性越好，误差越小。谱相关系数数学表达式为

$$\rho = \text{corr}\left[P_{\text{m}}(k), \ P_{\text{m}}^{\text{ref}}(k)\right] = \frac{\text{cov}\left[P_{\text{m}}(k), \ P_{\text{m}}^{\text{ref}}(k)\right]}{\sqrt{D\left[P_{\text{m}}(k)\right]}\sqrt{D\left[P_{\text{m}}^{\text{ref}}(k)\right]}} \tag{2-136}$$

式中，$P_{\text{m}}(k)$ 为经过仿真反演的调制谱；$P_{\text{m}}^{\text{ref}}(k)$ 为理论参考谱；$\text{cov}\left[P_{\text{m}}(k), \ P_{\text{m}}^{\text{ref}}(k)\right]$ 为反演谱与理论谱的协方差；$\sqrt{D\left[P_{\text{m}}(k)\right]}$、$\sqrt{D\left[P_{\text{m}}^{\text{ref}}(k)\right]}$ 分别为调制谱和理论谱的均方差。

（2）能量分布误差

在仿真过程中，假设斑点噪声及热噪声都满足 γ 分布，含噪声的海浪调制谱 P 是多个非高斯分布的函数的叠加，根据中心定律，调制谱 P 分布满足非中心 Chi-2 定律。则波谱仪回波信号的调制谱为

$$P_i(k, \ \varphi) = \delta(k) + R(k) P_{\text{m}}(k, \ \varphi) + \frac{1}{N_{\text{imp}}} P_{\text{sp}}(k) + \frac{1}{N_{\text{imp}} N_{\text{dis}}} P_{\text{th}}(k) \tag{2-137}$$

调制谱的标准差可以看作斑点噪声、热噪声以及调制谱与斑点噪声相互作用而又独立累加的结果（Tison et al.,2009），表达式为

$$\sigma_{P_{\text{m}}}(k) = \sqrt{\frac{1}{N_{\text{imp}}^2} \frac{P_{\text{sp}}^2(k)}{R^2(k)} + \frac{2}{N_{\text{imp}}} \frac{P_{\text{sp}}(k) P_{\text{m}}(k)}{R(k)} + \frac{1}{N_{\text{imp}}^2 L_{\text{dis}}^2} \frac{P_{\text{b}}^2(k)}{R^2(k)}} \tag{2-138}$$

为了降低系统波动，即标准差，在求调制谱时，频域内对 L_k 个波数取平均，在相邻方位向对 N_s 个谱取平均。处理后的标准差为

$$\overline{\sigma}_{P_{\text{m}}}(k) = \frac{1}{\sqrt{N_s L_k}} \sigma_{P_{\text{m}}}(k) \tag{2-139}$$

考虑到波长精度要求及分辨率，天线转速和方位向分辨率，此处 $L_k = 8$，$N_s = 12$。定义能量分布误差为仿真估计谱与理论参考谱之间的能量误差随波数的变化曲线，数学表达式为

$$\varepsilon(k) = \frac{\overline{\sigma}_{\hat{P}_{\text{m}}}}{P_{\text{m}}(k)} \tag{2-140}$$

（3）能量积分误差

能量积分误差，是对分布误差求均值，即对波数求能量误差的均值。其表达式为

$$\Delta E = \left| \frac{E}{E_{\text{ref}}} - 1 \right| = \frac{\displaystyle\int_{k_{\min}}^{k_{\max}} \frac{\overline{\sigma}_{\hat{P}_{\text{m}}}}{k} \mathrm{d}k}{\displaystyle\int_{k_{\min}}^{k_{\max}} \frac{P_{\text{m}}}{k} \mathrm{d}k} \tag{2-141}$$

式中，$E = \displaystyle\int_{k_{\min}}^{k_{\max}} \frac{\hat{P}_{\text{m}}(k, \ \varphi)}{k} \mathrm{d}k$；$E_{\text{ref}}$ 是根据理论调制谱的平均能量；$\hat{P}_{\text{m}}$ 是仿真反演的调制

谱。积分上下限的确定，是在 3 dB 带宽调制谱内对应的波数，即波长或波数间隔取大于 $\frac{1}{2}P_\text{m}^\text{ref}(k)$ 所对应的波长或波数间隔。

3）高斯海面的波谱仪海浪方向谱仿真结果及分析

假设在高斯海面下，正向仿真和反向仿真过程都采用了高斯海面的敏感系数 $\alpha(\theta,\varphi)$［式(2-122)］，图 2-55 首先给出了无噪声时理论调制谱与反演调制谱的对比，仿真条件为成熟风浪 P-M 谱和 13 m/s 风速。通过对比图分析可以看出，仿真反演的调制谱与理论调制谱在形状、传播形式和峰值处基本吻合，相关度可以达到 0.945 8，但与参考谱相比，反演谱会出现扰动，特别是在峰值附近。这种扰动可能是因为雷达的足迹被限制在 3 dB 天线的带宽处，在仿真中会有许多数值的不确定性，特别是在方位向与水平向之间的几何投影和采样数目的选择过程中。总体而言，仿真结果与 Hauser 等（2001）的研究结果相似。以下论述将主要基于图仿真参数，分别评估噪声和不同风速对海浪谱反演的影响。

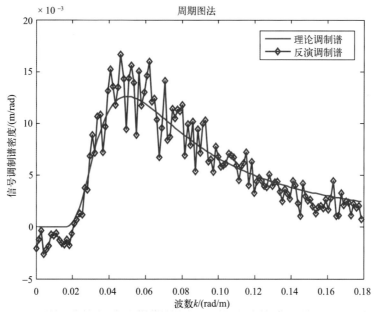

图 2-55　无噪声时理论调制谱与反演调制谱对比图

（1）噪声的影响

仿真中斑点噪声以信噪比（SNR：天线中心点功率同噪声功率的比值）形式给出。这里 SNR 设定为 8 dB。图 2-56 给出了斑点噪声对仿真反演的影响。其中红线为理论调制谱，黑线是保留斑点噪声的调制谱，蓝色有标志的线是去除斑点噪声后的谱，黑色虚线为斑点噪声的谱。通过图 2-56 对比发现，修正斑点噪声后，仿真反演的调制谱更接近于理论调制谱，说明斑点噪声修正在波谱仪数据反演中具有重要意义。虽然斑点噪声的修正可以减小反演调制谱时的偏差，但是斑点噪声对可探测波数的限制依然存在，由图2-56可以看出波谱仪可以探测到的波数限制在0.03~0.128 rad/m，对应的波长为49~210 m。

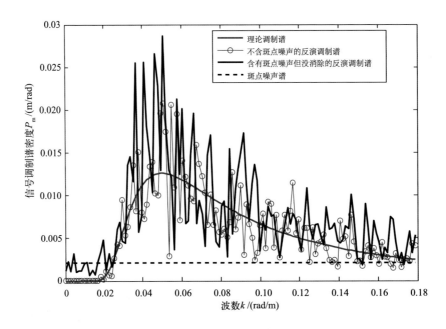

图2-56　斑点噪声仿真结果

同仿真斑点噪声一致，这里热噪声也设定SNR为8 dB。图2-57给出了热噪声对反演仿真的影响，通过去除和保留热噪声的反演结果可以看出，经过热噪声矫正后，反演谱更接近理论值，说明反演时也需要热噪声的校正，结果与Jackson等(1985)的基本一致。

（2）不同风速的影响

图2-58给出了不同风速条件下[图2-58(a)为风速10 m/s，图2-58(b)为风速13 m/s]的海浪调制谱的情况。仿真中假定斜视扫描波束的起始视线与海浪的传播方向一致。图2-59显示了在不同风速下的能量分布误差。

由图2-59可以看出，在3 dB波数带宽内(0.030 96~0.104 1)，风速为13 m/s的情况下，反演谱的能量分布误差总是小于风速为10 m/s的情况。从表2-17可以看出，反演调制谱和理论调制谱的相关系数分别是0.922 1和0.954 9。能量积分误差分别为16.08%和10.84%。由以上对比可知，风速减小会降低系统反演海浪谱的性能。所以海浪波谱仪适合于较大风速情况下海浪的测量，与林文明等(2010)的研究结果相同。

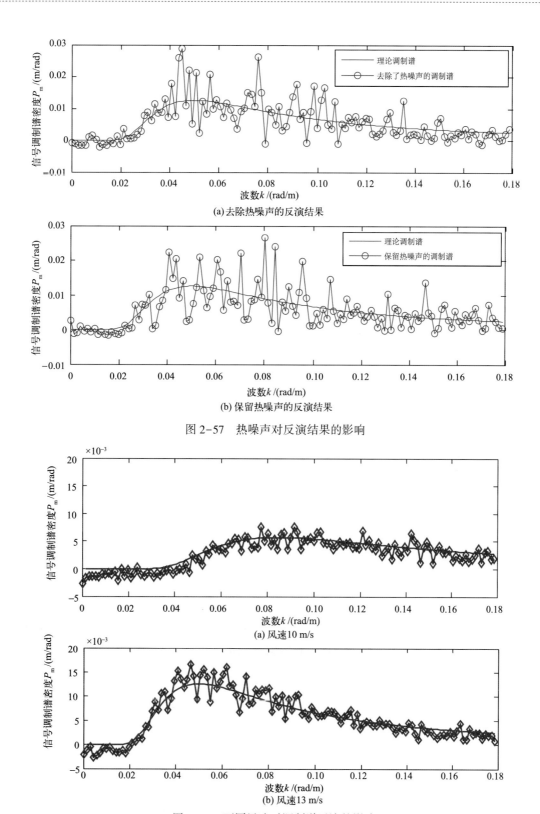

(a) 去除热噪声的反演结果

(b) 保留热噪声的反演结果

图 2-57　热噪声对反演结果的影响

(a) 风速10 m/s

(b) 风速13 m/s

图 2-58　不同风速对调制谱反演的影响

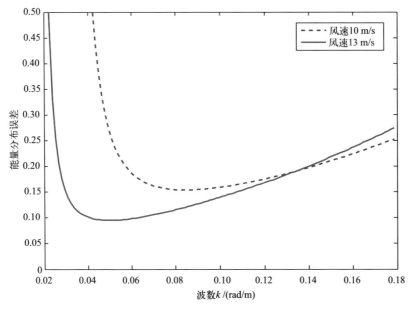

图 2-59 不同风速下的能量分布误差

表 2-17 不同风速反演质量指标

风速/(m/s)	相关系数	能量积分误差(%)
10	0.922 1	16.08
13	0.954 9	10.84

4)非高斯海面的波谱仪海浪方向谱仿真结果及分析

前文介绍的波谱仪海浪方向谱遥感模型,是基于高斯海面假设得到的,但实际海面的状况可能更为复杂,因此,也有必要对非高斯海面的情况予以介绍。

(1)非高斯海面的敏感系数 $\alpha(\theta, \varphi)$ 推导

波谱仪在高斯海面和非高斯海面反演海浪方向的差异,主要表现为具有不同的敏感系数 $\alpha(\theta, \varphi)$,所以首先来推导非高斯海面的 $\alpha(\theta, \varphi)$。本文选用四阶的 Gram-Charlier 级数来表示非高斯海面波陡的联合概率密度函数,即

$$P(\zeta_u, \zeta_c) = \frac{1}{2\pi\sigma_u\sigma_c}\exp\left[-\frac{1}{2}(\Gamma_u^2 + \Gamma_c^2)\right] \times$$

$$\left[1 + \frac{c_{21}}{2}(\Gamma_c^2 - 1)\Gamma_u + \frac{c_{03}}{6}(\Gamma_u^2 - 3)\Gamma_u + \frac{c_{22}}{4}(\Gamma_u^2 - 1)(\Gamma_c^2 - 1) + \right.$$

$$\left. \frac{c_{40}}{24}(\Gamma_u^4 - 6\Gamma_u^2 + 3) + \frac{c_{04}}{24}(\Gamma_c^4 - 6\Gamma_{c,u}^2 + 3) + \cdots\right] \qquad (2-142)$$

式中，$\Gamma_{u,c} = \dfrac{\zeta_{u,c}}{\sigma_{u,c}}$，表示由逆风和侧风均方根波陡($\sigma_u$，$\sigma_c$)规范化的海面波陡($\zeta_u$，$\zeta_c$)，

$\zeta_u = \zeta_x \cos\varphi_0 + \zeta_y \sin\varphi_0$，$\zeta_c = -\zeta_x \sin\varphi_0 + \zeta_y \cos\varphi_0$，$\varphi_0$ 为逆风向方位角；c_{21}、c_{03} 为偏度系数；

c_{04}、c_{22} 和 c_{40} 为峰度系数。

若以式(2-142)代入 2.4.1.3 小节高斯海面 $\alpha(\theta, \varphi)$ 的推导过程，可得到非高斯海面的 $\alpha(\theta, \varphi)$：

$$
\begin{aligned}
\alpha(\theta, \varphi) = {} & \cot\theta - 4\tan\theta + \frac{\tan\theta}{\cos^2\theta}\left(\frac{\cos^2\varphi}{\sigma_u^2} + \frac{\sin^2\varphi}{\sigma_c^2}\right) - \\
& \frac{c_{21}}{2}\frac{1}{\cos^2\theta}\left(\frac{3\tan^2\theta\,\sin^2\varphi\cos\varphi}{\sigma_c^2\sigma_u} - \frac{\cos\varphi}{\sigma_u}\right) - \\
& \frac{c_{03}}{6}\frac{1}{\cos^2\theta}\left(\frac{3\tan^2\theta\,\cos^3\varphi}{\sigma_u^3} - 3\frac{\cos\varphi}{\sigma_u}\right) - \\
& \frac{c_{22}}{4}\frac{1}{\cos^2\theta}\left(\frac{4\tan^3\theta\,\sin^2\varphi\,\cos^2\varphi}{\sigma_c^2\sigma_u^2} - \frac{2\tan\theta\,\sin^2\varphi}{\sigma_c^2} - \frac{2\tan\theta\,\cos^2\varphi}{\sigma_u^2}\right) - \\
& \frac{c_{40}}{24}\frac{1}{\cos^2\theta}\left(\frac{4\tan^3\theta\,\sin^4\varphi}{\sigma_c^4} - \frac{12\tan\theta\,\sin^2\varphi}{\sigma_c^2}\right) - \\
& \frac{c_{04}}{24}\frac{1}{\cos^2\theta}\left(\frac{4\tan^3\theta\,\cos^4\varphi}{\sigma_u^4} - \frac{12\tan\theta\,\cos^2\varphi}{\sigma_u^2}\right)
\end{aligned}
\tag{2-143}
$$

(2)非高斯海面与高斯海面的敏感系数 $\alpha(\theta, \varphi)$ 对比

敏感系数 $\alpha(\theta, \varphi)$ 作为波谱仪海浪谱遥感模型中的关键参数，对波谱仪海浪谱的定量化反演起着重要的作用，图 2-60 对比了高斯海面与非高斯海面两种敏感系数 $\alpha(\theta, \varphi)$ 在不同条件下的差异性。图 2-60(a)显示了不同风速下敏感系数 $\alpha(\theta, \varphi)$ 随方位角的变化，可以看出两种敏感系数 $\alpha(\theta, \varphi)$ 的区别非常明显，尤其是在侧风向($\varphi = 90°$，$\varphi = 270°$)，它们之间的区别最大；另外，高斯海面的敏感系数 $\alpha(\theta, \varphi)$ 在顺风和逆风时是对称的，而非高斯海面时的敏感系数 $\alpha(\theta, \varphi)$ 在顺风和逆风向时却是不相等的。图 2-60(b)显示了在侧风向($\varphi = 90°$)时，不同风速下敏感系数 $\alpha(\theta, \varphi)$ 随入射角变化的情况，可以看出，两种敏感系数 $\alpha(\theta, \varphi)$ 的差异随入射角变化较小。

(3)非高斯海面仿真结果及分析

本文基于高斯海面的波谱仪海浪方向谱仿真流程和方法，分析了非高斯海面的仿真，但仿真及分析有以下几点不同：① 在正向仿真中，采用非高斯海面的敏感系数 $\alpha(\theta, \varphi)$ 产生受长波调制的雷达接收信号，因此雷达接收信号中将包含短波的非高斯性；② 最终反演结果是从波陡谱的角度来比较，而非调制谱；③ 在反向仿真中，分别利用非高斯海面和高斯海面敏感系数 $\alpha(\theta, \varphi)$ 来反演海浪谱，并加以比较。

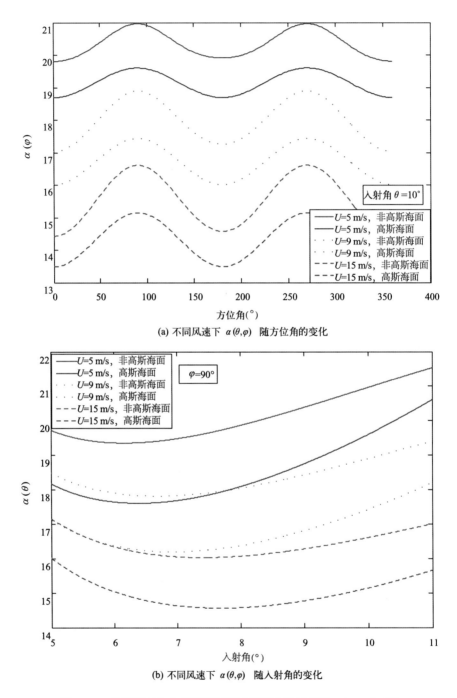

(a) 不同风速下 $\alpha(\theta,\varphi)$ 随方位角的变化

(b) 不同风速下 $\alpha(\theta,\varphi)$ 随入射角的变化

图 2-60　高斯海面和非高斯海面遥感模型中敏感系数 $\alpha(\theta,\varphi)$ 对比

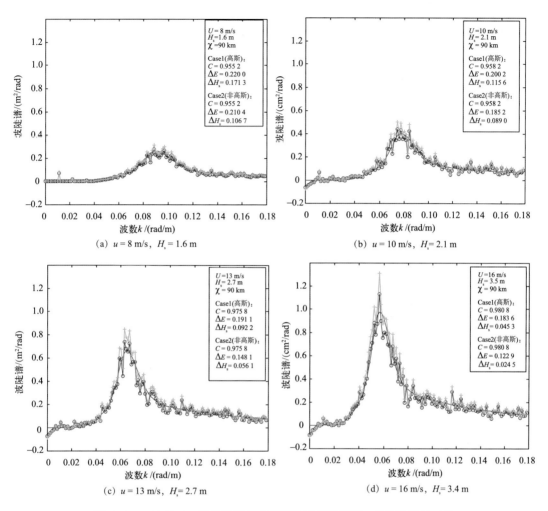

图 2-61　JONSWAP 谱的高斯与非高斯敏感系数反演一维波陡谱的对比

——参考理论谱；─○─非高斯海面；─+─高斯海面

仿真过程中，对于非高斯海面敏感系数 $\alpha(\theta, \varphi)$ 的计算，不同风速下的 σ_u、σ_c、c_{21}、c_{03} 设置来自 Chu 等（2012）文中的图 12，而峰度系数设置依据来自 CM 模型（Cox et al.,1954），同时假设以下参数为常数：$c_{04} = 0.23$，$c_{40} = 0.4$，$c_{22} = 0.12$。

仿真对比中，分别针对发展中海浪（JONSWAP 谱）、成熟海浪（P-M 谱）和涌浪（DV 谱），将非高斯海面和高斯海面反演的一维波陡谱进行对比，以此衡量非高斯海面的敏感系数 $\alpha(\theta, \varphi)$ 对反演结果精度的影响。图 2-61、图 2-62 和图 2-63 分别描述了 JONSWAP 谱、P-M 谱和 DV 谱的非高斯海面与高斯海面反演一维波陡谱的对比图。各图中也标出了反演的波陡谱与参考的理论波陡谱之间的相关系数 C 以及积分误差 ΔE。

由图 2-61 可见, 针对发展中海浪, 两种敏感系数 $\alpha(\theta, \varphi)$ 反演得到的相关系数几乎一样, 但是非高斯反演的能量误差要小于高斯反演。因此, 在一维海浪谱的反演过程中, 应该考虑海面的非高斯性。

由图 2-62 和图 2-63 可见, 针对成熟的风浪和涌浪, 两种敏感系数 $\alpha(\theta, \varphi)$ 反演的参数基本一致, 而且都呈现如下特征, 即如果风速一致, 有效波高越大, 一维谱的反演结果越准确; 而如果有效波高一致, 风速越小, 一维谱的反演结果越准确。

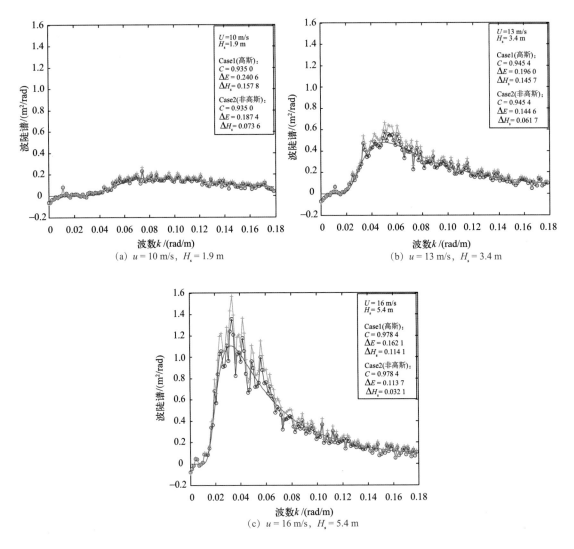

图 2-62　P-M 谱的高斯与非高斯敏感系数反演一维波陡谱的对比

——参考理论谱；—○—非高斯海面；—✛—高斯海面

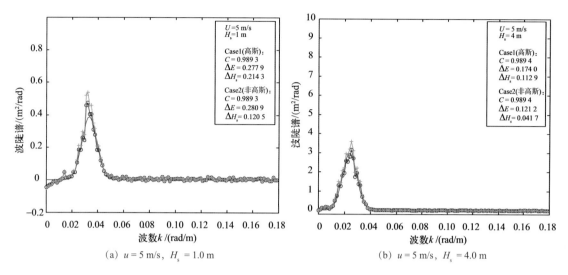

图 2-63　DV 谱的高斯与非高斯敏感系数反演一维波陡谱的对比

——参考理论谱；—○—非高斯海面；—+—高斯海面

2.4.3　机载波谱仪海浪方向谱反演

2.4.3.1　机载波谱仪 KuROS 飞行试验

KuROS 雷达波谱仪是为配合 2018 年中法海洋卫星的发射而设计的。中法海洋卫星上搭载了两个微波载荷：一个是用于测量海面风场的扇形波束扫描散射计，入射角范围为 35°~55°；另一个是用来测量海浪方向谱的波谱仪，入射角范围为 0°~11°。因此，KuROS 雷达系统包含两个天线：低入射角(LI)天线和中等入射角(MI)天线，分别对应中法海洋卫星上波谱仪和散射计的入射角范围。

KuROS 雷达系统技术指标参数见表 2-18。其中，LI 入射角范围为 14°±8°，极化方式为 HH；MI 入射角范围为 40°±8°，极化方式为 HH 和 VV。在 KuROS 中还设计有多普勒频率计算模块，KuROS 雷达系统的飞行高度为 450~3 200 m，其中用于测量海浪方向谱的飞行试验高度为 2 000 m 和 3 000 m。由于本文仅研究海浪方向谱反演，因此仅介绍 LI 天线的测量结果。

KuROS 机载波谱仪飞行试验于 2013 年 2—4 月期间进行，试验海域包括法国附近的地中海海域和大西洋海域。每架次飞行试验时间跨度约 3 h，共 15 架次。浮标测量数据显示试验期间的海况包括风浪和混合浪情况，同时风速范围为 9~19 m/s，有效波高范围为 0~6 m。

表 2-18   KuROS 雷达系统技术指标参数

参数	数值
频率	13. 5 GHz
发送功率	11 W
低入射角(LI)天线	入射角范围 14°±8°
中等入射角(MI)天线	入射角范围 40°±8°
距离分辨率	1. 5 m(LI), 5 m(MI)
极化方式	HH(LI), HH-VV(MI)
信噪比	LI: 11. 3 dB
天线旋转速率	2. 4~4. 6 r/min,可调谐
飞行速度	90~110 m/s

本文主要针对海况为有限风区的第 4 架次试验数据进行海浪谱反演研究。第 4 架次的试验于 2013 年 2 月 6 日在地中海海域进行,图 2-64 显示出第 4 架次飞行试验涉及的海域及飞机的飞行轨迹。其中,实线部分是由海岸线向深海浮标飞行的轨迹,此时的飞行高度为 2 000 m,虚线部分是由深海浮标向海岸线飞行的轨迹,此时的飞行高度为 3 000 m。在如图 2-64 所示的海域内,布放的 Lion 浮标位置为 42.06°N、4.64° E,浮标数据将用于与试验同步的数据文件的反演结果作对比。KuROS 的每个

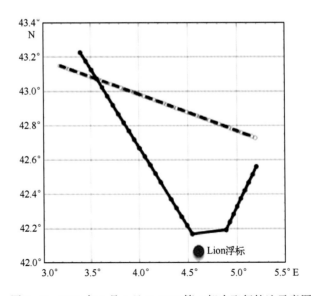

图 2-64   2013 年 2 月 6 日 KuROS 第 4 架次飞行轨迹示意图

数据文件记录了 33 s 的散射系数数据，其中方位向上有 909 个点(0°~360°)，入射角上有 1 024 个点(LI)。

该海域对应的数值天气预报风场图如图 2-65 所示。从图 2-65 中显示，该海域为有限风区，风速 15~21 m/s，风向为东南方向 。

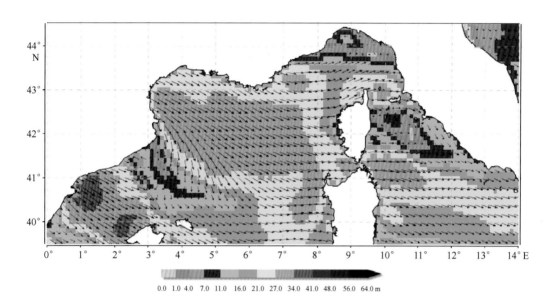

图 2-65　KuROS 第 4 架次飞行海域风场图

2.4.3.2　机载波谱仪海浪谱反演过程

机载波谱仪海浪谱反演过程主要包括估计海浪调制谱、计算海浪谱和计算海浪物理参量。具体可细分为 9 个步骤：① 确定飞行高度；② 几何校正，考虑飞机的姿态，确定各采样点的斜距以及入射角；③ 确定调制函数 $m(x, \varphi)$；④ 确定归一化调制函数 m'；⑤ 确定调制谱；⑥ 确定海面高度谱和波陡谱，纠正斑点噪声、雷达脉冲响应函数和采样时间间隔内的足印偏移；⑦ 平均处理；⑧ 估计敏感系数；⑨ 计算海浪物理参量。在以上步骤中，斑点噪声的去除至关重要。目前，斑点噪声的去除主要包含后积分技术和交叉谱技术两种方法。

1) 后积分技术去除斑点噪声

利用后积分技术去除斑点噪声，首先由式(2-134)计算出斑点噪声功率，积分时间为 33 ms 的接收功率调制谱为 $P_{33} = P_m + S_{33}$，积分时间为 66 ms 的接收功率调制谱为 $P_{66} = P_m + S_{66}$。这里，S_{33} 和 S_{66} 分别对应 33 ms 和 66 ms 积分期间内产生的斑点噪声，假

设 $S_{66} = S_{33}/2$，因此，可得 $S_{33} = 2(P_{33} - P_{66})$，确定噪声之后，将其从接收功率调制谱中消除，即可得到去除斑点噪声之后的调制谱。

2）交叉谱技术去除噪声

利用交叉谱技术去除斑点噪声的方法，主要是基于间隔时间 Δt 后，两个调制函数 $m(x, \varphi)$ 中噪声的不相关性来实现的。传统调制谱 P_i 可表示为

$$P_i(x, \varphi) = FT[m(x, \varphi)] \times FT^*[m(x, \varphi)] \qquad (2-144)$$

交叉调制谱 $P_c(x, \varphi)$ 可表示为

$$P_c(x, \varphi) = \text{Re}\{FT[m(x, \varphi, t)] \times FT^*[m(x, \varphi, t + \Delta t)]\} \qquad (2-145)$$

由式（2-145）可以看出，利用两个间隔时间 Δt 的调制函数 $m(x, \varphi)$ 和 $m(x, \varphi, t+\Delta t)$ 估计调制谱，由于噪声的不相关性，使得 $P_c(x, \varphi)$ 的斑点噪声得以消除。

研究选择交叉谱技术去除斑点噪声，图 2-66 给出了估计的传统调制谱与交叉调制谱，图中红色线条表示传统调制谱，蓝色线条表示利用交叉谱去除斑点噪声后的交叉调制谱。由图 2-66 可知，交叉调制谱与传统调制谱相比，能量谱密度减少 20%~30%，这充分说明斑点噪声对能量谱的影响较大，在进行海浪谱反演时，应去除斑点噪声，以提高反演的精度。

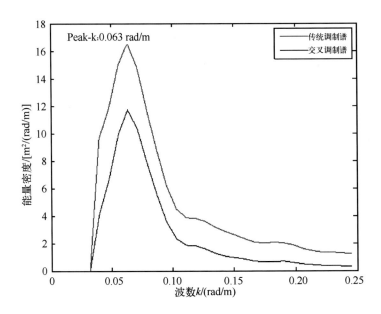

图 2-66　传统调制谱与交叉调制谱对比

图 2-67 为某文件的斑点噪声随方位角的变化曲线，由图 2-67 可以看出，斑点噪声是各向异性的，必须采用依赖于方位角的斑点噪声去除方法。

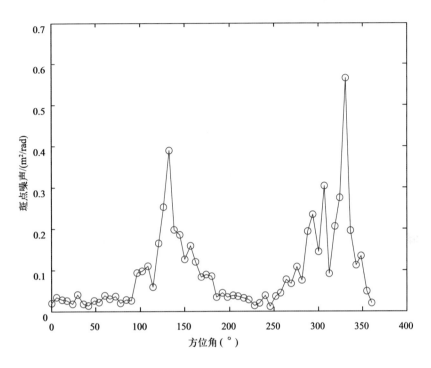

图 2-67　随方位角变化的斑点噪声

2.4.3.3　机载波谱仪海浪谱反演结果

2013 年 2 月 6 日 13∶50 分至 14∶10，飞机从海岸线飞向深海浮标，在 17∶25 至 17∶39 由深海浮标位置返回到海岸线。根据飞行过程中所得数据文件结合 2.4.3.2 节中的理论及步骤，可以得到如下一维全方向谱（图 2-68 和图 2-69）。由图 2-68 中反演出的海浪谱可以看出，随着飞机由海岸线向深海方向飞行，海浪谱出现峰值的波数减小，因此海浪波长增大。随着飞机由深海方向向海岸线方向飞行，海浪谱的峰值向波数大的方向移动，因此海浪波长减小。

图 2-70 给出了有效波高随飞行轨迹的变化。其中，蓝色曲线表示由海岸线飞向深海区时，有效波高随飞行轨迹的变化；红色曲线表示由深海区飞向海岸线时，有效波高随飞行轨迹的变化。由图 2-70 中曲线变化可以看出由海岸线至深海区，有效波高是逐渐增大的。

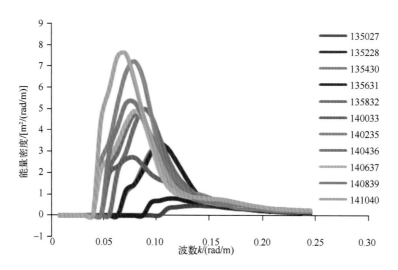

图 2-68　从海岸线到深海浮标数据反演所得一维全方向谱

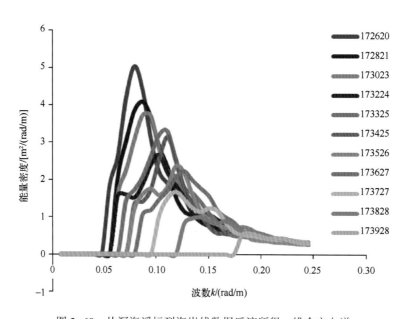

图 2-69　从深海浮标到海岸线数据反演所得一维全方向谱

　　飞行过程中波谱仪遥感海面所得数据文件中，文件 141040 所处的位置最为接近浮标，因此可以利用该文件中数据反演出的海浪谱与浮标测量的海浪谱作对比，由于 141040 数据是于 14:10:40 所得到的，因此选择 14:00 及 14:30 的浮标数据进行对比。反演结果如图 2-71 所示，反演出的海浪谱与浮标所测得海浪谱差别不大，且有效波高介于 14:00 与 14:30 的有效波高之间。

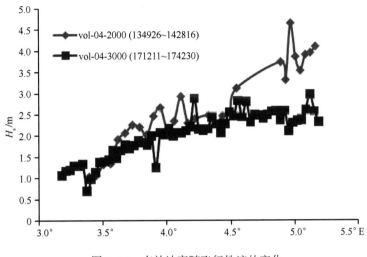

图 2-70　有效波高随飞行轨迹的变化

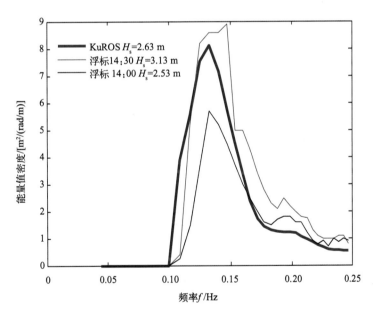

图 2-71　141040 文件反演结果与浮标数据对比

　　为了对海浪方向谱进行进一步的研究分析，研究还利用第 4 架次的数据作了二维海浪方向谱的反演，部分结果如图 2-72、图 2-73 和图 2-74 所示，可以看出该结果中存在 180°模糊问题。

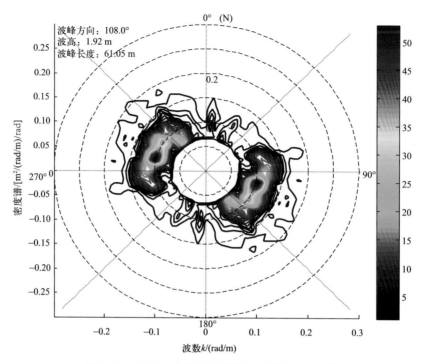

图 2-72 135631 文件反演所得的二维海浪方向谱

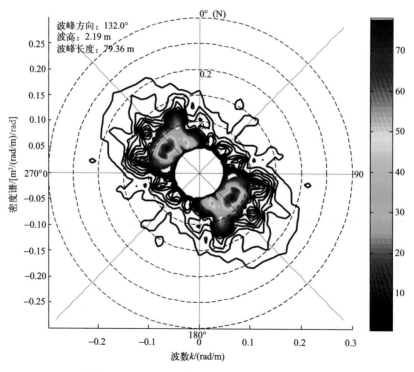

图 2-73 140436 文件反演所得二维海浪方向谱

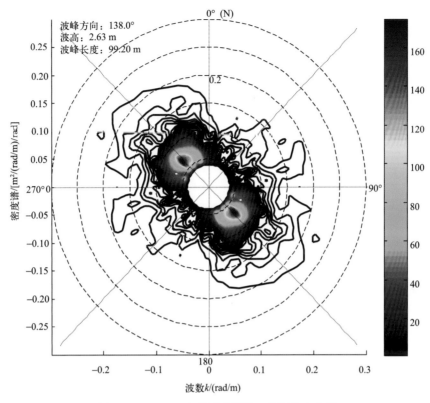

图 2-74　141040 文件反演所得二维海浪方向谱

2.4.4　波谱仪和 SAR 联合海浪方向谱反演

波谱仪和 SAR 都有着自身的优势和限制。SAR 的优势主要体现在高空间分辨率，它可以观测小尺度(如 5 km×5 km)海面的海浪谱，但由于方位向波数截断，观测过程中会丢失方位向的短波信息，所以 SAR 难以测量沿方位向传播的风浪谱信息。波谱仪的优势主要体现在其线性的遥感模型，模型不会产生波数截断，一般情况下，遥感模型中的敏感系数由天顶角波束观测的有效波高估计得到，但对于波谱仪观测的大尺度(半径约 90 km)海面，若海面分布不均匀，则天顶角波束估计的敏感系数难以反映整个观测海面的能量分布，最终会给海浪谱的反演带来误差。因此，可尝试联合两种传感器的优势，尽量减小由于海面不均匀而引起的对反演海浪谱精度的影响。

2.4.4.1　联合反演方法

SAR 和波谱仪联合遥感反演海浪谱技术路线图如图 2-75 所示。首先利用波谱仪数据近天顶角波束提取出调制谱，利用波谱仪天顶角波束回波反演有效波高，同时基于

SAR 截断波长反演出有效波高，然后结合 SAR 反演有效波高和波谱仪反演有效波高，估计出波谱仪敏感系数。这样，利用波谱仪调制谱和敏感系数，可反演出大尺度海面的海浪谱；同时，反演出的大尺度海浪谱将作为初猜谱，补偿 SAR 数据中的短波信息，协助 SAR 数据反演出小尺度海面的海浪谱。

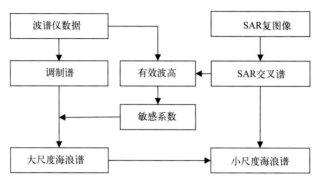

图 2-75　SAR 和波谱仪联合遥感反演海浪谱技术路线图

其中，SAR 截断波长有效波高反演模型，采用 RADARSAT-2 全极化 SAR 数据和同步 NDBC 数据构建的经验模型（Ren et al., 2015）：

$$SWH(\lambda_c) = c_0 \frac{\lambda_c}{\beta} + c_1 \qquad (2-146)$$

式中，λ_c 为截断波长；SWH 为有效波高；β 为卫星斜距速度比；c_0 和 c_1 为经验模型系数（表 2-19）。

表 2-19　经验模型系数

系数	极化方式			
	VV	HH	VH	HV
c_0	1.59	1.83	1.07	-0.13
c_1	-0.15	-0.76	0.03	2.88

2.4.4.2　研究数据

研究数据主要包括同步的合成孔径雷达 Envisat ASAR 数据、机载波谱仪 STORM 数据、Pharos 浮标数据和 ECMWF 模式预报数据，用于实例评估联合反演方法。

Envisat ASAR 数据为单视复图像（SLC）图像模式（IM）的 SAR 数据。机载波谱仪 STORM，是一种调频连续波雷达，极化方式包括 HH 和 VV，当飞机水平飞行时，其入射角为 20°，双波束的 3 dB 天线宽度在仰角方向为±15°，在方位向为±3.8°，天线系统由电机控制，既可实现每分钟 3 圈的匀速旋转（以天顶角方向为轴），又可固定在某一特定方位角方向。在入射角为 20° 时，距离向斜距的分辨率为 1.53 m，对应的水平分辨率为 4.5 m，方位向角度分辨率是通过真实孔径来实现的，所以需要在方位向足印上积分来提高其角度分辨率，对于飞行高度在 2 000~3 000 m 的 STORM，方位向的足印大概为几百米。Pharos 浮标抽样频率为 1 h，可以提供风场、主波波长和有效波高。ECMWF可提供预报模式风场、浪场数据。图 2-76 所示为各数据的位置示意图。表 2-20 列出了各数据具体位置及相关信息。

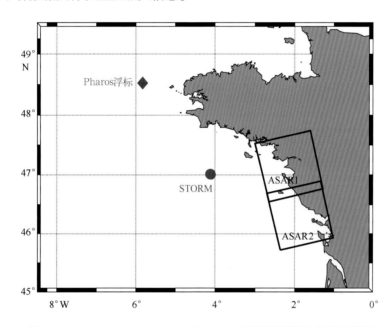

图 2-76　Envisat ASAR、STORM 和 Pharos 浮标数据同步位置示意图

表 2-20　Envisat ASAR、STORM 和 Pharos 浮标数据位置及相关信息

数据类型	采样时间（UTC）	位置	极化方式	模型
Pharos 浮标	2002-10-20 11:00:00	48°31′42″N，5°49′03″W	/	/
STORM	2002-10-20 10:54:00	47°03′56″N，4°09′72″W	VV	/
ASAR 1	2002-10-20 21:43:51	47°07′45″N，2°07′52″W	HH	IMS
ASAR 2	2002-10-20 21:43:37	46°17′34″N，1°51′22″W	HH	IMS

2.4.4.3　联合反演仿真

首先，基于波谱仪仿真系统和 SAR 成像模型，利用仿真的方式，来评估波谱仪和 SAR 联合反演海浪谱方法。

波谱仪和 SAR 的仿真参数见表 2-21 和表 2-22。

表 2-21　波谱仪仿真参数

参数	数值	参数	数值
轨道高度	550 km	天线增益	20 dB
入射角	10°	峰值功率	100 W
天线孔径	3 dB	足印	20 km×20 km
工作频率	13.6 GHz	极化方式	VV
风速	12 m/s	峰值波向	57°

表 2-22　SAR 仿真参数

参数	数值	参数	数值
轨道高度	500 km	间隔时间	0.3 s
卫星速度	7.45 km/s	截断波长	193.1 m
入射角	23°	极化方式	HH
风速	12 m/s	峰值波向	33°

图 2-77 所示为仿真系统输入的文氏风浪谱，对应的有效波高、峰值波长和波向分别为 3.3 m、160 m 和 33°。该谱可作为参考谱，用于评价仿真反演海浪谱的反演精度。

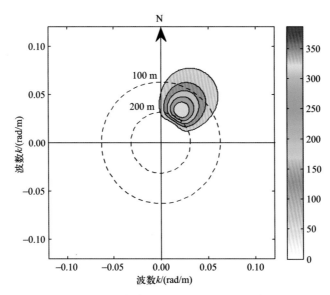

图 2-77　仿真系统输入的文氏风浪谱

图 2-78 所示描述了仿真的波谱仪数据，其中包括仿真海面和归一化调制谱。从图 2-78(b)中可以看出，与 SAR 图像谱不同，调制谱中未出现明显的波数截断。

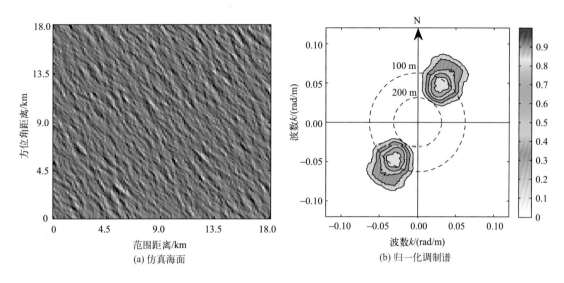

图 2-78　仿真的波谱仪数据

图 2-79 所示为仿真的 SAR 数据，包括 SAR 图像交叉谱的实部和虚部，从中可以看出，谱中存在明显的方位向波数截断。同时，从图 2-79(b)虚部谱中可以看出，其波向不存在模糊，且基本与输入谱方向一致，从而可用于消除反演结果的 180°模糊。

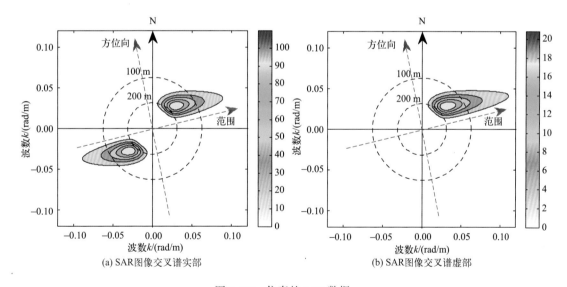

图 2-79　仿真的 SAR 数据

基于 2.4.4.1 节的联合反演方法，反演海浪谱的结果如图 2-80 所示。首先，SAR 图像拟合的截断波长 λ_c 为 193.1 m，将 λ_c 和 β 代入 SAR 有效波高经验模型 [式 (2-146)]，得到有效波高为 3.2 m。为简化起见，仿真中未考虑波谱仪的天顶角波束，故 SAR 反演的有效波高直接用于计算敏感系数 α，结合波谱仪调制谱 P_m 和 α，反演出海面大尺度的海浪谱[图 2-80(a)]，其中的 180°模糊通过 SAR 交叉谱虚部消除，无模糊反演谱如图 2-80(b)所示。

其次，为了比较反演结果，利用 Envisat ASAR Level 2 算法反演了 SAR 图像在无初猜谱情况下得到的海浪谱。反演的海浪谱如图 2-80(c)所示。通过与参考谱比较，反演海浪谱中方位向的短波信息仍然存在缺失。

最后，为补偿 SAR 成像过程中丢失的短波信息，波谱仪获取的大尺度海浪谱作为初猜谱，结合 SAR 图像交叉谱实部，利用 MPI 算法反演出较为完整的小尺度海浪谱，方向模糊同样由交叉谱解决，180°模糊消除之后的海浪谱如图 2-80(d)所示。通过与参考谱比较发现，联合反演方法反演 SAR 的海浪谱获取了更多的方位向短波信息。

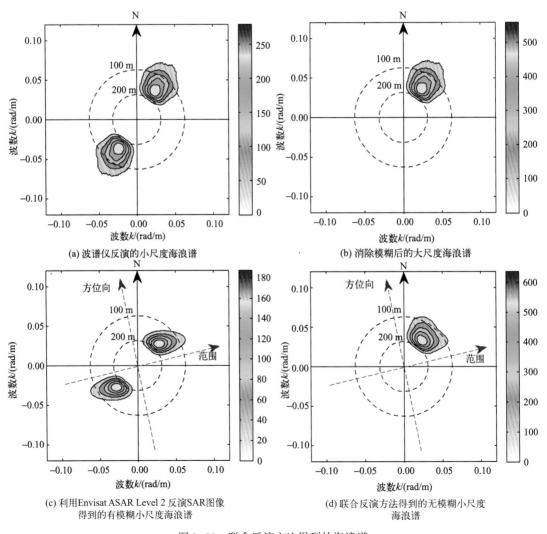

图 2-80　联合反演方法得到的海浪谱

表 2-23 列出了参考谱、波谱仪反演海浪谱和 SAR 反演海浪谱对应的海浪参数，参数包括有效波高、波长和波向。通过与参考谱参数比较，波谱仪反演海浪谱的偏差为 −0.1 m、−8.5 m 和−0.9°，SAR 反演海浪谱的偏差为−0.1 m、−2.7 m 和−1.6°。比较表明，两种传感器反演海浪谱同参考谱都具有较好的一致性。

表 2-23　参考谱、波谱仪反演海浪谱和 SAR 反演海浪谱中提取的海浪参数比较

海浪谱	有效波高/ m	波长/ m	波向/ (°)
参考谱(文氏谱)	3.3	160.0	57.0
波谱仪反演海浪谱	3.2	151.5	56.1
SAR 反演海浪谱	3.2	157.3	55.4

2.4.4.4　联合反演实例验证

本节利用同步的 Envisaat ASAR SLC 图像、机载波谱仪 STORM 数据、Pharos 浮标数据和 ECMWF 模式预报数据，来评估联合反演方法的效果。

STROM 数据的处理采用类似 RESSAC(Hauser et al.,1992)的处理方法。图 2-81(a) 所示为 STROM 的雷达回波信号，距离向分辨率为 1.53 m。图 2-81(b) 为从图 2-81(a) 提取的调制谱 P_m，从图 2-81(b) 中可以看出，这是一个包含风浪和涌浪成分的混合浪系统。根据浮标记录数据，同步风速为 12.4 m/s，由 CMOD_IFR2 地球物理模型反演 Envisat ASAR 数据得到的风速为 8.6 m/s。根据两者风速，可以判定观测海域很可能存在风浪，P_m 中存在的风浪信息也说明了判断的合理性。

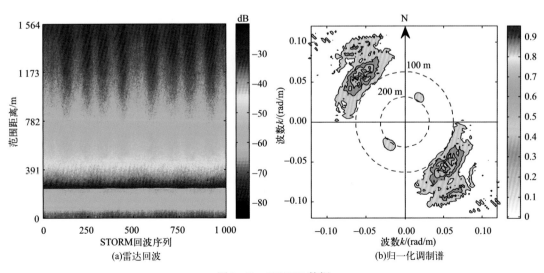

(a)雷达回波　　(b)归一化调制谱

图 2-81　STROM 数据

对于 SAR 图像的处理，选取的 Envisat ASAR 图像首先被分割为多个子图像，子图像尺寸约为 5 km×10 km，图 2-82(a) 为 SAR 图像中后向散射系数子图像，与 STORM 回波信号不同，图上显示了许多由于海浪调制作用而形成的条纹，SAR 交叉谱的实部和虚部分别如图 2-82(b)、图 2-82(c)所示。图 2-82(d) 为利用 Envisat ASAR Level 2 算法反演的海浪谱。

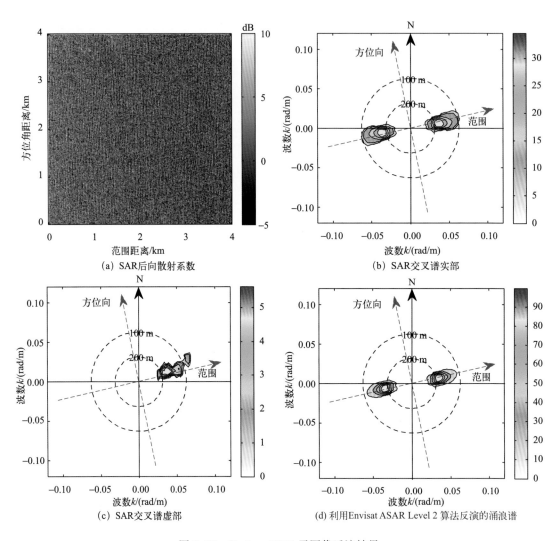

图 2-82　Envisat ASAR 子图像反演结果

基于 STORM 和 Envisat ASAR 数据，利用联合反演方法得到的海浪谱如图 2-83 所示。处理过程中，SAR 交叉谱拟合出的截断波长 λ_c 为 200.5 m，SAR 辅助数据显示 β 为 108.0，利用截断波长和有效波高的经验模型，估计的有效波高为 2.7 m，由于 STORM 未安装天顶角波束，所以 SAR 反演的有效波高直接用于估计波谱仪的敏感系数，然后结合调制谱和敏感系数，STORM 反演出的大尺度海浪谱如图 2-83(a) 所示。其中，涌浪 180°模糊通过 SAR 交叉谱虚部消除，由于 SAR 图像未映射风浪信息，所以风浪模糊用 ECMWF 模式风场加以消除，消除模糊之后的海浪谱如图 2-83(b) 所示。

然后将图 2-83(b) 作为初猜谱，协助 SAR 数据反演出较为完整的小尺度海浪谱。利用 MPI 算法和初猜谱反演出的小尺度海浪谱如图 2-83(c) 所示，从图上可以看出，通过初猜谱的补偿，反演的海浪谱中增加了风浪的信息。其中的 180°模糊，同样基于 SAR 交叉谱虚部和模式风场信息消除。消除模糊之后的 SAR 反演的小尺度海浪谱如图 2-83(d) 所示。

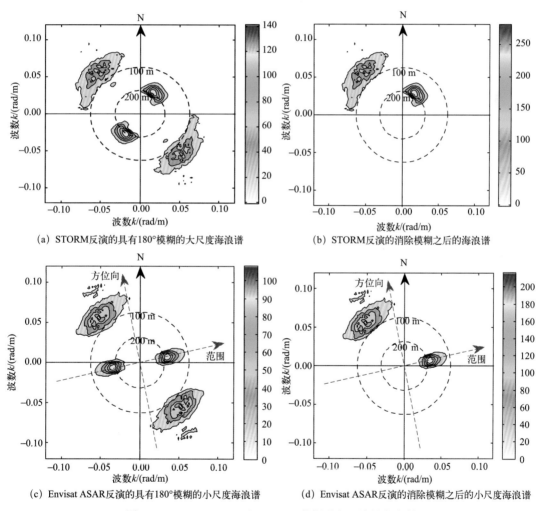

(a) STORM反演的具有180°模糊的大尺度海浪谱　　　(b) STORM反演的消除模糊之后的海浪谱

(c) Envisat ASAR反演的具有180°模糊的小尺度海浪谱　　(d) Envisat ASAR反演的消除模糊之后的小尺度海浪谱

图 2-83　Envisat ASAR 和 STORM 数据联合反演的海浪谱

表 2-24 列出了从 STORM、Envisat ASAR、Pharos 浮标和 ECMWF 数据提取的海浪及风场参数。其中，STORM 和 Envisat ASAR 反演海浪谱参数按风浪和涌浪分别给出，

浮标的波长参数由平均周期根据弥散关系 $w^2 = gk\tan kd$ 估计得到，这里，d 为水深。另外，来自 Envisat ASAR 反演海浪谱参数为单景图像的平均值。根据同步空间的差异，浮标和 ECMWF 数据用于同 STORM 反演大尺度海浪谱参数比较。同时，仅用 ECMWF 数据同 Envisat ASAR 反演小尺度海浪谱参数比较。从表 2-24 中可以看出，STORM 与浮标和 ECMWF 的有效波高误差分别为-0.3 m 和-0.1 m。STORM 与 ECMWF 波长和波向的误差分别为-12.7 m 和 20.3°。同时，第一景 Envisat ASAR 和 ECMWF 的风浪参数误差分别为 0.2 m、18.2 m 和 45.5°，第二景风浪参数误差分别为 0.3 m、21.1 m 和 5.3°。比较结果表明，STORM 和 Envisat ASAR 反演的有效波高和波长，与浮标和 EC-MWF 参数有较好的一致性。可能由于数据的不完全同步，它们之间的波向参数仍存在明显的误差。但总体而言，大部分反演参数与参考数据较为符合。

表 2-24   STORM、Envisat ASAR、浮标、ECMWF 提取的海浪和风场参数

数据	有效波高/m	波长/m	波向(涌浪/风浪)/(°/N)	风速/(m/s)	风向/(°/N)
浮标	2.9	—	—	12.4	120
STORM	2.6	89.5/198.3	355.2/43.7	—	—
ASAR 1	2.6	93.7/172.5	348.5/80.2	7.5	—
ASAR 2	2.6	92.4/165.2	331.7/41.4	8.6	—
ECMWF-STORM	2.7	102.2	334.9	11.2	147.3
ECMWF-SAR 1	2.4	154.3	34.7	7.0	198.0
ECMWF-SAR 2	2.3	144.1	36.1	8.6	200.9

2.4.5   波谱仪海面风速反演

波谱仪能够反演海浪谱，是由于其后向散射系数的相对变化量记录了海浪的调制作用。同时，波谱仪的后向散射系数绝对变化量记录了风场的调制。那么，波谱仪数据也应该可以反演海面风速。因为波谱仪工作在小入射角，所以中等入射角下的风速遥感模型(如应用于散射计和 SAR 的 CMOD 系列模型函数)不适用于波谱仪数据。因此，波谱仪需要另外建立小入射角下的海面风速遥感模型。

2.4.5.1   研究数据

建模的数据包括 TRMM PR 雷达数据和同步 NDBC 浮标、TOGA 浮标数据。

TRMM PR 雷达是第一颗星载小入射角下的 Ku 波段雷达，已积累了 17 年的小入射角海面后向散射系数数据，丰富的数据为建立波谱仪风速遥感模型提供了难得的机遇。TRMM PR 的入射角范围为-18.1°~18.1°，并分为 49 个入射角窗口，数据的空间分辨

率为 5.0 km(距离向)×4.0 km(方位向)，整个地面刈幅宽度达到 250 km。本研究利用 2A21(version 7)标准产品提供的海表后向散射系数建模，时间范围从 2000 年持续到 2014 年。

同步的海面观测数据由 47 个 NDBC 浮标和 104 个 TOGA 浮标提供。NDBC 浮标提供风场和浪场数据，TOGA 浮标仅提供风场数据。TRMM PR 和浮标的同步空间和时间窗口分别为 2.0 km 和 10 min。图 2-84 为浮标布放的位置。

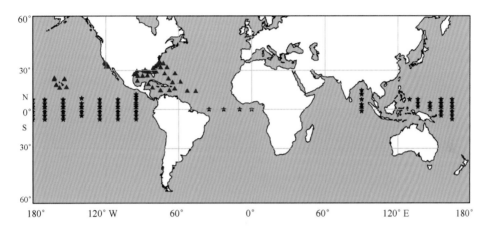

图 2-84　47 个 NDBC 浮标和 104 个 TOGA 浮标的站点位置示意图

红色三角表示 NDBC 站点；蓝色星号表示 TOGA 站点

图 2-85(a)所示为同步数据集中 TRMM PR 入射角的分布，图 2-85(b)所示为两种浮标数据的风速分布情况。从图 2-85 中可以看出，各入射角的分布相当，而风速主要集中在 1~11 m/s。

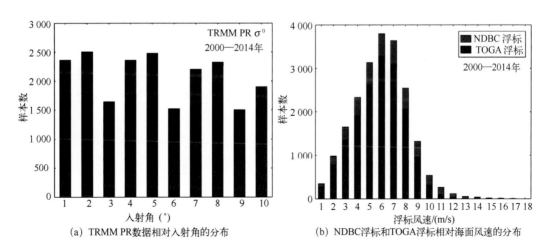

(a) TRMM PR数据相对入射角的分布　　(b) NDBC浮标和TOGA浮标相对海面风速的分布

图 2-85　TRMM PR、NDBC 浮标、TOGA 浮标数据分布

2.4.5.2　小入射角雷达数据对海面参数的敏感性分析

为了构建波谱仪小入射角风速模型，首先要分析 TRMM PR 数据对海面参数的敏感性。图 2-86 描述了 TRMM PR 数据随风速的变化趋势。从图 2-86 中可以看到，仅入射角 1°～6°的 σ_0 能够随着风速的增大而减小，而其他入射角 σ_0 变化趋势不明显，同时振荡强烈。因此考虑首先通过降低空间分辨率来抑制数据的振荡。

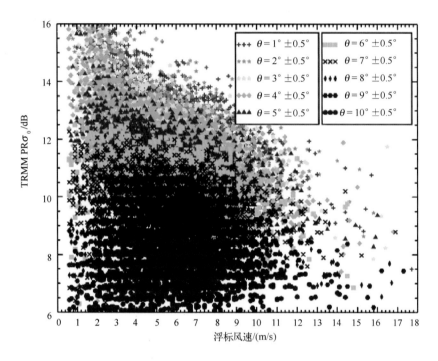

图 2-86　TRMM PR σ_0 随风速的变化趋势

图 2-87 所示为空间分辨率分别降低为 15.0 km×12.0 km 和 25.0 km×20.0 km 时的情况。从图 2-87 可以发现，通过分辨率的降低，振荡效应明显得到抑制，同时，变化趋势变得更加明显。因此后面的模型构建和验证工作中，均采用空间分辨率为 25.0 km×20.0 km 的数据。考虑到同步数据集中风速集中范围，将选择 1°～6°的入射角和 1.5～16.5 m/s 风速数据来构建风速遥感模型。

另外，除了风速，研究中也分析了 σ_0 随风向的变化趋势（图 2-88）。首先定义相对风向 $\varphi_{relative}$ 为风向 φ_{wind} 和 TRMM PR 天线指向 φ_{PR} 的夹角，即 $\varphi_{relative} = \varphi_{wind} - \varphi_{PR}$。为更好分析 σ_0 随 $\varphi_{relative}$ 的变化，其变化趋势采用二阶傅里叶级数线性拟合：

$$\sigma_0 = A_0 + A_1\cos(\varphi_{relative}) + A_2\cos(2\varphi_{relative}) \tag{2-147}$$

式中，A_0、A_1 和 A_2 为公式系数。

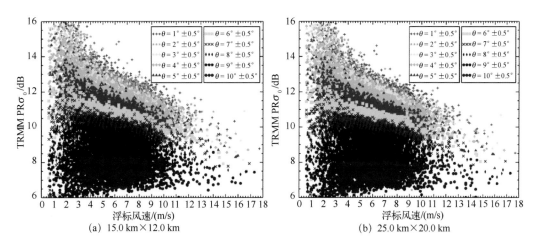

图 2-87 不同空间分辨率下 TRMM PR σ_0 随风速的变化趋势

从图 2-88 可以看出，3° 入射角下的情况对 $\varphi_{\text{relative}}$ 不敏感，而在 6° 入射角时，最大值集中在 $\varphi_{\text{relative}}$ 为 180° 位置附近，而最小值集中在 90° 附近，具有一定的方向敏感性，但是最大值和最小值仅相差约 0.2 dB，即使将 $\varphi_{\text{relative}}$ 引入风速遥感模型，对风速反演结果应该不会产生大的影响。因此，可忽略风向对风速遥感模型的影响。

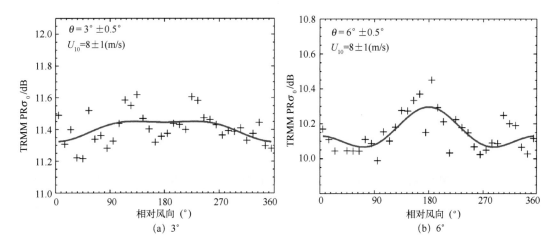

图 2-88 不同入射角下 TRMM PR σ_0 随相对风向的变化趋势

最后，研究中也分析了有效波高对风速遥感模型的影响。图 2-89 所示描述了在 1°~6° 入射角情况下，不同有效波高对 σ_0 随风速变化趋势的影响。可以发现有效波高的变化对趋势影响很小，可忽略不计。因此，研究的风速遥感模型也可忽略有效波高的影响。

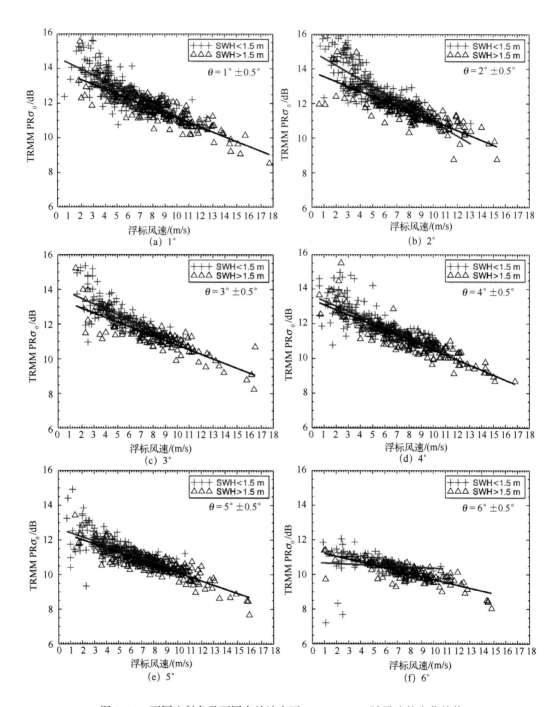

图 2-89　不同入射角及不同有效波高下 TRMM PR σ_0 随风速的变化趋势

2.4.5.3　小入射角风速遥感模型构建

基于上述小入射角数据对海面参数的敏感性分析结果，风速遥感模型利用入射角
（$0.5° \sim 6.5°$）和风速（$1.5 \sim 16.5$ m/s）作为模型输入参数，定义的小入射角 Ku 波段风
速遥感模型（KuLMOD）模型形式为二阶多项式：

$$\sigma(\theta, U_{10}) = a(\theta) + b(\theta) U_{10} + c(\theta) U_{10}^2 \qquad (2-148)$$

式中，

$$a(\theta) = a_0 + a_1\theta + a_2\theta^2 \qquad (2-149)$$

$$b(\theta) = b_0 + b_1\theta + b_2\theta^2 \qquad (2-150)$$

$$c(\theta) = c_0 + c_1\theta + c_2\theta^2 \qquad (2-151)$$

其中，a_0、a_1、a_2，b_0、b_1、b_2，c_0、c_1 和 c_2 为模型系数，确定模型系数的步骤包括：
① 将 $1.0° \sim 6.0°$ 入射角范围分割为多个入射角窗口 θ_i，窗口宽度为 $0.1°$；② 产生
51 个 θ_i，包括 $0.5° \sim 1.5°$，…，$5.5° \sim 6.5°$，相邻的 θ_i 存在部分重合；③ 多项式拟
合 $\sigma_0(\theta, U_{10})$，确定 $a(\theta)$、$b(\theta)$ 和 $c(\theta)$，$4°$ 入射角情况下的 $a(4°)$、$b(4°)$ 和
$c(4°)$ 拟合结果如图 2-90 所示；④ 多项式拟合 $a(\theta)$、$b(\theta)$ 和 $c(\theta)$，确定最终模型系
数 a_0、a_1、a_2，b_0、b_1、b_2，c_0、c_1 和 c_2，拟合结果如图 2-91 所示，模型系数均列于
表 2-25。

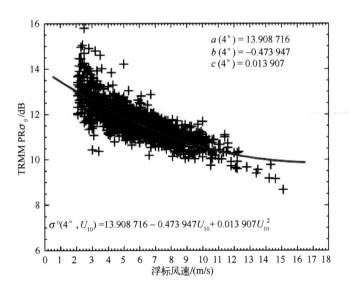

图 2-90　拟合方法确定参数 $a(4°)$、$b(4°)$ 和 $c(4°)$

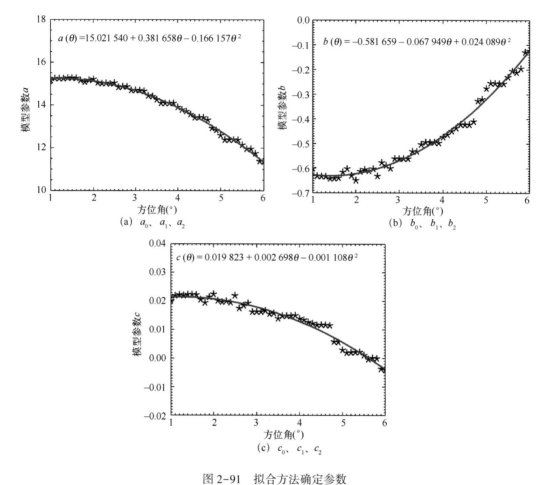

图 2-91　拟合方法确定参数

表 2-25　KuLMOD 模型参数

系数	拟合值	系数	拟合值
a_0	15.021 540	b_2	0.024 089
a_1	0.381 658	c_0	0.019 823
a_2	-0.166 157	c_1	0.002 698
b_0	-0.581 659	c_2	-0.001 108
b_1	-0.067 949		

图 2-92 所示描述了遥感模型函数 KuLMOD 在不同入射角下和不同风速下的 σ_0。从图 2-92 中可以看出，σ_0 随风速降低，σ_0 随入射角和风速的变化趋势基本与图 2-87 中的趋势一致。

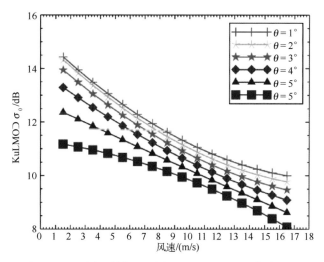

图 2-92　不同入射角和不同风速下 KuLMOD 估计的 σ_0

2.4.5.4　模型验证

利用同步浮标实测风速，与 TRMM PR 数据利用 KuLMOD 模型反演的风速进行比较，用以验证模型的有效性。图 2-93 所示为反演风速和实测风速的散点图，相关系数为 0.83，均方误差为 1.45 m/s，两种风速基本一致，说明了模型的有效性。

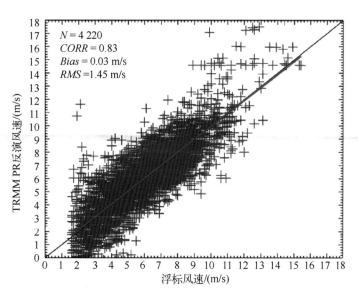

图 2-93　KuLMODS 模型反演 TRMM PR 风速与浮标实测风速散点图

另外，图2-94给出了在不同入射角下反演风速和实测风速的散点图。由图2-94可知，不同入射角下，相关系数的范围保持在0.76~0.86，偏差范围在-0.26~0.01 m/s，均方误差范围在1.32~1.88 m/s。

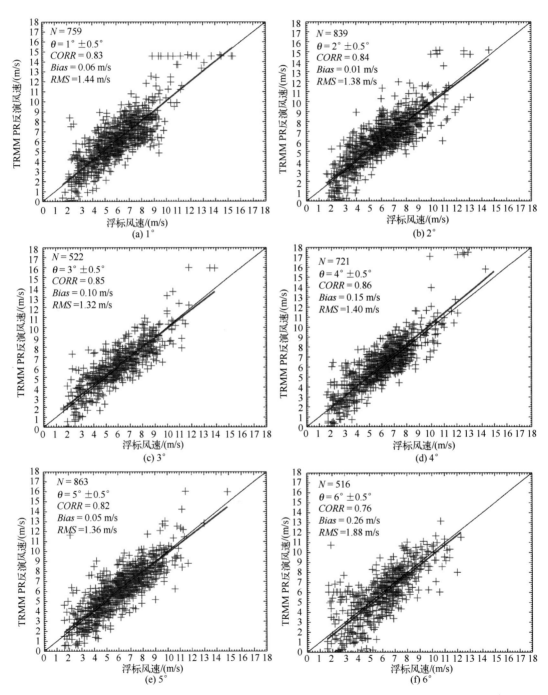

图2-94　不同入射角下KuLMOD模型反演TRMM PR风速与浮标实测风速散点图

图 2-95(a)(b)分别描述了反演风速的 RMS 误差随入射角和风速的变化情况，可以发现在 2°～5° 入射角和 4~9 m/s 风速的观测条件下，反演风速精度较优，说明此类条件下更适合小入射角雷达的风速反演。

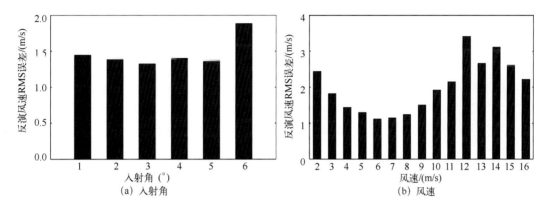

图 2-95　反演风速 RMS 误差随入射角和风速的变化

另外，研究中也比较了不同空间分辨率下的反演精度。相关反演结果列于表 2-26。从表 2-26 可以发现，25.0 km × 20.0 km 分辨率反演精度稍优于 15.0 km × 12.0 km 情况，但总体上保持一致。

表 2-26　不同空间分辨率下 TRMM PR 反演风速与浮标实测风速数据统计

入射角(°)	空间分辨率/km	N	CORR	Bias/(m/s)	RMS/(m/s)
1		760	0.79	0.23	1.65
2		850	0.81	0.03	1.47
3	15.0× 12.0	541	0.83	0.07	1.48
4		773	0.82	0.08	1.54
5		824	0.82	0.12	1.55
6		473	0.74	-0.13	1.97
1		759	0.83	0.06	1.44
2		839	0.84	0.01	1.38
3	25.0× 20.0	522	0.85	0.10	1.32
4		721	0.86	0.15	1.40
5		863	0.82	0.05	1.36
6		516	0.76	-0.26	1.88

参考文献

蒋兴伟，林明森，宋清涛，2013. 海洋二号卫星主被动微波遥感探测技术研究. 中国工程科学，15（7）：4-11.

解学通，方裕，陈克海，等，2006. 一种海面风场反演的快速风矢量搜索算法. 遥感学报，10（2）：236-241.

解学通，林明森，陈克海，等，2010. 基于目标函数分布特征的散射计海面风场反演方法. 信号处理，26（7）：968-973.

李燕初，孙瀛，林明森，等，1999. 用圆中数滤波器排除卫星散射计风场反演中的风向模糊. 应用海洋学学报，18（1）：42-48.

林明森，宋新改，彭海龙，等，2006 散射计资料的风场神经网络反演算法研究. 国土资源遥感（2）：8-11.

林明森，孙瀛，郑淑卿，1997. 用星载微波散射计测量海洋风场的反演方法研究. 海洋学报，19（5）：35-46.

林明森，邹巨洪，解学通，等，2013. HY-2A 微波散射计风场反演算法. 中国工程科学，15（7）：68-74.

林明森，2000. 一种修正的星载散射计反演海面风场的场方式反演算法. 遥感学报，4（1）：61-65.

林文明，董晓龙，2010. 星载雷达波谱仪反演海浪谱的精度研究. 海洋学报，32（5）：9-16.

王小宁，刘丽霞，陈文新，2013. 海洋二号卫星微波散射计系统设计与应用. 中国工程科学，15（7）：33-38.

王志雄，2014. HY-2A 卫星微波散射计海面风场反演算法改进. 青岛：中国海洋大学.

AMAROUCHE L，THIBAUT P，ZANIFE O Z，et al.，2004. Improving the Jason-1 ground retracking to better account for attitude effects. Marine Geodesy，27（1-2）：171-197.

ANDERSEN O B，SCHARROO R，2011. Range and geophysical corrections in coastal regions：and implications for mean sea surface determination//Vignudelli S，Kostianoy A，Cipollini P. Coastal Altimetry. Berlin：Springer.

BARRICK D E，LIPA B J，1985. Chapter 3 analysis and interpretation of altimeter sea echo. Advances in Geophysics（27）：61-100.

BARRICK D，1972. Remote sensing of sea state by radar//IEEE. Ocean 72-IEEE International Conference on Engineering in the Ocean Environment.

BARRICK D，1974. Wind dependence of quasi-specular microwave sea scatter. IEEE Transactions on Antennas and Propagation，22（1）：135-136.

BECKLEY B D，ZELENSKY N P，HOLMES S A，et al.，2010. Assessment of the Jason-2 extension to the TOPEX/Poseidon，Jason-1 sea-surface height time series for global mean sea level monitoring. marine geodesy，33（sup1）：447-471.

BROWN G S, 1978. Backscattering from a Gaussian-distributed perfectly conducting rough surface. IEEE Transactions on Antennas and Propagation, 26(3):472-482.

CHELTON B D, RIES J G, HAINES B J, et al., 2001. Satellite altimetry: satellite altimetry and earth sciences. San Diego Calif: Academic(1):131.

CHI C Y, Li F K, 1988. A comparative study of several wind estimation algorithms for spaceborne scatterometers. IEEE Transactions on Geoscience and Remote Sensing, 26(2):115-121.

CHU X, He Y, CHEN G, 2012. Asymmetry and anisotropy of microwave backscatter at low incidence angles. IEEE Transactions on Geoscience and Remote Sensing, 50(10):4014-4024.

COX C, MUNK W, 1954. Measurement of the roughness of the sea surface from photographs of the suns glitter. Journal of the Optical Society of America, 44(11):838-850.

DONLON C, BERRUTI B, MECKLENBERG S, et al., 2012. The Sentinel-3 mission: overview and status// IEEE. IEEE International Geoscience and Remote Sensing Symposium.

DUNBAR R S, HSAIO S V, LAMBRIGTSEN B H, 1988. Science algorithm specifications for the NASA Scatterometer Project, JPL D-5610 (2 vols.).

DURDEN S, VESECKY J, 1985. A physical radar cross-section model for a wind-driven sea with swell. IEEE Journal of Oceanic Engineering, 10(4):445-451.

DURRANT T H, GREENSLADE D J M, SIMMONDS I, 2013. The effect of statistical wind corrections on global wave forecasts. Ocean Modelling, 70(5):116-131.

FREILICH M, 2000. SeaWinds: algorithm theoretical basis document. NASA ATBD-SWS-01.

FU L L, VAZE P, 2010. The surface water and ocean topography mission: centimetric spaceborne radar interferometry. Proc Spie, 7826:455-461.

GÓMEZENRI J, GOMMENGINGER C P, SROKOSZ M A, et al., 2007. Measuring global ocean wave skewness by retracking RA-2 Envisat waveforms. Journal of Atmospheric & Oceanic Technology, 24(6):1102-1116.

HAUSER D, CAUDAL G, RIJCKENBERG G J, et al., 1992. RESSAC: a new airborne FM/CW radar ocean wave spectrometer. IEEE Transactions on Geoscience and Remote Sensing, 30(5):981-995.

HAUSER D, SOUSSI E, THOUVENOT E, et al., 2001. SWIMSAT: A real-aperture radar to measure directional spectra of ocean waves from space—main characteristics and performance simulation. Journal of Atmospheric & Oceanic Technology, 18(3):421-437.

HUANG X Q, ZhU J H, LIN M S, et al., 2014. A preliminary assessment of the sea surface wind speed production of HY-2 scanning microwave radiometer. Acta Oceanologica Sinica, 33(1):114-119.

IMEL, DAVID A, 1994. Evaluation of the TOPEX/POSEIDON dual-frequency ionosphere correction. Journal of Geophysical Research, 99(C12):24895-24906.

JACKSON F C, 1987. The radar ocean-wave spectrometer. Johns Hopkins APL Technical Digest(8):116-127.

JACKSON F C, WALTON W T, BAKER P L, 1985. Aircraft and satellite measurement of ocean wave directional spectra using scanning-beam microwave radars. Journal of Geophysical Research, 90(C1): 987-1004.

JIANG X W, LIN M S, LIU J G, et al., 2012. The HY-2 satellite and its preliminary assessment. International Journal of Digital Earth, 5(3): 266-281.

KLEIN L, SWIFT C T, 1977. An improved model for the dielectric constant of sea water at microwave frequencies. IEEE Transactions on Antennas & Propagation, 25(1): 104-111.

LACROIX, DECHAMBRE, LEGRESY, et al., 2008. On the use of the dual-frequency ENVISAT altimeter to determine snowpack properties of the Antarctic ice sheet. Remote Sensing of Environment, 112(4): 1712-1729.

LIPA B J, BARRICK D E, 1981. Ocean surface height - slope probability density function from SEASAT altimeter echo. Journal of Geophysical Research Oceans, 86(C11): 10 921-10 930.

LONG D G, 1994. Kp for pencil beam scatterometers, MERS Tech Rep. MERS 92-004, Brigham Young University: 19.

MARDIA K V, 1972. Statistics of directional data. New York: Academic Press.

MEISSNER T, WENTZ F J, 2009. Wind-vector retrievals under rain with passive satellite microwave radiometers. IEEE Transactions on Geoscience and Remote Sensing, 47(9): 3065-3083.

MÉNARD Y, FU L L, ESCUDIER P, et al., 2003. The Jason-1 mission. Marine Geodesy(26): 131-146.

MERTIKAS S P, IOANNIDES R T, TZIAVOS I N, et al., 2010. Statistical models and latest results in the determination of the absolute bias for the radar altimeters of jason satellites using the gavdos facility. Marine Geodesy, 33(sup1): 114-149.

MOORE R K, WILLIAMS C S, 1957. Radar terrain return at near-vertical incidence. Proceedings of the Ire, 45(2): 228-238.

PIERSON J L, 1984. A Monte Carlo comparison of the recovery of winds near upwind and downwind from the SASS-1 model function by means of the sum of squares algorithm and a maximum likelihood estimator. NASA Contractor Reports: 3839.

PIERSON W J, MOSKOWITZ L, 1964. A proposed spectral form for fully developed wind seas based on the similarity theory of SA Kitaigorodskii. Journal of geophysical research, 69(24), 5181-5190.

PIERSON, 1984. The appearance of the sea surface for high wind and high wave conditions, Honolulu, USA: NSCAT Calibration/Validation Workshop Report, 17: 20-22.

PORTABELLA M, STOFFELEN A, 2004. A probabilistic approach for SeaWinds data assimilation. Quarterly Journal of the Royal Meteorological Society, 130(596): 127-152.

REN L, YANG J, ZHENG G, et al., 2015. Significant wave height estimation using azimuth cutoff of C-band RADARSAT-2 single-polarization SAR images. Acta Oceanologica Sinica, 34(12): 93-101.

RODRIGUEZ E, 1988. Altimetry for non-Gaussian oceans: Height biases and estimation of parameters. Journal of Geophysical Research Oceans, 93(C11): 14107-14120.

SCHROEDER L C, BOGGS D H, DOME G, et al., 1982. The relationship between wind vector and normalized radar cross section used to derive Seasat-A satellite scatterometer winds. Journal of Geophysical Research Oceans,87(C5):3318-3336.

SCHULTZ H,1990. A circular median filter approach for resolving directional ambiguities in wind fields re-
trieved from spaceborne scatterometer data. Journal of Geophysical Research,95(C4):5291-5303.

SHAFFER S J,DUNBAR R S,HSIAO S V,et al.,1989. Selection of optimum median-filter-based ambiguity
removal algorithm parameters for. NSCAT//IEEE. 12th Canadian Symposium on Geoscience and Remote
Sensing Symposium,3:1454-1457.

SHAFFER S J,DUNBAR R S,HSIAO S V,et al.,1991. A median filter based ambiguity removal algorithm for
NSCAT. IEEE Transactions on Geoscience and Remote Sensing,29(1):167-174.

STILES B W,YUEH S H,2002. Impact of rain on spaceborne Ku-band wind scatterometer data. IEEE Transac-
tions on Geoscience and Remote Sensing,40(9):1973-1983.

THIBAUT P,AMAROUCHE L,ZANIFE O Z,et al.,2004. Jason-1 altimeter ground processing look-up correc-
tion table. Marine Geodesy(27):409-431.

TISON C,AMIOT T,BOURBIER J,et al.,2009. Directional wave spectrum estimation by SWIM instrument on
CFOSAT[C]//2009 IEEE International Geoscience and Remote Sensing Symposium. IEEE,5:V-312-
V-315.

TSENG K H,SHUM C K,YI Y C,et al.,2010. Regional validation of jason-2 dual-frequency ionosphere de-
lays. Marine Geodesy,33(sup1):272-284.

VALENZUELA G R, 1978. Theories for the interaction of electromagnetic and oceanic waves—A review.
Boundary-Layer Meteorology,13(1-4):61-85.

WENTZ F J,1978. Estimation of the sea surface's two-scale backscatter parameters.

WURTELE M G,WOICESHYN P M,PETEHERYCH S,et al.,1982. Wind direction alias removal studies of
SEASAT scatterometer-derived wind fields. Journal of Geophysical Research,87(C5):3365-3377.

XIE X T,HUANG Z,LIN M S,et al.,2013. A novel integrated algorithm for wind vector retrieval from scat-
terometer. Remote Sensing(5):6180-6197.

ZABOLOTSKIKH E V,MITNIK L M,ChAPRON B,2015. Radio-frequency interference identification over
oceans for C- and X-Band AMSR2 channels. IEEE Geoscience & Remote Sensing Letters,12(8):1705-
1709.

Chapter 3

第 3 章

海洋遥感数据的
时空扩展技术

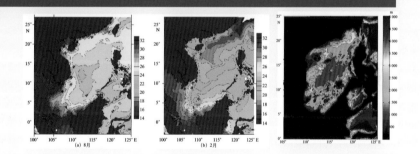

通过利用卫星遥感数据，能够构建大范围时空连续的网格化三维温盐场数据，对研究海洋内部现象和再现海洋温盐结构具有重要意义。本章内容通过研究并建立利用海洋遥感数据由海面向水下扩展海洋三维温盐结构的模型，利用模型结合卫星遥感海表温度和卫星观测海面高度数据，构建海洋三维温盐扩展场，再利用海洋现场观测资料对扩展场进行订正，形成海洋三维温盐实况分析场，进一步结合海洋动力学模式，实现海洋遥感数据的时空扩展。

3.1 基于海表温度和海面高度的三维温盐垂向扩展及检验技术

基于准地转理论、统计回归理论、模态分解理论和海表地转理论等对海面信息向水下扩展的海洋动力学机制进行研究，在此基础上，基于历史温度和盐度剖面现场观测数据，建立海表温度和海面高度扩展三维温度和盐度模型，包括海表温度扩展温度剖面模型、海面高度扩展温度剖面模型、海表温度和海面高度联合扩展温度剖面模型以及温度反演盐度模型。基于上述扩展模型，结合我国自主和国外卫星遥感海表温度和卫星观测海面高度数据扩展水下三维温度和盐度场，并采用温度和盐度现场观测数据对上述扩展的三维温度和盐度场进行检验和验证。

3.1.1 海洋观测资料处理和质量控制

为了建立可用于构建时空扩展模型参数库的海洋历史观测数据集，首先需要搜集海洋温盐现场观测历史资料，研究搜集了网上公开获得的 WOD09（world ocean database 2009）和 GTSPP（global temperature and salinity profile project）数据集以及国家海洋信息中心（National Marine Data and Information Service，NMDIS）的国内温盐现场观测历史资料。对来自 NMDIS、WOD09 和 GTSPP（其中已经将 Argo 数据剔除）的温盐剖面观测资料进行合并排重。这些温盐现场观测资料包括 OSD、CTD、MBT、XBT、APB、MRB、DRB、Argo 等温盐观测历史资料，这些资料要经过质量控制和严格的编辑与筛选。质量控制包括观测层质量控制和标准层质量控制。

1）观测层质量控制

观测层质量控制主要有以下几项。

①区域检验：检查输入数据的经纬度、时间是否与设定的范围一致。

②重复深度检验：检查温盐剖面观测中是否存在重复深度观测。

③深度逆检验：检查温盐剖面观测中是否存在深度逆观测，剔除该剖面。

④温度的稳定性检验：检查温度的稳定性。

⑤温盐范围检验：检查温盐值是否在根据经验设定的合理区间，否则剔除。

⑥盐度梯度检验：检查温度、盐度梯度逆是否超过经验设定值。

⑦观测层密度检验：检查密度梯度逆是否超过经验设定值。

⑧重复剖面检验：由于调查资料来源于不同的调查计划和单位，其中有重复的调查资料，按经纬度时间完全相等和经纬度时间相差 10 s 进行排重，用程序挑选出重复资料，然后进行人工审核，将质量好的资料挑选出来。

2）标准层质量控制

对质量控制后的温盐观测层数据，采用线性插值与 Akima 插值相结合的方法进行插值，形成标准层数据，对该标准层数据再进行气候态标准差检验和稳定性检验。① 气候态标准差检验：按月逐层在 1°方区内统计温盐的均值与方差，在水深小于 50 m 的海区，采用 5 个标准偏差进行检验。在水深 50 ~ 1 000 m 的海域，50 m 层以浅海域，采用 4.5 个标准偏差进行检验；50 m 层以深海域，采用 4 个标准偏差进行检验。在水深大于 1 000 m 的海域，1 000 m 层以浅海域采用 4 个标准偏差进行检验；1 000 m 层以深海域采用 3 个标准偏差进行检验。按照上述标准用程序将超出该标准的温盐观测选出，然后进行人机交互式审核(图 3-1)。② 稳定性检验：检查经插值后的资料是否有密度逆发生。

3）Argo 浮标观测资料的盐度漂移订正

对 Argo 浮标观测资料的质量控制包括：浮标廓线数据排重、触陆检验、浮标漂移速度检验、要素量程控制、区域性参数设置、压力值排重和反转检验、要素信号尖峰检验、温盐梯度检验、密度稳定性检验等。

值得注意的是，Argo 浮标是自治式观测，一旦投放，很难回收，因此实时监测其工作状态很困难。而其装载的 CTD 传感器，特别是测量盐度的电导率传感器，容易受到生物污染和物理形变等因素的影响。其传感器的测量随观测时间的延长，可能产生漂移误差，使用时间越长，漂移误差越大。事实上，盐度传感器的漂移已成了这种观测资料必须解决的问题。为了获取正确的盐度数据，必须对 Argo 浮标盐度观测数据进行有效的漂移误差订正。对于 2008 年 12 月前投放的 Argo 浮标，研究使用了美国华盛顿大学 Wong 等(2003)研制的校正 Argo 浮标盐度漂移的方法(称为 WJO 方法，版本号：WJO float salinity calibration package version 2-last updated 30 June 2005)对盐度漂移进行了订正。对于 2009 年后投放的 Argo 浮标采用了 OW 方法(OW 方法是 2006 年 Owens、Wong 和 Campion 通过整合 WJO、BS 方法发展出的一套新的延时质量控制方法)校正盐度漂移。其基本思想都是利用在时间和空间上相邻的历史观测资料来校正 Argo 浮标观

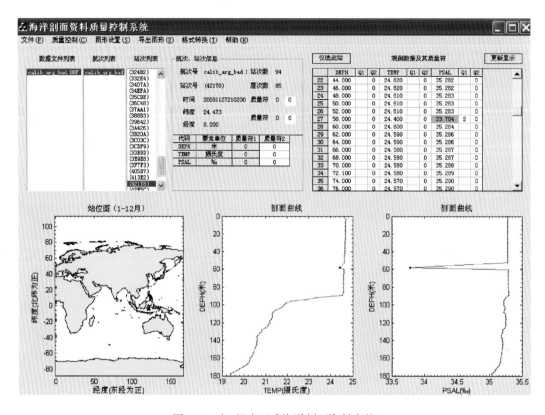

图 3-1　人-机交互式海洋剖面资料审核

测盐度的漂移。

　　采用 OW 方法,对 2011 年 6 月 21 日至 2011 年 12 月 2 日的 Argo 浮标盐度观测数据进行了漂移订正。将上述时段内浮标剖面观测个数大于 10 个的 2 682 个浮标进行延时质量控制,对其可能存在的盐度漂移进行检验和校正,经过检验和校正后,发现共有 224 个浮标(3 736 个剖面数据)发生盐度漂移。表 3-1 给出了对全球发生盐度漂移的浮标盐度剖面观测数据进行订正后的订正误差,其中约 98% 的盐度订正误差小于 0.01(国际 Argo 计划制订的浮标观测精度为:压力±5dB、温度±0.005℃、盐度±0.01)。图 3-2 给出了发生盐度漂移的 Argo 浮标盐度订正误差分布图。

　　图 3-3 给出了发生盐度漂移的 5900020 号浮标观测地理位置,订正前后插值到标准层 $\theta=15.18$℃ 和 $\theta=2.69$℃ 的盐度时间序列,订正前后温盐关系和历史资料投影到标准层上的盐度及误差。由图 3-3 可知,经校正后,约从第 20 个剖面观测数据开始的盐度漂移得到了较好的校正,获得的温盐剖面与历史观测投影的温盐关系符合良好。

表 3-1 **Argo 浮标盐度漂移订正误差统计**

发生盐度漂移的剖面观测数据总个数	所有层次订正误差在 0.01psu 之内的盐度剖面观测数据个数	发生盐度漂移的浮标总个数	所有层次订正误差在 0.01psu 之内的浮标个数
209 984	206 248(98%)	2 682	224(91%)

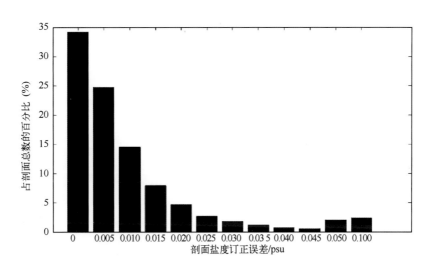

图 3-2 Argo 浮标盐度漂移订正误差分布

4) EOF 延拓

为了尽可能地利用更多的温盐剖面资料进行回归分析，需要利用前述经严格质量控制后的温度和盐度剖面历史观测资料，通过反复试验，建立基于经验正交函数分析(EOF)方法的温度剖面延拓模型，并利用该模型对未达到所要求深度的温度观测资料进行外延，延伸至海底，以便获得整个温盐剖面。对于盐度缺测的剖面，利用上述建立的温盐关系模型，由温度剖面获得盐度剖面。

完整的温度剖面通过将合成的温度剖面 T_k^{syn} 叠加到短的观测剖面上而获得：

$$T_k = T_k^{\text{syn}} + [T_{k_{\max}}^0 - T_{k_{\max}}^{\text{syn}}]\exp[-(z_k - z_{k_{\max}})/L_z]，Z_k > Z_{k_{\max}} \qquad (3-1)$$

式中，L_z 为垂直长度尺度；$k_{\max}$ 为短观测剖面最深处所处的层次。

合成温度 T_k^{syn} 是由短的温度剖面观测拟合到温度平均值并叠加最大特征值所对应的经验正交函数 e_k 而计算得到的：

$$T_{j,k}^{\text{syn}} = \overline{T_{i,k}} + g_j e_k \qquad (3-2)$$

式中，g_j 为最大的正交函数的振幅，由下式估计：

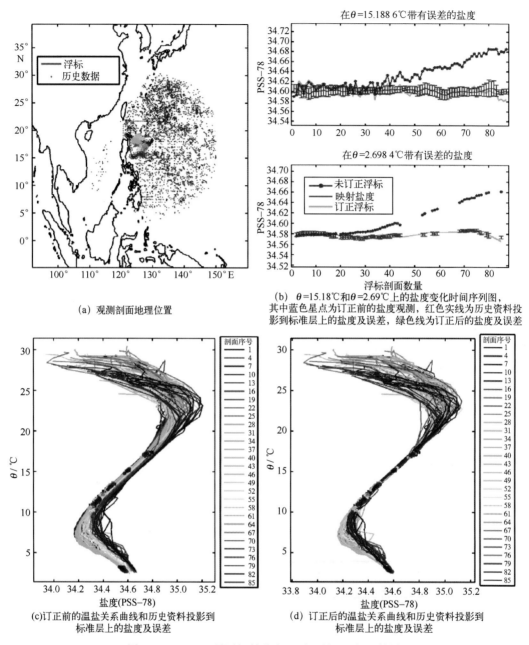

（a）观测剖面地理位置

（b）$\theta=15.18℃$和$\theta=2.69℃$上的盐度变化时间序列图，其中蓝色星点为订正前的盐度观测，红色实线为历史资料投影到标准层上的盐度及误差，绿色线为订正后的盐度及误差

（c）订正前的温盐关系曲线和历史资料投影到标准层上的盐度及误差

（d）订正后的温盐关系曲线和历史资料投影到标准层上的盐度及误差

图 3-3　5900020 号浮标的盐度观测、误差和订正结果

$$g_j = \frac{\sum\limits_{k=1}^{M_j} w_k \left[e_k (T_{j,k}^{\circ} - \overline{T_{i,k}}) \right]}{\sum\limits_{k=1}^{M_j} w_k} \qquad (3-3)$$

其中，权重 w 定义为 $w_k = (z_k - z_{k-1})^{1/4}$，$k=2$，$\cdots$，$M$ 和 $w_1 = w_2$。

图 3-4 给出了 EOF 延拓的结果与实际观测的比较。由图 3-4 可知，在深水区，EOF 延拓方法能很好地重构未观测到的深层的温度剖面资料。

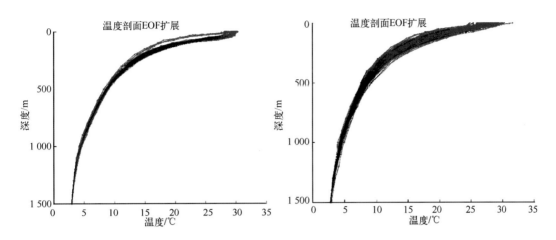

图 3-4　深水区两个格点周围的温度剖面图

红色部分是观测的结果；黑色部分是采用 EOF 延拓的结果

5) 构建建立可用于时空扩展模型参数库的海洋历史观测数据集

在上述海洋温盐现场观测历史资料的搜集和处理基础上，构建可用于建立时空扩展模型参数库的海洋历史观测数据集，观测资料的空间分布情况如图 3-5 所示，在 3°—27°N，100°—125°E 的海区范围内，可用的温度观测剖面共有 148 643 个，盐度观测剖面共有 27 052 个。

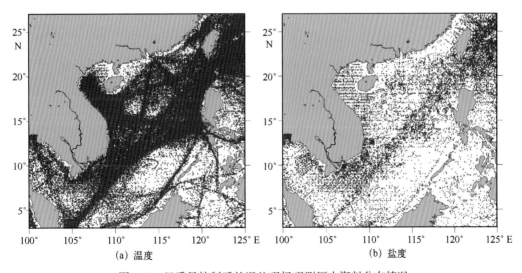

图 3-5　经质量控制后的温盐现场观测历史资料分布情况

3.1.2 海洋三维温度静态气候场构建方法

为能够利用海洋卫星遥感数据对水下的三维温度和盐度进行时空扩展，需要首先建立水下三维温度和盐度的基本态，即静态气候场。

3.1.2.1 海洋三维温度静态气候场构建方法

以海温统计分析产品作为初猜场，采用最优插值数据同化技术，同化预处理后的历史温度剖面观测资料，形成不同水深层次、各网格点上温度静态气候场产品。

在位置 j 处的历史温度观测数据 $T^o_{j,k}$ 通过最优插值法形成每个格点位置 i，深度上第 k 层的气候学温度数据 $T^c_{i,k}$ 为

$$T^c_{i,k} = T^B_{i,k} + \sum_{j=1}^{N} w_{i,j}(T^O_{j,k} - T^B_{j,k}) \qquad (3-4)$$

式中，$T^B_{i,k}$ 为插值位置的气候学温度；N 为格点位置 i 附近的观测点个数；权重系数 $w_{i,j}$ 通过下式求得：

$$C_i W_i = F_i \qquad (3-5)$$

其中，$w_{i,j}$ 为矩阵 W_i 的元素；$c_{m,n}$ 为矩阵 C_i 的元素，并且为初始猜测温度的误差协方差 $c^{fg}_{m,n}$ 与不同观测位置观测误差 r_m 和 r_n 的协方差 $c^o_{m,n}$ 之和；F_i 为网格点与观测点之间的初始猜测误差协方差矩阵。

3.1.2.2 海洋三维盐度静态气候场构建方法

利用经严格质量控制和精细处理后的历史温度和盐度剖面观测资料，针对不同区域、网格和不同时段，采用回归分析方法，建立由温度反演盐度的经验回归模型。

$$S_{i,k}(T) = \overline{S_{i,k}} + a^{S1}_{i,k}(T - \overline{T_{i,k}}) \qquad (3-6)$$

式中，$\overline{S_{i,k}}$ 为盐度平均值，

$$\overline{S_{i,k}} = \frac{\sum_{j=1}^{N^{TS}} b_{i,j} S^O_{j,k}}{\sum_{j=1}^{N^{TS}} b_{i,j}} ; \qquad (3-7)$$

$\overline{T_{i,k}}$ 为温度平均值，

$$\overline{T_{i,k}} = \frac{\sum_{j=1}^{N^{TS}} b_{i,j} T^O_{j,k}}{\sum_{j=1}^{N^{TS}} b_{i,j}} ; \qquad (3-8)$$

$a_{i,k}^{S1}$ 为回归系数，

$$a_{i,k}^{S1} = \frac{\sum_{j=1}^{N^{TS}} b_{i,j}(S_{j,k}^{0} - \overline{S_{i,k}})(T_{j,k}^{0} - \overline{T_{i,k}})}{\sum_{j=1}^{N^{TS}} b_{i,j}(T_{j,k}^{0} - \overline{T_{i,k}})^2} \qquad (3-9)$$

其中，$T_{j,k}^{0}$ 为历史温度现场观测数据；$S_{j,k}^{0}$ 为历史盐度现场观测数据；N^{TS} 为格点位置 i 附近的观测点个数；$b_{i,j}$ 为局域相关函数，

$$b_{i,j} = \exp\{-[(x_i - x_j/L_x)]^2 - [(y_i - y_j/L_y)]^2 - [(t_i - t_j/L_t)]^2\} \qquad (3-10)$$

其中，x 和 y 分别为东西和南北的位置；t 为一年中的时间；L_x、L_y 和 L_t 分别为长度和时间尺度。

3.1.3 海洋三维温度静态气候场构建

3.1.3.1 温度网格化静态气候场构建

以 WOA09 产品作为初猜场，采用最优插值数据同化技术，利用式(3-4)和式(3-5)同化预处理后的历史温度剖面观测资料，形成水平分辨率为 1/4°、时间分辨率为月平均的温度静态气候场产品。图 3-6 所示为南海的温度静态气候场各月标准偏差垂向分布情况，从图 3-6 中可以看出，南海的温度静态气候场各月标准偏差比较接近，跃层附近的标准偏差最大，约为 1.8℃。图 3-7 所示为南海的温度静态气候场各月标准偏差水平分布情况(从海表面到 1 000 m 深度平均)，由图 3-7 可见，南海温度的标准偏差在近岸地区较大，在中部区域较小，月变化较小。

利用建立的南海静态气候场产品，将海区内的温度剖面取水平平均，得到温度剖面的垂向分布图，将其与同一海区的 WOA2013 各月的垂向温度剖面结果进行比较(图 3-8)。从图 3-8 中可以看出，改进后的静态气候场温度与 WOA2013 相比产生了轻微变化，主要表现为在 600 m 以深深度比 WOA2013 的温度略高(约 0.3℃)，而在 600 m 以浅深度南海各月的温度静态气候场与 WOA2013 温度剖面相近。

3.1.3.2 盐度网格化静态气候场构建

由式(3-6)至式(3-10)建立温盐相关关系模型，生成网格化不同水深层次的盐度静态气候场产品。图 3-9 所示为南海各月盐度静态气候场标准偏差垂向分布情况，南海地区水深较深，除了在表层标准偏差较大外，在大部分深水层标准偏差很小。图 3-10 所示为南海各月盐度静态气候场标准偏差水平分布情况(从海表面到 1 000 m 深度平均)，由图 3-10 可知，盐度静态气候场在近岸地区的标准偏差较大，深海区域较小。

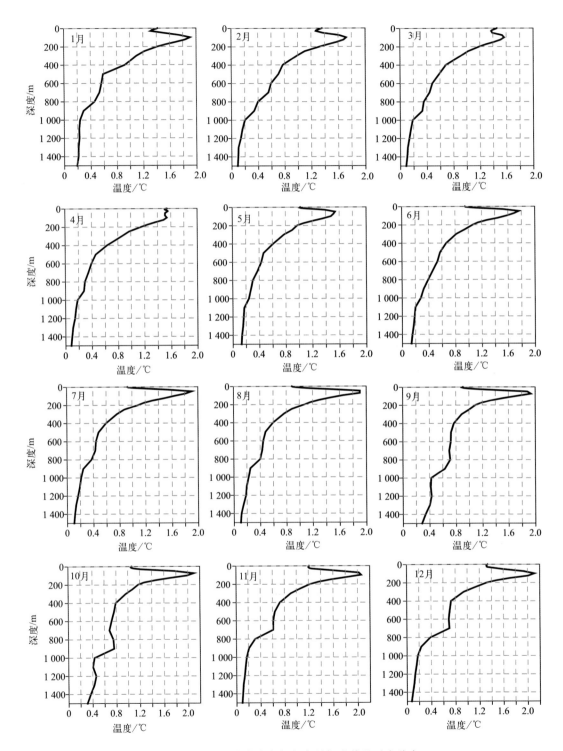

图 3-6 南海温度静态气候场各月标准偏差垂向分布

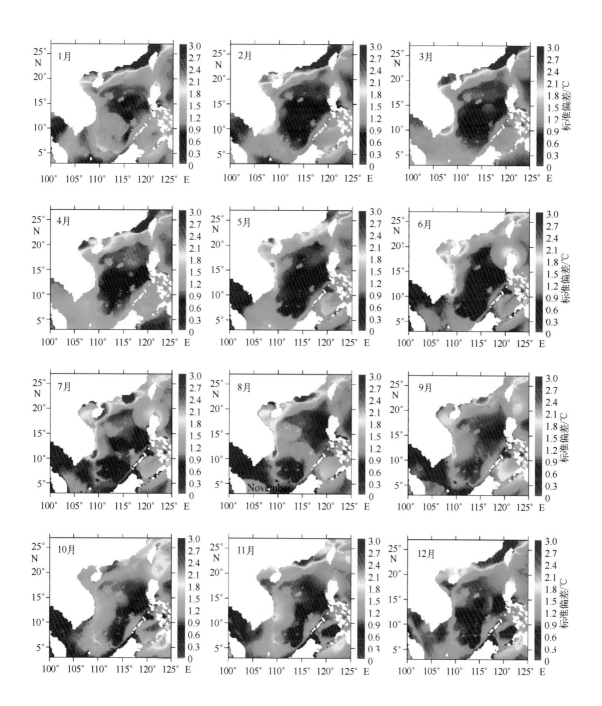

图 3-7　南海温度静态气候场各月标准偏差水平分布(单位:℃)

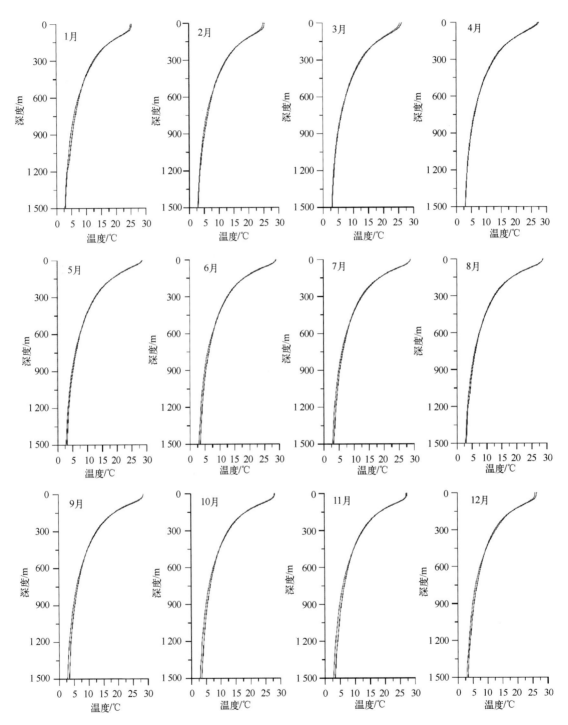

图 3-8　南海静态气候场温度剖面垂向分布与 WOA2013 各月垂向温度剖面比较

——静态气候场温度剖面；——WOA2013 各月垂向温度剖面

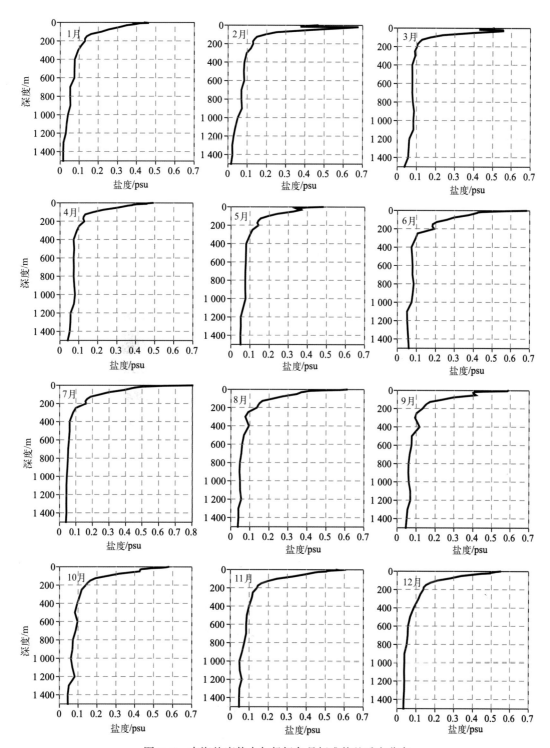

图 3-9　南海盐度静态气候场各月标准偏差垂向分布

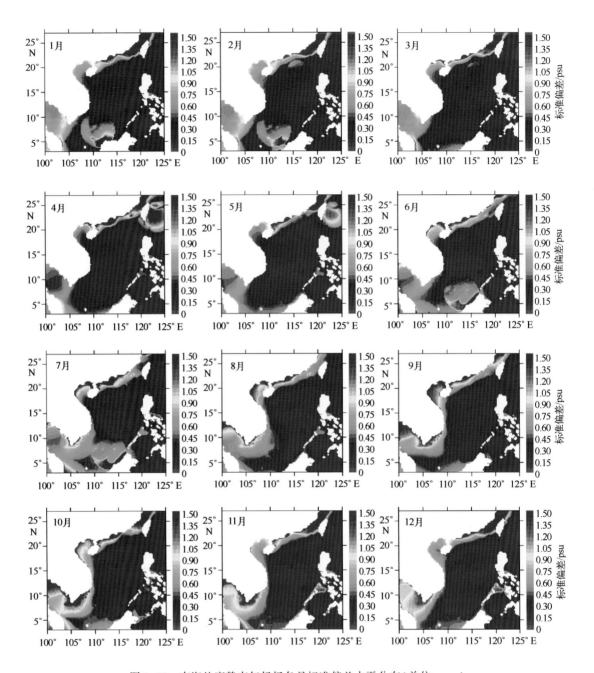

图 3-10　南海盐度静态气候场各月标准偏差水平分布(单位：psu)

　　利用建立的南海盐度静态气候场产品，将海区内的盐度剖面取水平平均，得到盐
度剖面的垂向分布图，将其与同一海区范围的 WOA2013 各月盐度剖面结果进行比较
(图 3-11)。从图 3-11 中可以看出，改进后的南海各月的盐度静态气候场与 WOA2013
结果相比也产生了轻微变化，主要表现在 400 m 以浅深度与 WOA2013 盐度剖面相比略

低(约 0.1 psu)，400~1 000 m 之间静态气候场盐度与 WOA2013 盐度剖面相比略高(约 0.05 psu)，1 000 m 以深深度静态气候场盐度产品与 WOA2013 结果相同。

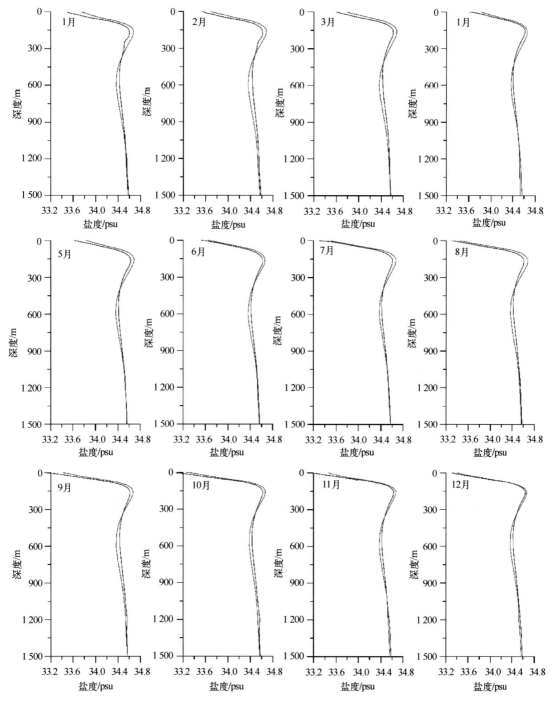

图 3-11　南海静态气候场盐度剖面垂向分布与 WOA2013 各月垂向盐度剖面比较

——静态气候场盐度剖面；——WOA2013 各月垂向盐度剖面

3.1.4 海洋三维温度动态气候场构建方法

在上述水下三维温度和盐度的基本态(即静态气候场)建立的基础上,需要逐步建立海面信息距平信号与水下信息距平信号之间的相关关系,从而逐步建立卫星遥感海表温度和卫星观测海面高度向水下扩展海洋三维温度和盐度的模型。

3.1.4.1 由海表温度扩展温度动态气候场

在对历史资料进行大量严格分析的基础上,建立由海表温度拓展温度剖面的经验回归模型:

$$T_{i,k}(SST) = \overline{T_{i,k}} + a_{i,k}^{T1}\left(SST - \overline{T_{i,1}}\right) \tag{3-11}$$

式中,$T_{i,k}(SST) - \overline{T_{i,k}}$ 即为水下温度信息距平信号;$SST - \overline{T_{i,1}}$ 为海表温度距平信号;$T_{i,k}(SST)$ 为由海表温度拓展的格点 i、深度为 k 处的温度值;$\overline{T_{i,k}}$ 为温度剖面历史平均值;SST 为海表温度;$a_{i,k}^{T1}$ 为回归系数,它由大量的历史温度剖面现场观测数据回归统计出来。

3.1.4.2 由海面高度扩展温度动态气候场

在对历史资料进行大量严格分析的基础上,建立由海面高度拓展温度剖面的经验回归模型:

$$T_{i,k}(h) = \overline{T_{i,k}} + a_{i,k}^{T2}(h - \overline{h_i}) \tag{3-12}$$

式中,$T_{i,k}(h) - \overline{T_{i,k}}$ 即为水下温度距平信号;$h - \overline{h_i}$ 为海面高度距平信号;$T_{i,k}(h)$ 为由海面高度拓展的格点 i、深度为 k 处的温度值;$\overline{T_{i,k}}$ 为温度剖面历史平均值;$a_{i,k}^{T2}$ 为回归系数,它由大量的历史温度和盐度剖面现场观测数据回归统计出来;h、$\overline{h_i}$ 分别为动力高度距平/偏差及其平均值。动力高度距平/偏差由下式计算:

$$h = \int_0^H \frac{[v(T, S, p) - v(0, 35, p)]}{v(0, 35, p)}\mathrm{d}z \tag{3-13}$$

其中,v 为海水比容;$v(0, 35, p)$ 为海水温度为 $0°C$、盐度为 35 psu 时的海水比容;H 为水深。

3.1.4.3 由海表温度和海面高度联合扩展温度动态气候场

在对历史资料进行大量严格分析的基础上,建立由海表温度和海面高度拓展温度剖面的经验回归模型:

$$T_{i,k}(SST,\ h) = \overline{T_{i,k}} + a_{i,k}^{T3}\left(SST - \overline{T_{i,1}}\right) + a_{i,k}^{T4}(h - \overline{h_i})\ +$$

$$a_{i,k}^{T5}\left[\left(SST - \overline{T_{i,1}}\right)\left(h - \overline{h_i}\right) - \overline{hSST_i}\right] \tag{3-14}$$

式中，$T_{i,k}(SST,\ h) - \overline{T_{i,k}}$ 即为水下温度距平信号；$SST - \overline{T_{i,1}}$ 和 $h - \overline{h_i}$ 分别为海表温度和海面高度信息的距平信号；$T_{i,k}(SST,\ h)$ 表示由海表温度和海面高度距平扩展的格点 i、深度为 k 处的温度值；$a_{i,k}^{T3}$、$a_{i,k}^{T4}$ 和 $a_{i,k}^{T5}$ 为回归系数，它们由大量的历史温度和盐度剖面现场观测数据回归统计出来。

3.1.4.4　由温度剖面反演盐度剖面

采用"海洋三维盐度静态气候场构建"中构建的由温度反演盐度的经验回归模型，由上述温度动态气候场反演出盐度动态气候场。

3.1.5　海洋三维温度动态气候场构建

3.1.5.1　海表温度反演温度剖面动态气候场模型

通过对历史资料进行大量严格分析，建立由海表温度反演温度剖面的经验回归模型。在每次分析中只使用在距离分析时间 15 d 之内的数据。除非搜索范围超出 2 个长度尺度，否则每次分析至少使用 50 个观测数据，并且除非观测数超过 1 000 个，否则使用在一个长度尺度范围之内的所有观测数据。最终形成水平分辨率为 1/4°、时间分辨率为月、垂向为标准层的由海表温度反演温度剖面的回归系数参数库。利用建立的模型参数库获取各月模型均方根误差的水平分布情况，将海表面到 1 000 m 深度的模型均方根误差取垂向平均，得到模型均方根误差的水平分布图。图 3-12 所示为海表温度反演温度剖面动态气候场模型均方根误差水平分布图，从图 3-12 中可以看出，模型误差在 15°—25°N、120°—125°E 之间较大，中部和西部误差较小；季节变化上，夏季的模型误差较大(6—10 月)，其他季节的模型误差较小。

3.1.5.2　海面高度反演温度剖面动态气候场模型

通过对历史资料进行大量严格分析，建立由海面高度反演温度剖面的经验回归模型。在每次分析中只使用在距离分析时间 15 d 之内的数据。除非搜索范围超出 2 个长度尺度，否则每次分析至少使用 20 个观测数据，并且除非观测数超过 1 000 个，否则使用在一个长度尺度范围之内的所有观测数据。最终形成水平分辨率为 1/4°、时间分辨率为月、垂向为标准层的由海面高度反演温度剖面的回归系数参数库。利用建立的模型参数库获取各月模型均方根误差的水平分布情况，将海表面到 1 000 m 深度的模型

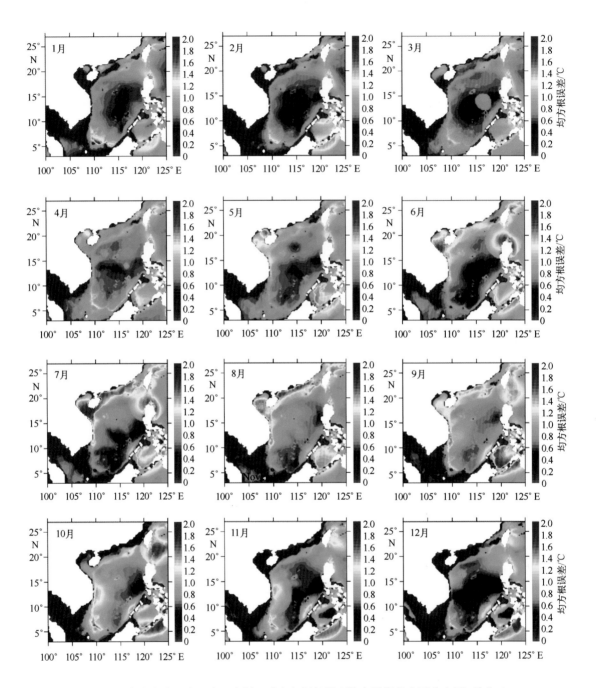

图 3-12　南海海表温度反演温度剖面动态气候场模型均方根误差水平分布图（单位：℃）

均方根误差取垂向平均，得到模型均方根误差的水平分布图。图 3-13 所示为海面高度反演温度剖面动态气候场模型的均方根误差水平分布图。从图 3-13 中可以看出，模型误差在 20°—25°N、120°—125°E 之间较大，10°—15°N、100°—110°E 之间误差较小；季节变化上，仍然是夏季的模型误差较大(6—9 月)，其他季节的模型误差较小。

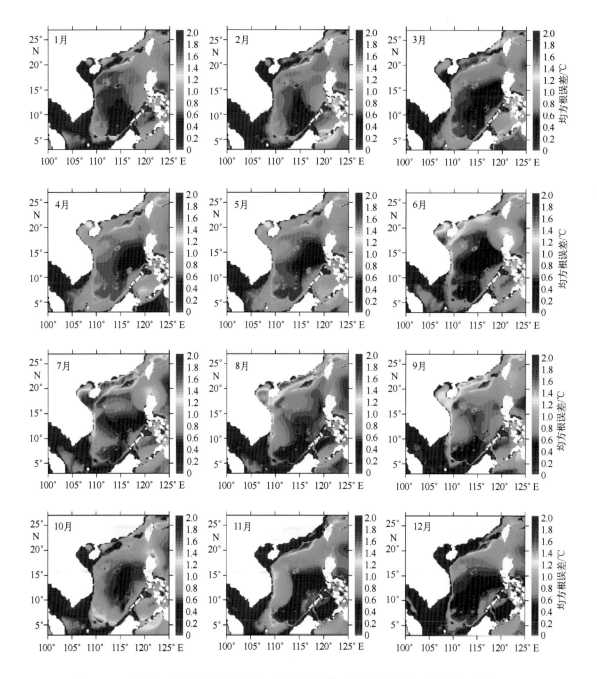

图 3-13　南海海面高度反演温度剖面动态气候场模型均方根误差水平分布图(单位:℃)

3.1.5.3　海表温度和海面高度联合反演温度剖面动态气候场模型

通过对历史资料进行大量严格分析，建立由海表温度和海面高度联合反演温度剖面的经验回归模型。在每次分析中只使用在距离分析时间 15 d 之内的数据。除非搜索范围超出 2 个长度尺度，否则每次分析至少使用 20 个观测数据，并且除非观测数超过 1 000 个，否则使用在一个长度尺度范围之内的所有观测数据。最终形成水平分辨率为 1/4°、时间分辨率为逐月、垂向为标准层的由海表温度与海面高度联合反演温度剖面的回归系数参数库。利用建立的模型参数库获取各月模型均方根误差的水平分布情况，将海表面到 1 000 m 深度的模型均方根误差取垂向平均，得到模型均方根误差的水平分布图。图 3-14 所示为海表温度与海面高度联合反演温度剖面动态气候场模型均方根误差水平分布图，从图 3-14 中可以看出，模型误差在近岸 20°—25°N 之间较大，其他区域相对较小；季节变化方面，夏季的模型误差较大（6—9月），其他季节较小。

对比海表温度反演温度剖面、海面高度反演温度剖面和海表温度与海面高度联合反演温度剖面 3 种方案模型的水平均方根误差，海表温度和海面高度联合反演温度剖面的模型均方根误差在整个区域最小，海表温度反演温度剖面模型的均方根误差在深海海域较大，海面高度反演温度剖面模型的均方根误差介于两者之间，因此从整体来看，由海表温度和海面高度联合反演温度剖面模型的精度最高。

3 种方案的模型均方根误差垂向分布情况如图 3-15 所示，图中蓝线为海表温度和海面高度联合反演温度剖面的各月模型误差。从图 3-15 中可以看出，各月由海表温度和海面高度联合反演温度剖面模型均方根误差最大值一般出现在 100~200 m 水深处即跃层附近，最大值在 0.8~1.2℃；在跃层以下随着水深增加，均方根误差逐渐变小，在 1 000 m 水深以下一般小于 0.2℃。比较 3 种方案模型均方根误差垂向分布，在近表层由海表温度反演温度剖面方案与由海表温度和海面高度联合反演温度剖面方案模型均方根误差较为接近，由海面高度反演温度剖面方案模型均方根误差较大；在跃层附近及以下水深，由海面高度反演温度剖面方案与由海表温度和海面高度联合反演温度剖面方案模型均方根误差较为接近，由海表温度反演温度剖面方案模型均方根误差大；整体上由海表温度和海面高度联合反演温度剖面模型精度最高。

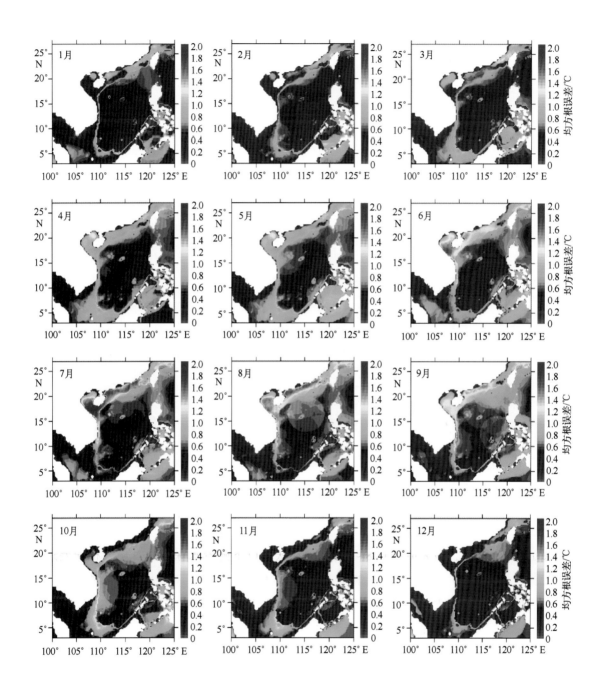

图 3-14　南海海表温度与海面高度联合反演温度剖面
动态气候场模型均方根误差水平分布图(单位:℃)

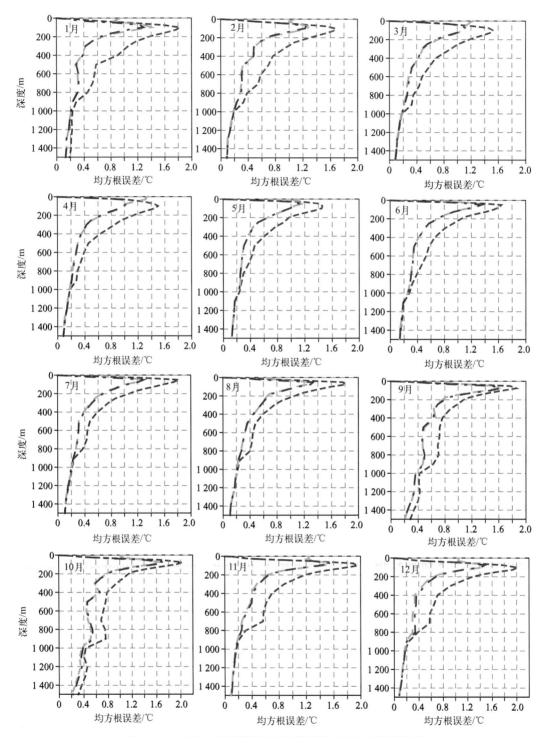

图 3-15　南海 3 种反演温度方案模型各月均方根误差比较

———— 海表温度反演的温度剖面均方根误差；———— 海面高度反演的温度剖面均方根误差；

———— 海表温度和海面高度联合反演的温度剖面均方根误差

3.1.6　温盐扩展场检验

3.1.6.1　基于历史资料的检验

基于前文建立的三维温度和盐度静态气候场以及卫星遥感海表温度和卫星观测海面高度向水下扩展海洋三维温度和盐度的模型，对卫星遥感海表温度和卫星观测海面高度历史数据进行水下扩展，得到温度和盐度的扩展场，并将该扩展场插值到对应日期的温度和盐度现场观测点上，与温度和盐度现场观测数据进行对比，按月分层统计均方根误差。需要指出的是，前文扩展模型的建立是基于历史温盐剖面现场观测数据进行的，并未使用卫星观测数据，而该检验部分则直接检验由卫星遥感数据扩展得到的温度和盐度场，因此属于独立检验。

1）用于检验的温度和盐度资料分布

将 1993—2013 年研究海区范围内的温盐观测数据进行整理和质量控制，形成用于检验的历史观测数据集，温盐观测数据的空间分布情况如图 3-16 和图 3-17 所示。

2）海表温度扩展三维温度场检验

将海表温度扩展的逐日三维温度场数据，插值到各观测位置上，得到对应的扩展温度剖面，并逐月计算扩展结果与观测剖面之间的均方根误差，各月的均方根误差垂向分布见表 3-2 和图 3-18。从表 3-2 和图 3-18 可以看出，50~200 m 跃层处的均方根误差较大，最大误差位于 100 m 深度附近，其中 9 月误差最大为 1.63℃，均方根误差的月变化情况为 5—10 月跃层较厚时误差较大，其他各月相对较小。

3）海面高度扩展三维温度场检验

将海面高度扩展的逐日三维温度场数据，插值到各观测位置上，得到对应的扩展温度剖面，并逐月计算扩展结果与观测剖面之间的均方根误差，各月的均方根误差垂向分布见表 3-3 和图 3-19。从表 3-3 和图 3-19 看出，均方根误差的分布情况为近海表面和跃层处较大，200 m 以深的深层均方根误差较小，最大误差位于 125 m 深度附近，其中 7 月误差最大为 1.66℃。

4）海表温度和海面高度联合扩展三维温度场检验

将海表温度与海面高度联合扩展的逐日三维温度场数据，插值到各观测位置上，得到对应的扩展温度剖面，并逐月计算扩展结果与观测剖面之间的均方根误差，各月的均方根误差垂向分布见表 3-4 和图 3-20。从表 3-4 和图 3-20 看出，均方根误差的分布情况为跃层处误差较大，表层误差比海面高度扩展结果小，而深层误差比海表温度扩展结果小，最大误差位于 125 m 深度附近，其中 7 月误差最大为 1.63℃。

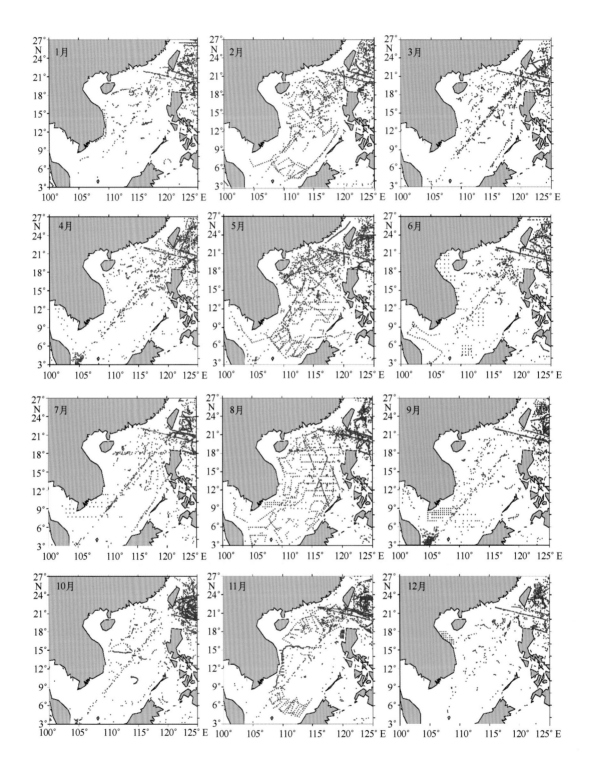

图 3-16　1993—2013 年南海各月温度观测剖面分布

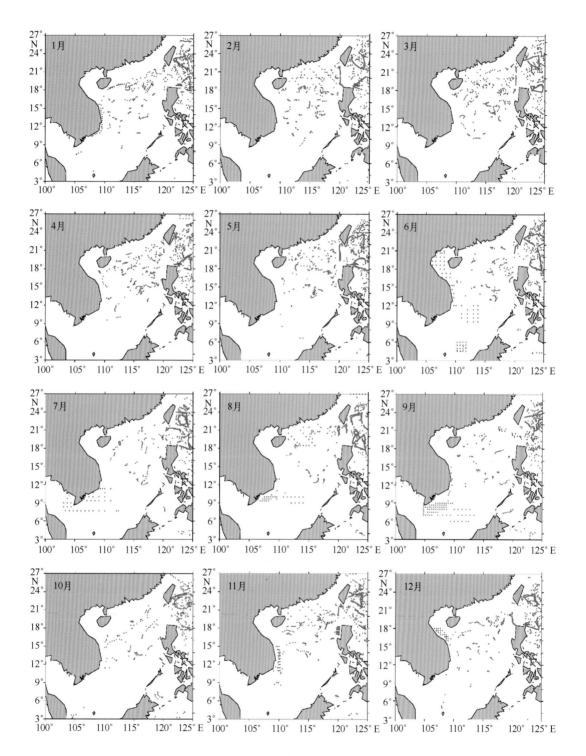

图 3-17　1993—2013 年南海各月盐度观测剖面分布

表 3-2　南海海表温度扩展温度剖面各月均方根误差的垂向分布　　　　单位：℃

深度/m	1月	2月	3月	4月	5月	6月	7月	8月	9月	10月	11月	12月
0	0.731 1	0.712 8	0.726	0.766 2	0.700 4	0.615 5	0.598 9	0.692 6	0.616	0.588 8	0.707 5	0.680 9
5	0.733 9	0.701 7	0.729 9	0.745	0.687 1	0.606	0.577	0.659 5	0.567	0.553 9	0.680 8	0.675 2
10	0.732 9	0.699 5	0.748	0.793 8	0.734 2	0.649	0.597 4	0.681 5	0.603 9	0.604 7	0.669 5	0.671 7
15	0.731 3	0.708 5	0.779 5	0.834 5	0.819 4	0.701 6	0.628 4	0.710 2	0.634	0.613 9	0.661 3	0.680 8
20	0.753 6	0.737 1	0.814 4	0.894 8	0.959 1	0.801 4	0.687 1	0.759 9	0.664 1	0.647 3	0.674 5	0.677 7
25	0.766 4	0.758 3	0.847 8	0.952 2	1.072 1	0.893 7	0.757 9	0.815 1	0.711 5	0.714 3	0.693 8	0.688 3
30	0.772 3	0.794 7	0.909 5	1.040 9	1.215	1.028 9	0.870 3	0.897 3	0.774 8	0.800 8	0.743 9	0.725 4
35	0.792 4	0.811 3	0.949 6	1.077 7	1.290 1	1.120 2	0.954 2	0.969 3	0.848 2	0.858 1	0.816 7	0.766 2
50	0.907 6	0.967 9	1.107 1	1.202 1	1.427 3	1.374 4	1.269 5	1.294	1.244 5	1.221 6	1.171	1.057 6
75	1.136 3	1.220 2	1.289 5	1.309 9	1.475 6	1.472 1	1.397 5	1.596 6	1.617 1	1.539 9	1.502 5	1.394 8
100	1.307 8	1.272 8	1.277 7	1.356 2	1.464 1	1.485 2	1.397 0	1.573 6	1.628 8	1.411 4	1.526 4	1.562 3
125	1.436 6	1.266 8	1.235 1	1.358 4	1.451 8	1.483 4	1.394 4	1.510 5	1.507 1	1.282 7	1.489 5	1.586 2
150	1.414 0	1.247 7	1.149 6	1.261 7	1.420 5	1.448	1.303 2	1.402 7	1.372 6	1.241 1	1.325 7	1.398
175	1.265 3	1.172 4	1.095 1	1.203 9	1.355 2	1.404 5	1.180 7	1.296 9	1.257 4	1.149 7	1.158 2	1.207 9
200	1.113 9	1.088 3	1.017 4	1.137 4	1.268 1	1.349 7	1.113 6	1.220 6	1.192 8	1.078 1	1.028 8	1.108 4
250	0.956 5	0.950 0	0.844 3	0.956 2	1.053	1.185 7	0.973 5	1.095 6	1.156 2	0.952 0	0.882 3	0.940 9
300	0.917 7	0.907 6	0.886 3	0.964 6	0.980 3	1.094 7	0.866 6	1.043 5	1.141 5	0.947 4	0.860 0	0.873 8
350	0.927 7	0.933 7	0.954 4	0.987 8	1.033 4	1.116 2	0.899 1	1.143 2	1.201 8	0.949 9	0.871 3	0.826 8
400	0.881 5	0.928 1	0.991 7	0.960 9	0.971 1	1.087 0	0.910 4	1.147 5	1.135 9	0.939 4	0.862 8	0.779 2
450	0.819 8	0.892 6	0.973 7	0.895 3	0.889 2	1.007 1	0.867 7	1.040 4	1.003 7	0.867 9	0.811 0	0.716 3
500	0.771 5	0.846 4	0.881 8	0.754 3	0.754 6	0.903 4	0.757 5	0.890 2	0.847 9	0.731	0.715 6	0.726 5
600	0.613 5	0.608 0	0.665 4	0.559 6	0.588 0	0.716 7	0.603 9	0.597 9	0.664 5	0.559 4	0.550 1	0.605 6
700	0.504 0	0.454 7	0.524 9	0.403 3	0.454 3	0.516 3	0.470 8	0.427 5	0.568 5	0.447 9	0.443 7	0.491 0
800	0.401 2	0.391 2	0.422 8	0.314 9	0.338 3	0.364 6	0.367	0.347 1	0.461 8	0.324 5	0.361 7	0.400 7
900	0.314 1	0.338 1	0.381 5	0.255 1	0.260 9	0.281 8	0.297 7	0.285 1	0.436 2	0.278 6	0.287 0	0.321 8
1 000	0.227 9	0.313 7	0.173 9	0.216 3	0.231 1	0.246 2	0.343 5	0.234 6	0.626 5	0.295 3	0.250 1	0.257 1

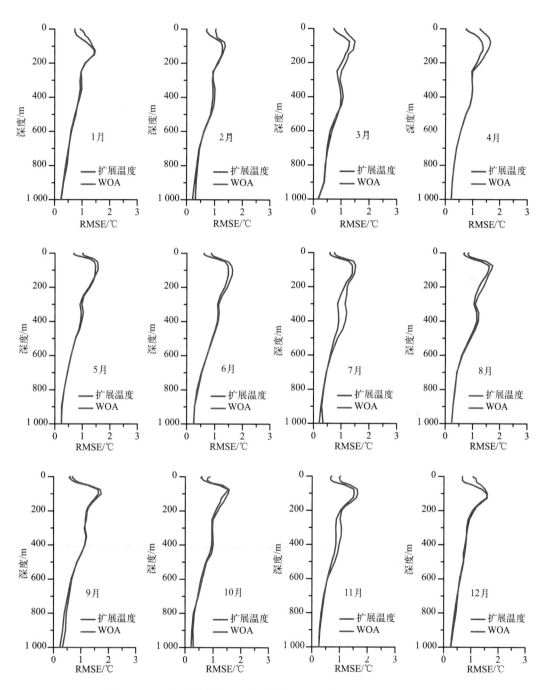

图 3-18   南海海表温度扩展温度剖面各月均方根误差(RMSE)的
垂向分布及与 WOA 误差比较 (单位:℃)

表3-3 南海海面高度扩展温度剖面各月均方根误差的垂向分布　　　　单位：℃

深度/m	1月	2月	3月	4月	5月	6月	7月	8月	9月	10月	11月	12月
0	1.076 4	1.084 7	0.999 2	1.215 1	1.002 9	0.811 7	0.633 8	0.779 3	0.660 0	0.766 9	0.784 6	1.189 7
5	1.071 6	1.081 5	0.991 5	1.221 4	1.005 3	0.789 9	0.610 8	0.716 5	0.665 3	0.707 6	0.794 7	1.201 2
10	1.108 9	1.102 3	0.974 2	1.208 8	1.020 5	0.802 4	0.617 2	0.701 9	0.681 4	0.703 1	0.814 2	1.305 3
15	1.118 6	1.105 6	0.956 8	1.203 2	1.045 9	0.828 1	0.630 2	0.704 1	0.693 4	0.705 1	0.826	1.323 3
20	1.132 9	1.116 1	0.956 0	1.211	1.106 7	0.882 1	0.665 3	0.721 9	0.717 9	0.708 9	0.838 4	1.336 7
25	1.150 8	1.146 6	0.962 8	1.205 2	1.153 7	0.968 3	0.729 6	0.753 3	0.728 1	0.717 2	0.845 7	1.333 0
30	1.161 8	1.155 9	1.003 7	1.229 6	1.24	1.071 7	0.827 4	0.815 6	0.766 2	0.730 0	0.849 9	1.354 4
35	1.175 9	1.159 9	1.044 4	1.234 5	1.272	1.138 7	0.928 1	0.868 2	0.799 2	0.761 4	0.859 6	1.372 4
50	1.289 1	1.283 8	1.213 7	1.308 7	1.404 9	1.359 5	1.333 4	1.134 5	1.038	1.037 8	0.997 8	1.501 2
75	1.394 2	1.474 7	1.362 9	1.307 7	1.429 2	1.414	1.599 9	1.451 9	1.258 5	1.342 3	1.266 5	1.587 1
100	1.409 2	1.453 4	1.295 1	1.271	1.345 4	1.343 5	1.651 1	1.569 6	1.308 8	1.293 6	1.365 7	1.489 4
125	1.432 5	1.374	1.210 1	1.236 6	1.267 7	1.295 9	1.657 8	1.560 8	1.235	1.178 7	1.274 6	1.459 9
150	1.446 7	1.304 5	1.113 4	1.148 9	1.179	1.242 1	1.620 2	1.480 1	1.122 3	1.091 3	1.119 2	1.344 4
175	1.338 1	1.263	1.080 6	1.124 6	1.075 3	1.210 7	1.538 1	1.390 3	1.032 2	1.003 8	0.985 5	1.208 6
200	1.237 2	1.207 1	1.056 3	1.111 7	1.011 3	1.184 6	1.484 2	1.314 4	0.975 3	0.945 6	0.912 8	1.152 8
250	1.126 9	1.081 9	0.955 8	0.965 4	0.892 3	1.089 5	1.316 9	1.146 2	0.941 3	0.851 3	0.898 5	1.059 0
300	1.150 6	1.092 8	1.013 9	0.987 3	0.892 7	0.986	1.133 2	1.035 9	0.910 1	0.879 1	0.864 1	1.024 4
350	1.211 6	1.162 9	1.166 6	1.029 3	0.956 5	1.004 1	1.116 2	1.080 9	0.942 0	0.951 5	0.912 5	1.003 2
400	1.146 0	1.164 7	1.260 5	1.020 8	0.916 0	1.024 8	1.147 3	1.095 2	0.930 9	0.980 8	0.906 1	0.950 6
450	0.967 8	1.105 5	1.227 5	0.925 6	0.827 9	0.928 3	1.099 5	1.031 9	0.863 7	0.934 8	0.835	0.839 8
500	0.772 8	0.936 7	1.019 3	0.755 9	0.690 9	0.804 7	0.952 8	0.862	0.737 8	0.846 8	0.705 3	0.724 4
600	0.537 8	0.603 5	0.677 3	0.538 7	0.498 6	0.638 4	0.682 9	0.573 8	0.581 4	0.688 3	0.512 2	0.541 0
700	0.429 3	0.433 2	0.491 1	0.396 3	0.401 7	0.480 6	0.506 5	0.450 2	0.513 5	0.608 9	0.421 8	0.413 7
800	0.337 7	0.340 9	0.399 7	0.315 2	0.311 0	0.369 2	0.396 8	0.410 4	0.425 3	0.556 6	0.362 2	0.340 7
900	0.279 7	0.262	0.371 8	0.252 8	0.240 9	0.285 1	0.297 0	0.335	0.392 5	0.515 9	0.299 9	0.281 7
1 000	0.219 4	0.194 1	0.170 1	0.206 9	0.228 6	0.226 9	0.229 2	0.262 7	0.488 9	0.532 9	0.341 6	0.245 6

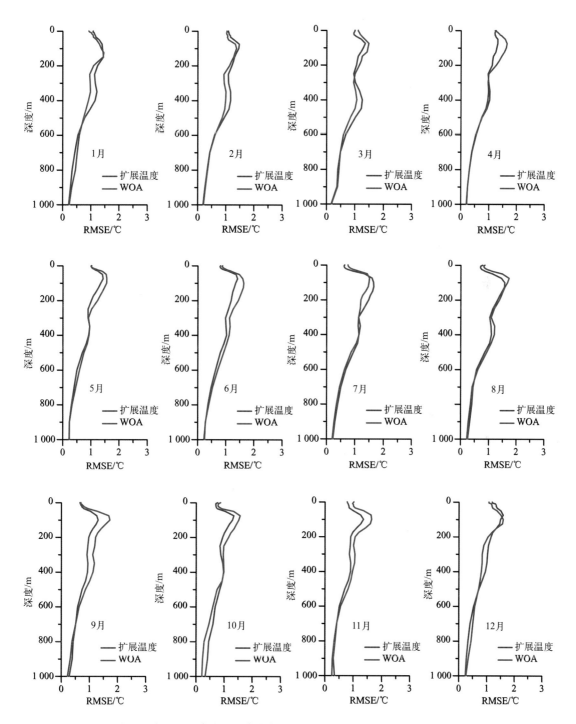

图 3-19　南海海面高度扩展温度剖面各月均方根误差的
垂向分布及与 WOA 误差比较（单位：℃）

表 3-4　1993—2013 年南海海表温度和海面高度联合扩展温度剖面各月均方根误差的垂向分布

单位：℃

深度/m	1月	2月	3月	4月	5月	6月	7月	8月	9月	10月	11月	12月
0	0.766 6	0.716 0	0.732 4	0.742 7	0.681 9	0.604 0	0.589 5	0.681 8	0.621 6	0.580 1	0.728 6	0.678 8
5	0.765 4	0.724 7	0.739 1	0.734 2	0.667 8	0.583 5	0.546 7	0.608 7	0.566 4	0.554 3	0.712 2	0.671 4
10	0.748 2	0.728 9	0.761 6	0.778 1	0.706 4	0.608 8	0.541 9	0.598 5	0.576 9	0.567 6	0.703 6	0.664 9
15	0.749 4	0.735 1	0.787 7	0.811 9	0.775 4	0.653 8	0.550 3	0.603 7	0.594 1	0.570 6	0.701 6	0.667 1
20	0.759 0	0.758 6	0.826 8	0.868 9	0.895 4	0.735 6	0.580 9	0.629 5	0.614 8	0.582 9	0.704 8	0.667 4
25	0.776 6	0.792 9	0.868 5	0.915 5	0.983 8	0.831	0.633 3	0.655 5	0.633 7	0.597 9	0.710 1	0.681 2
30	0.793 7	0.821 6	0.941 9	0.997 3	1.110 8	0.954 4	0.741 0	0.714 5	0.672 1	0.627 3	0.729	0.730 3
35	0.820 4	0.859 3	0.999 2	1.038 7	1.164 1	1.038 7	0.839 2	0.763 8	0.707 9	0.667 1	0.749 4	0.792 3
50	0.995 3	1.080 6	1.177 2	1.171 1	1.310 7	1.281 2	1.263 9	1.048 5	1.028 4	0.989 0	0.930 0	1.081 9
75	1.199 6	1.327 5	1.310 4	1.188 9	1.356 8	1.359 2	1.549 6	1.413	1.242 9	1.351 8	1.236 9	1.282 3
100	1.258 6	1.309 8	1.236 4	1.191	1.297 7	1.339 2	1.611 5	1.532 8	1.306 8	1.312 8	1.328 1	1.353
125	1.366 0	1.288 4	1.168 9	1.194 9	1.242 4	1.323 7	1.630 2	1.531 6	1.238 6	1.186 6	1.244 6	1.389
150	1.427 0	1.267 2	1.100 7	1.128 6	1.168 6	1.284 4	1.599 4	1.460 1	1.128 3	1.083 9	1.098 2	1.310 6
175	1.346 0	1.251 4	1.079 6	1.102 2	1.076 7	1.246 7	1.517 4	1.381 9	1.042 7	1.021 4	0.978 5	1.190 1
200	1.241 8	1.198 7	1.054 2	1.069 2	1.012 8	1.204 3	1.469 6	1.315 8	0.986 3	0.979 5	0.912 5	1.142 6
250	1.135	1.074 7	0.943 2	0.899 6	0.915 9	1.091 6	1.312	1.158 6	0.953 5	0.897 9	0.899 5	1.055 0
300	1.113 5	1.068 2	0.984	0.902 2	0.924 7	0.978 1	1.134 8	1.049 4	0.934 4	0.928 8	0.868 7	0.998 3
350	1.133 2	1.100 2	1.109 7	0.935	0.986 7	0.984 6	1.129 8	1.106 8	0.973 3	0.995 2	0.905 5	0.948 3
400	1.055 9	1.070 6	1.168 7	0.915 6	0.931 4	0.991 9	1.173 4	1.122 8	0.963 3	1.015 5	0.892 4	0.885 3
450	0.885 4	0.978 8	1.12	0.829 2	0.834 3	0.896 6	1.126 8	1.067 7	0.898 5	0.951 7	0.817 7	0.774 7
500	0.725 6	0.824 6	0.926 4	0.680 8	0.689 2	0.782 9	0.983 8	0.897 2	0.776 2	0.859 9	0.698 5	0.680 5
600	0.539 2	0.548	0.641	0.507 4	0.503 6	0.626 1	0.703 9	0.604 3	0.608 7	0.690 6	0.512 7	0.529 5
700	0.426 4	0.409 1	0.488 6	0.385 8	0.400 2	0.478 9	0.525 9	0.476 2	0.536 4	0.605 9	0.420 8	0.407 8
800	0.337 8	0.330 5	0.401 1	0.312 4	0.314 2	0.367 3	0.411 4	0.426 6	0.445	0.557 2	0.366 3	0.340 5
900	0.277 9	0.262	0.374 5	0.254 0	0.249 4	0.283 2	0.306 1	0.339 4	0.407 4	0.524 2	0.314 9	0.283 7
1 000	0.219 1	0.198 6	0.172 5	0.211 9	0.236 1	0.224 9	0.234	0.266 7	0.491 6	0.549 8	0.380 2	0.241 6

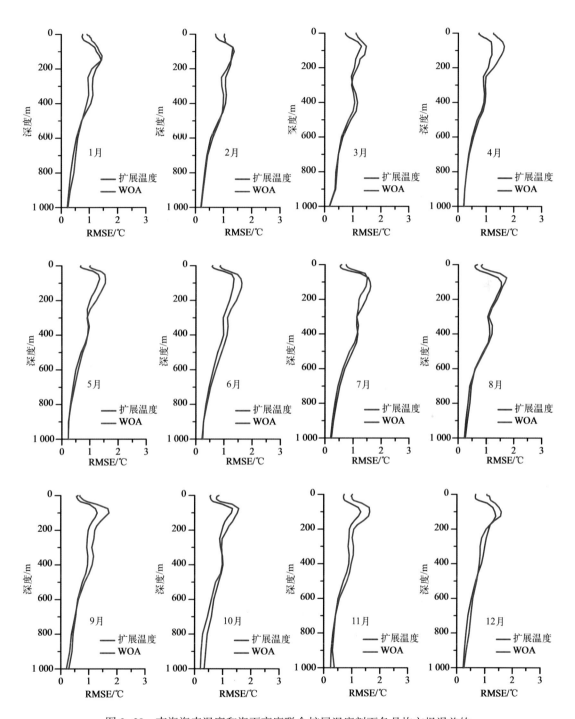

图 3-20　南海海表温度和海面高度联合扩展温度剖面各月均方根误差的
垂向分布及与 WOA 误差比较（单位：℃）

5）温度扩展三维盐度场检验

将由温度扩展的逐日三维盐度场数据，插值到各盐度观测位置上，得到对应的扩展盐度剖面，逐月计算扩展结果与观测剖面之间的均方根误差，各月盐度的均方根误差垂向分布见表 3-5 和图 3-21。从表 3-5 和图 3-21 可以看出，均方根误差的分布情况为表层最大，随深度逐渐递减；降水较多月份 6—10 月表层误差最大，其他各月误差较小。

表 3-5　1993—2013 年南海温度扩展盐度剖面各月均方根误差的垂向分布　　单位：psu

深度/m	1月	2月	3月	4月	5月	6月	7月	8月	9月	10月	11月	12月
0	0.179 8	0.223 5	0.197 4	0.193 4	0.260 0	0.730 7	0.951 6	0.869 1	1.025 6	1.005 1	0.314 3	0.203 7
5	0.185 2	0.219 3	0.193 9	0.189 4	0.244 8	0.266 1	0.250 7	0.236 5	0.307	0.505 1	0.293 9	0.204 8
10	0.212 0	0.216 5	0.189 6	0.192 3	0.241 4	0.250 4	0.241 2	0.214 8	0.258 9	0.507 4	0.257 9	0.222 2
15	0.210 1	0.214 6	0.188 3	0.184 7	0.234 4	0.239 8	0.231 4	0.211 0	0.219 6	0.350 9	0.239 0	0.222 3
20	0.215 7	0.219 9	0.189 2	0.185 7	0.223 1	0.235	0.228 8	0.211 8	0.221 1	0.416 3	0.214 7	0.218 1
25	0.214 1	0.215 6	0.181 9	0.186	0.216	0.231 8	0.221 1	0.209 7	0.209 8	0.404 9	0.206 7	0.216 2
30	0.216 2	0.211 8	0.178 5	0.187 2	0.210 2	0.228 8	0.211 8	0.209	0.194 2	0.347 4	0.203 1	0.218 9
35	0.218 5	0.217 2	0.176 8	0.187 4	0.207 8	0.227 4	0.205 5	0.206	0.193 2	0.325 0	0.200 8	0.216 6
50	0.214 1	0.209 5	0.179 5	0.186 1	0.192 9	0.210 2	0.184 2	0.195 7	0.183 1	0.275 2	0.206 7	0.218
75	0.177 5	0.198 9	0.173 1	0.174 1	0.166 1	0.170 4	0.150 1	0.175	0.166 8	0.199 1	0.196 5	0.200 2
100	0.151 3	0.168 6	0.147	0.142 2	0.133 7	0.131 5	0.136	0.139 9	0.114 5	0.137 6	0.171 6	0.184 8
125	0.129 5	0.135 2	0.124 3	0.109 1	0.113	0.105 9	0.104 9	0.104 7	0.089 2	0.103 1	0.123 3	0.134 9
150	0.098 0	0.109 1	0.101 2	0.084 5	0.103 5	0.101 1	0.089 9	0.094 8	0.084 0	0.073 6	0.094 7	0.089 1
175	0.080 5	0.093 1	0.084 4	0.065 6	0.081 1	0.096 6	0.075 2	0.103 5	0.085 3	0.063 3	0.083 1	0.076 9
200	0.075 0	0.089 2	0.069 5	0.063	0.096 4	0.084 1	0.112 8	0.085 9	0.082 3	0.073 8	0.082	0.073
250	0.075 8	0.079 1	0.049 2	0.064 7	0.075 2	0.087 5	0.090 0	0.083 1	0.066 2	0.064 3	0.078 1	0.063 9
300	0.080 3	0.074	0.054 7	0.066 2	0.066 2	0.087 7	0.091 3	0.083 5	0.071 6	0.074 0	0.074 2	0.058 1
350	0.081 3	0.072 4	0.065 3	0.074 6	0.069 9	0.092 5	0.096 9	0.088 3	0.085 0	0.084 1	0.076 0	0.064 3
400	0.068 7	0.066 1	0.074 0	0.070 9	0.068 9	0.092 6	0.097 7	0.088 5	0.086 2	0.088 3	0.066 5	0.054 9
450	0.067 3	0.061 5	0.061 1	0.061	0.061 9	0.067 9	0.085 1	0.086 0	0.081 5	0.067	0.061	0.055 8
500	0.059 9	0.054 5	0.052 4	0.064	0.068 4	0.070 8	0.078 2	0.070 4	0.085 5	0.075 2	0.063 3	0.052 9
600	0.064 1	0.066 2	0.067 9	0.066 1	0.065 4	0.066 5	0.064 9	0.072 8	0.075 1	0.066 5	0.067 9	0.056 5
700	0.056 0	0.065 4	0.076 7	0.055 5	0.059 1	0.059 3	0.068 9	0.079 6	0.075 9	0.067 8	0.065	0.054 4
800	0.043 6	0.052 4	0.067 8	0.048 3	0.047 9	0.055 9	0.059 9	0.070 3	0.061 2	0.052 6	0.046 7	0.044 3
900	0.034 4	0.044 2	0.057 7	0.033 8	0.038 9	0.046 8	0.045 1	0.055 3	0.051 2	0.043 6	0.036 6	0.033 7
1 000	0.033 1	0.032 6	0.031	0.040 6	0.045 4	0.042 5	0.039 1	0.033 9	0.059 6	0.036 3	0.030 1	0.025 2

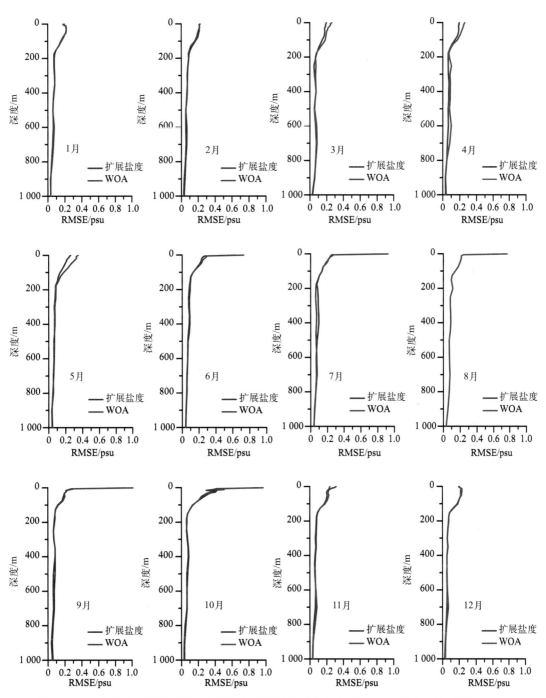

图 3-21 南海温度扩展盐度剖面各月均方根误差的垂向分布及与 WOA 误差比较(单位：psu)

6）扩展温盐年平均垂向误差

对比海表温度扩展温度剖面、海面高度扩展温度剖面和海表温度与海面高度联合扩展温度剖面 3 种方案的均方根误差（图 3-22，表 3-6），海表温度和海面高度联合扩展与海表温度扩展温度剖面的均方根误差在海表层较小，海表温度和海面高度联合扩展与海面高度扩展温度剖面的均方根误差在跃层处和深海较小，3 种温度扩展方法在各层的误差均小于 WOA09 的结果。采用海表温度扩展温度剖面方法的海表温度均方根误差小于 0.68℃，跃层处温度均方根误差小于 1.44℃，浅海的垂向平均均方根误差小于 1.02℃，深海的垂向平均均方根误差小于 0.73℃；采用海面高度扩展温度剖面方法的海表温度均方根误差小于 0.92℃，跃层处温度均方根误差小于 1.40℃，垂向平均均方根误差小于 0.95℃；采用海表温度和海面高度联合扩展温度剖面方法的海表温度均方根误差小于 0.68℃，跃层处温度均方根误差小于 1.34℃，垂向平均均方根误差小于 0.86℃；扩展盐度在浅海表层盐度均方根误差小于 0.68 psu，垂向平均均方根误差小于 0.33 psu；深海表层盐度均方根误差小于 0.36 psu，垂向平均均方根误差小于 0.17 psu。

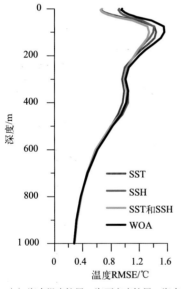

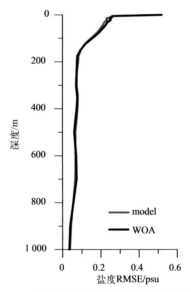

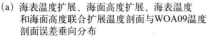

（a）海表温度扩展、海面高度扩展、海表温度和海面高度联合扩展温度剖面与 WOA09 温度剖面误差垂向分布

（b）温度扩展盐度剖面与 WOA09 盐度剖面误差垂向分布

图 3-22　时空扩展温盐场误差垂向分布与 WOA09 误差比较

表 3-6　时空扩展温盐场的参数指标

序号	项目	内容	
1	海区范围	3°—27°N，100°—125°E	
2	所用历史资料	近百年 WOA09、GTSPP 和国内所积累的海洋温盐历史观测资料	
3	所用实时资料	卫星资料	卫星遥感海表温度数据
			卫星遥感海面高度异常数据
		实测资料	GTSPP 中的温盐现场观测资料
4	海洋温盐剖面扩展模型	时间分辨率：月； 水平分辨率：0.25°； 垂向分层为《海洋调查规范 第 2 部分：海洋水文观测》规定的 51 个标准层，具体为：0 m、5 m、15 m、20 m、25 m、30 m、50 m、75 m、100 m、125 m、150 m、175 m、200 m、250 m、300 m 以深至 2 000 m 间隔 100 m，2 000 m 以深至 9 000 m 间隔 1 000 m	
		海表温度扩展温度剖面模型及参数库	
		海面高度扩展温度剖面模型及参数库	
		海表温度和海面高度联合扩展温度剖面模型及参数库	
		温盐关系扩展模型及参数库	
5	海洋温盐剖面动态扩展产品及误差	要素：温度、盐度剖面；时间分辨率：逐日； 水平分辨率：0.125°；垂向分层：按海洋调查规范相关规定	
		海表温度扩展	海表温度均方根误差小于 0.68℃，跃层处温度均方根误差小于 1.44℃，浅海的垂向平均均方根误差小于 1.02℃，深海的垂向平均均方根误差小于 0.73℃
		海面高度扩展	海表温度均方根误差小于 0.92℃，跃层处温度均方根误差小于 1.40℃，垂向平均均方根误差小于 0.95℃
		海表温度和海面高度联合扩展	海表温度均方根误差小于 0.68℃，跃层处温度均方根误差小于 1.34℃，垂向平均均方根误差小于 0.86℃
		盐度扩展场	浅海表层盐度均方根误差小于 0.68 psu，垂向平均均方根误差小于 0.33 psu；深海表层盐度均方根误差小于 0.36 psu，垂向平均均方根误差小于 0.17 psu

3.1.6.2　基于实时/准实时资料的检验

　　基于上述建立的三维温度和盐度静态气候场以及卫星遥感海表温度和卫星观测海面高度向水下扩展海洋三维温度和盐度的模型，对购买的卫星遥感海表温度和卫星观测海面高度实时/准实时数据进行水下扩展，得到温度和盐度的扩展场，并将该扩展场插值到对应日期的温度和盐度现场观测点上，与实时/准实时温度和盐度现场观测数据进行对比，按月分层统计均方根误差。该检验部分同样属于独立检验。

1）单站温盐剖面检验

所选数据的观测站点位置如图 3-23 所示。图 3-24 所示为卫星遥感海表温度扩展温度剖面(红色线)、卫星遥感海面高度扩展温度剖面(蓝色线)和卫星遥感海表温度与卫星遥感海面高度联合扩展温度剖面(绿色线)3 种扩展方案的结果与实测温盐剖面资料以及 WOA09 数据的对比结果。图 3-25 所示为卫星遥感海表温度扩展盐度剖面(红色线)、卫星遥感海面高度扩展盐度剖面(蓝色线)和卫星遥感海表温度与卫星遥感海面高度联合扩展盐度剖面(绿色线)3 种扩展方案的结果与实测盐度剖面资料以及 WOA09 数据的对比结果。从图 3-24 和图 3-25 中可以看出，3 种温盐扩展方法均取得了较好的效果，其中联合扩展的结果最接近实际观测剖面。

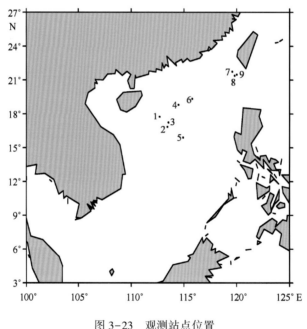

图 3-23　观测站点位置

另选取如图 3-26 所示位置的温盐观测剖面进行检验，图 3-27 和图 3-28 所示分别给出了由卫星遥感海表温度反演温盐剖面(红色)、由卫星观测海面高度反演温盐剖面(绿色)、由卫星遥感海表温度与卫星观测海面高度联合反演温盐剖面 3 种方案的结果(蓝色)(下文分别称为第一方案、第二方案、第三方案)。3 种方案反演的温盐剖面结果与实测的温盐剖面资料相比，均取得了良好的效果。

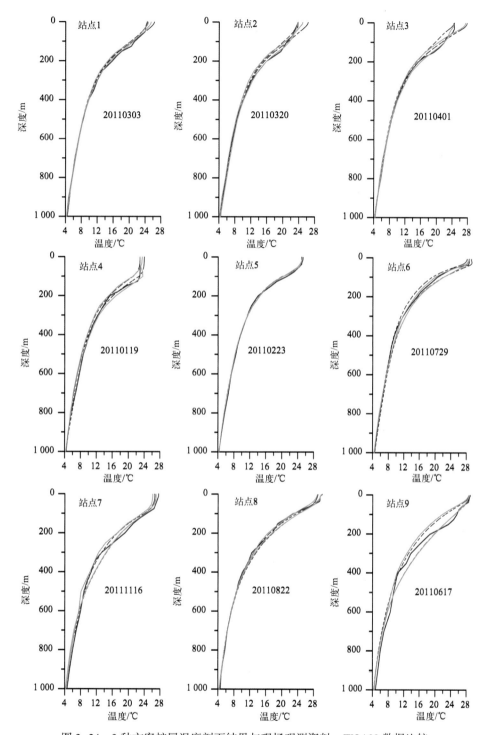

图 3-24　3 种方案扩展温度剖面结果与现场观测资料、WOA09 数据比较

－－－由卫星遥感海表温度扩展温度剖面；－－－由卫星观测海面高度扩展温度剖面；——由卫星遥感海表温度
与卫星观测海面高度联合扩展温度剖面；——现场观测的温度剖面；——WOA09 温度剖面

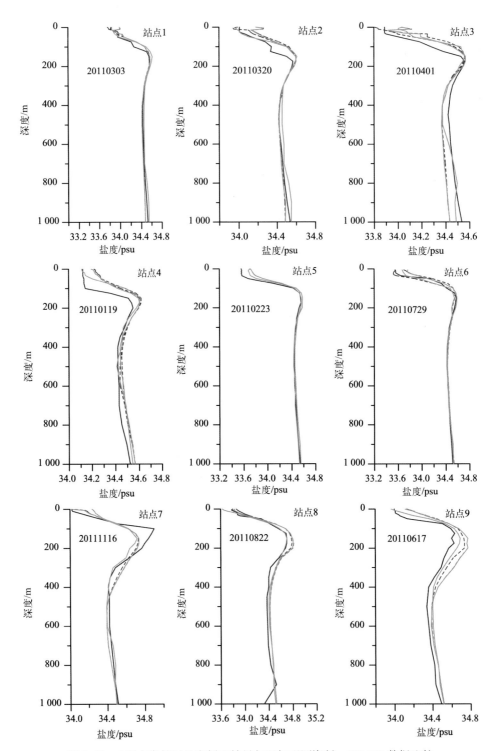

图 3-25　3 种方案扩展盐度剖面结果与现场观测资料、WOA09 数据比较

－－－由卫星遥感海表温度扩展盐度剖面；－－－由卫星观测海面高度扩展盐度剖面；——由卫星遥感海表温
度与卫星观测海面高度联合扩展盐度剖面；——现场观测的盐度剖面；——WOA09 盐度剖面

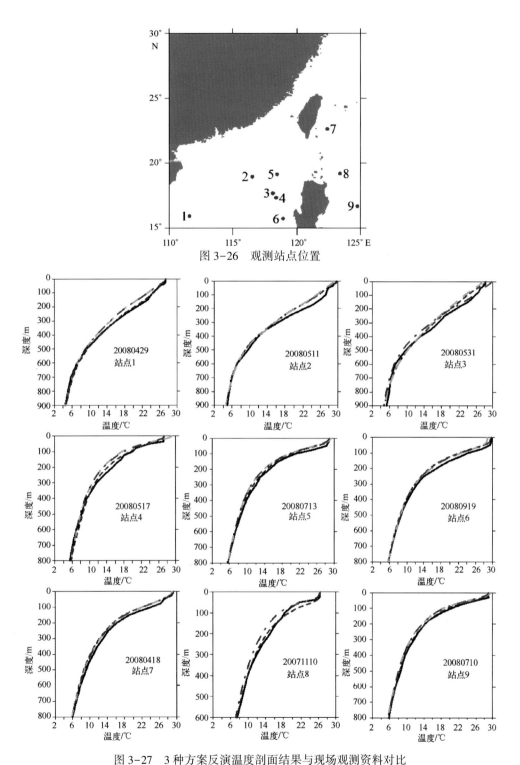

图 3-26　观测站点位置

图 3-27　3 种方案反演温度剖面结果与现场观测资料对比

————由卫星遥感海表温度反演温度剖面；— — —由卫星观测海面高度反演温度剖面；— — —由卫星遥感海表温度与卫星观测海面高度联合反演温度剖面；——现场观测的温度剖面

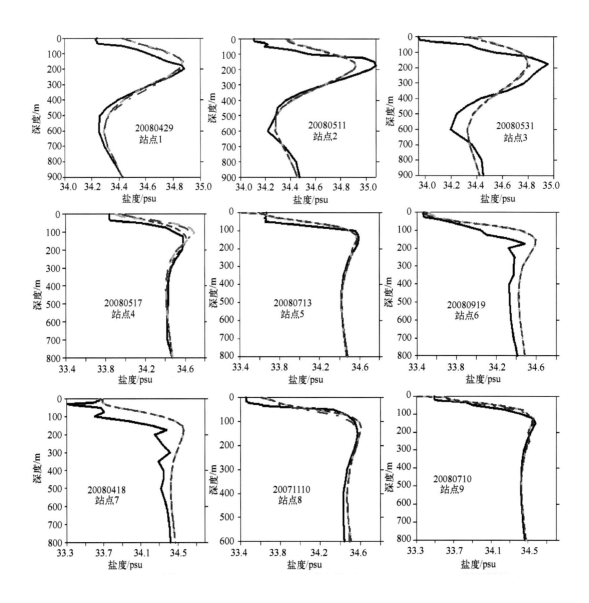

图 3-28　3 种方案反演盐度剖面结果与现场观测资料对比

－－－由卫星遥感海表温度反演盐度剖面；－－－由卫星观测海面高度反演盐度剖面；－－－由卫星遥感海表温度与卫星观测海面高度联合反演盐度剖面；——现场观测的盐度剖面

2）温度断面比较

选取台湾岛与吕宋岛之间的观测断面对 3 种方案的扩展结果进行检验。观测断面位置如图 3-29(a)所示，观测断面起点位置为 21.50°N、118.25°E，终点位置为 20.12°N、123.60°E，观测时间为 2008 年 9 月 26 日。实测的温度断面［图 3-29(b)］中，在 121.8°E 附近有一个冷涡引起的等温线向上凸起，而在 118.8°E 和 122.5°E 附近各存在由暖涡

引起的等温线下沉；将 3 种方案扩展结果与实测温度断面比较，海表温度扩展方案[图
3-29(d)]扩展的温度断面与 WOA 气候态断面[图 3-29(c)]相近，均未能较好地反映
跃层处的温度场结构，但扩展结果在近表层的结构要更接近于观测断面结果；海面高
度扩展方案[图 3-29(e)]扩展温度断面较好地反映出中尺度涡的内部变化特征，观测
中的两个暖涡均得到了良好的反映，深层结构的变化特征也与观测基本符合；联合扩
展方案[图 3-29(f)]扩展温度断面既反映出观测中的两个暖涡，观测中的冷涡也有一
定体现，此外上混合层的结构也得到了进一步的改善。

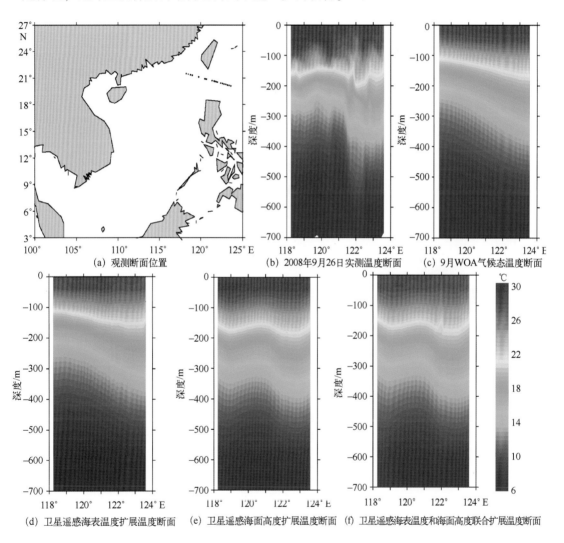

图 3-29　3 种方案扩展结果与实测温度断面、WOA 气候态温度断面比较(一)

　　另选取南海中央的观测断面进行了检验。断面位置如图 3-30(a)所示，观测断面
起点位置为 8.83°N、119.63°E，终点位置为 18.58°N、117.98°E，观测时间为 2000 年

3月19-22日。实测的温度断面[图3-30(b)]中，在111.4°E附近有一个冷涡，而在115.5°E附近存在一个暖涡；将3种扩展结果与实测温度断面比较，海表温度扩展[图3-30(d)]的温度断面在近表层的结构接近于观测断面，整体与WOA气候态断面[图3-30(c)]相近；海面高度扩展[图3-30(e)]结果在跃层处能够反映观测中的暖涡结构，深层结构也与观测接近；联合扩展[图3-30(f)]温度断面既反映出了观测中的暖涡，也在一定程度上表现出了111.4°E附近的冷涡。

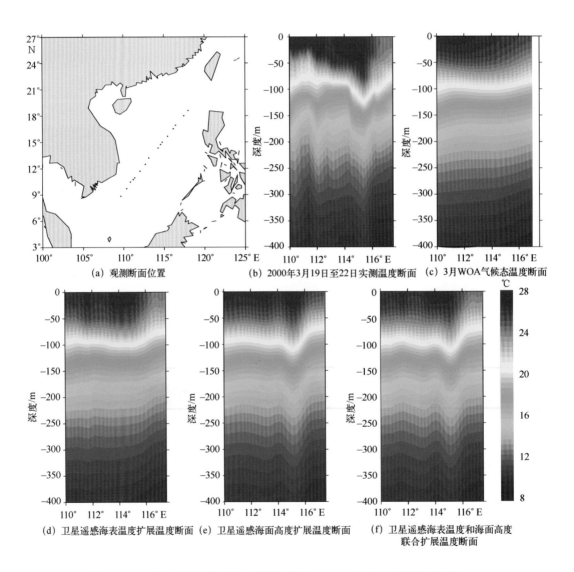

(a) 观测断面位置　　(b) 2000年3月19日至22日实测温度断面　(c) 3月WOA气候态温度断面

(d) 卫星遥感海表温度扩展温度断面 (e) 卫星遥感海面高度扩展温度断面　(f) 卫星遥感海表温度和海面高度联合扩展温度断面

图3-30　3种方案扩展结果与实测温度断面、WOA气候态温度断面比较(二)

　　此外还检验了 2014 年 7 月 11—12 日台湾以东附近的断面，位置如图 3-31(a)
所示，起点位置为 21.9070°N、121.00°E，终点位置为 23.8310°N、124.6690°E。从图
3-31 中可见，海面高度扩展[图 3-31(e)]与联合扩展[图 3-31(f)]能够较好地反映断
面跃层的结构沿经向变化。

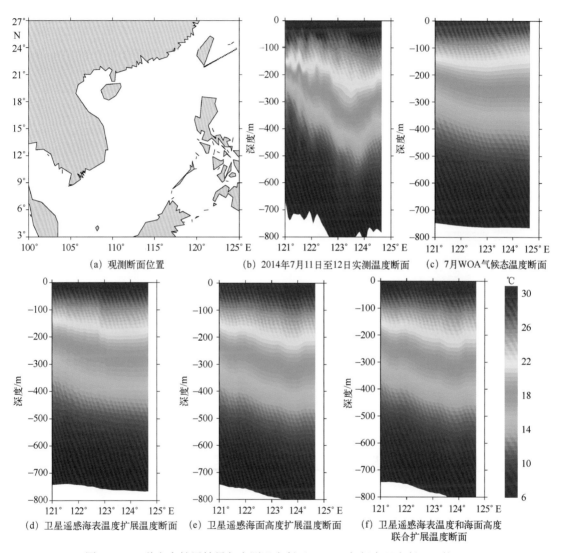

(a) 观测断面位置　　　(b) 2014年7月11日至12日实测温度断面　　(c) 7月WOA气候态温度断面

(d) 卫星遥感海表温度扩展温度断面　(e) 卫星遥感海面高度扩展温度断面　(f) 卫星遥感海表温度和海面高度
　　　　　　　　　　　　　　　　　　　　　　　　　　　　　　　　　　联合扩展温度断面

图 3-31　3 种方案扩展结果与实测温度断面、WOA 气候态温度断面比较(三)

　　另选取了 2004 年 1 月 23—24 日吕宋岛与台湾岛之间的观测断面与 3 种方案的反演
结果进行对比。观测断面位置如图 3-32 所示，观测断面起点位置为 17.15°N、134°E，
终点位置为 21.38°N、118.5°E。实测的温度断面[图 3-33(b)]中，在 17°—18°N 之间
有一个很强的气旋涡的特征，等温线有很强的凸起；另外在 19°—20°N 之间等温线有

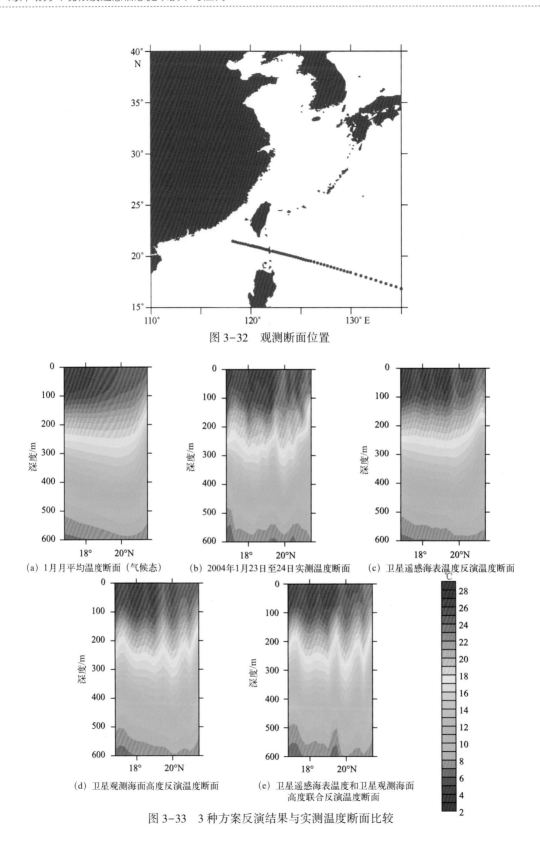

图 3-32　观测断面位置

（a）1月月平均温度断面（气候态）　（b）2004年1月23日至24日实测温度断面　（c）卫星遥感海表温度反演温度断面

（d）卫星观测海面高度反演温度断面　（e）卫星遥感海表温度和卫星观测海面高度联合反演温度断面

图 3-33　3种方案反演结果与实测温度断面比较

较强的凸起，有气旋涡的特征。图 3-33 中 3 种方案反演结果与实测温度断面相比，第一方案[图 3-33(c)]反演温度断面未能较好地反映温度场的真实结构，只能捕捉到 17°—18°N 之间的冷涡强度非常微弱，但是比月平均温度断面[图 3-33(a)]有了很好的改善；第二方案[图 3-33(d)]反演温度断面较好地反映出中尺度涡的内部变化特征，17°—18°N 之间和 19°—20°N 之间的两个冷涡均得到了良好的反映，其他内部结构的变化特征也与观测基本吻合；第三方案[图 3-33(e)]反演温度断面除了能够反映第二方案[图 3-33(d)]中的结构特征之外，在上混合层还得到了进一步的改善。

3.2　基于海表温度和海面高度的三维温盐扩展场订正技术

基于海洋数据同化技术，以扩展得到的三维温度和盐度的动态气候场为背景场，同化 GTSPP 等温度和盐度现场观测资料，从而订正三维温度和盐度扩展场，构建三维温度和盐度实况分析场。

3.2.1　三维温盐扩展场订正方法

这里采用的数据同化技术是国家海洋信息中心与美国国家海洋与大气管理局（NOAA）地球系统研究实验室（ESRL）共同研发的能够从长波到短波依次快速提取观测系统中的多尺度信息的多重网格三维变分数据同化方法，该方法占用内存小、运算速度快、分析精度高。

在多重网格三维变分数据同化中，可以使用粗网格的目标泛函对长波信息进行分析，使用细网格的目标泛函对短波信息进行分析。将粗网格对应长波模态，细网格对应短波模态。由于波长或相关尺度由网格的粗细来表达，因此背景场误差协方差矩阵就退化为简单的单位矩阵，并在由粗到细的网格上，依次对观测场相对于背景场的增量进行三维变分分析，在每次分析过程中，将上次较粗网格上分析得到的分析场，作为新的背景场代入下次较细网格的分析中，而每次分析的增量，也是指相对于上次较粗网格分析得到的新背景场而言的增量，最后将各重网格的分析结果相叠加，得到最终的分析结果。

3.2.2　多重网格二维变分温盐扩展场订正技术

3.2.2.1　传统三维变分数据同化方法的缺点

对海洋的观测无论在时间上还是空间上都是不够的，因此人们无法根据观测资料给出海洋状态及其变化的合理而精确的描述。数据同化系统可以使用动力模式来对观测信息进行时空上的动力内插，因此可以通过数据同化突破上述限制。自 20 世纪 80 年代中期，人们发展了一系列数据同化方法（Derber et al.，1989；Behringer et al.，1998；Gaspari et al.，1999；Weaver et al.，2001）。

在许多数据同化方法当中，背景场误差协方差矩阵对数据同化结果起着至关重要的作用，因为它决定了被同化观测资料信息的空间延展性。作为数据同化方法的一种，传统三维变分数据同化方法通常采用相关尺度法（Derber et al.，1989）来构造背景场误差协方差矩阵。然而，不同地点的分析场可能有不同的相关尺度，这种相关尺度很难被很好地估计出来。此外，除非相关尺度足够小，否则背景场误差协方差矩阵的正定性也很难得到保证。另一种构造背景场误差协方差矩阵的方法是采用递归滤波法（Hayden et al.，1995），这种方法可以很好地保证背景场误差协方差矩阵的正定性。但是相关尺度法和递归滤波法的三维变分数据同化方法都是静态的，即只能提取某种特定波长的信息，然而如果长波信息提取得不好，短波信息也不可能得到很好地提取（Xie et al.，2005）。

实质上，传统数据同化方法的上述弊端均来源于其基本假设，它们在理论上均基于概率论中条件概率的贝叶斯公式，即将大气和海洋的物理状态场看成随机变量来处理。例如，将观测场和背景场相对于真实场的差别均认为是随机的，据此估计最大似然的分析场。如果准确知道背景场误差协方差矩阵和观测场误差协方差矩阵，那么采用共轭梯度法经过 N（控制变量的个数）步迭代就可找到最优解。但在实际应用中存在两个主要困难：① 背景场误差协方差矩阵的具体形式不能准确知道；② 寻找最优解的迭代次数巨大（依赖于控制变量个数）。

但是，现有的观测手段的确可以给出大气和海洋实际状况的某些确定的信息，因此不能将这些信息都看成随机变量。鉴于此，理想的数据同化应该分两步走：第一步是尽可能地由长波到短波依次提取观测场中的确定信息，这一步类似于传统的客观分析；第二步是把剩下的信息当成随机量来处理，通过统计手段计算出背景场误差协方差矩阵，之后采用传统三维变分数据同化方法提取小尺度信息。正是基于上述思想，为了依次快速地提取长波和短波信息，Li 等（2008）提出了一种动态的三维变分数据同化方法——多重网格三维变分数据同化方法，用来完成上述的理想数据同化的第一步，该方法集传统的客观分析和三维变分的优点于一身，可以为动力模式提供更合理的分析场。

3.2.2.2 多重网格三维变分数据同化方法的基本理论

在数据同化中，利用多重网格法求解微分方程时，解的高频振荡模态（短波）比低频振荡模态（长波）收敛得快的特点，可以使用粗网格的目标泛函对长波信息进行分析，而使用细网格的目标泛函对短波信息进行分析。因此，多重网格三维变分数据同化方法中目标泛函应采用如下的形式：

$$J^{(n)} = \frac{1}{2} X^{(n)\,T} X^{(n)} + \frac{1}{2} (H^{(n)} X^{(n)} - Y^{(n)})^T O^{(n)\,-1} (H^{(n)} X^{(n)} - Y^{(n)})$$

$$(n = 1, 2, 3, \cdots, N) \tag{3-15}$$

式中，O 为观测场误差协方差矩阵；H 为从模式网格到观测点的双线性插值投影算符；X 代表相对模式背景场矢量的修正矢量，它由变分数据同化中计算出来。令 Y^{obs} 为观测场矢量，Y 为观测场与模式背景场的差值，n 表示第 n 重网格，而

$$\begin{cases} Y^{(1)} = Y^{obs} - HX^b \\ Y^{(n)} = Y^{(n-1)} - H^{(n-1)} X^{(n-1)} \end{cases} (n = 2, 3, \cdots, N) \tag{3-16}$$

这里，粗网格对应长波模态，细网格对应短波模态。由于波长或相关尺度由网格的粗细来表达，因此背景场误差协方差矩阵就退化为简单的单位矩阵。最终分析结果就可以表示为

$$X^a = X^b + X_L = X^b + \sum_{n=1}^{N} X^{(n)} \tag{3-17}$$

即以网格的粗细来描述背景场误差协方差矩阵中的相关尺度，在一组由粗到细的网格上依次对观测场相对于背景场的增量进行三维变分分析，在每次分析的过程中，将上次较粗网格上分析得到的分析场作为新的背景场代入下次较细网格的分析中，而每次分析的增量也是指相对于上次较粗网格分析得到的新背景场而言的增量，最后将各重网格的分析结果叠加得到最终的分析结果。

3.2.2.3　多重网格三维变分数据同化理论的改进和完善

1）"2Δx wave"现象及其克服办法

多重网格三维变分数据同化方法虽然可以依次提取长波和短波信息，但其在具体实现时也有一个自身弊端，即"2Δx wave"或"牛眼"（bull's eye）现象。众所周知，背景场误差协方差矩阵的对角线部分代表了背景场的误差；而非对角线部分代表了网格点之间的相关性，即修正信息的空间延展性。在多重网格三维变分数据同化方法中，背景场的误差信息保留在目标泛函的背景场误差和观测误差的比例关系中，而空间延展性则由网格的粗细来体现。如果有非常精确的观测信息，即观测场的误差为零，则应该完全信赖观测场，而排斥背景场，即在目标泛函中去掉第一项，而空间延展性就保留在网格的粗细程度中，此时目标泛函简化为

$$J^{(n)} = \frac{1}{2} (H^{(n)} X^{(n)} - Y^{(n)})^T O^{(n)\,-1} (H^{(n)} X^{(n)} - Y^{(n)}) \tag{3-18}$$

　　在观测点分布比较均匀且观测质量很高的情况下，运用式(3-18)目标泛函可以得到比较准确的分析场。但是，海洋中观测点的分布通常是非常不均匀的。对于一维问题，如果随机采样观测点在梯度大的地方(例如锋面)分布较少而且位置很接近，那么此处的斜率就会很大，线性插值后为了让观测点处的分析值尽量接近于观测值，网格点上分析值的绝对值就会趋向于很大，从而产生"$2\Delta x$ wave"的现象，如图3-34所示。其实，产生"$2\Delta x$ wave"现象的根本原因是，锋面实际上代表着一种波长很短的波，而锋面上分布稀少的观测点根本无法描述这种波，因此会导致得到错误的分析结果。解决的办法是将这两个位置很接近的观测点作为一个点来分析即可。与上述一维问题相对应的二维问题中会存在所谓的"牛眼"现象。当然在二维问题中，情况会更加复杂。例如有两个观测点虽然相距较远，但是它们均处在同一个较强的锋面上，且在锋面梯度方向上的投影距离较近，这种情况下就容易产生如上所述的"牛眼"现象。对于三维甚至更高维问题，情况亦如此。

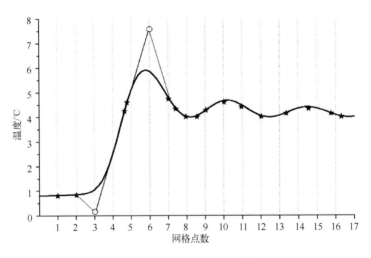

图3-34　"$2\Delta x$ wave"现象

　　去掉"$2\Delta x$ wave"的现象或"牛眼"现象，进而完善该理论的方案有很多。一种方案是减少网格的重数，即只提取长波信息，但这种办法实际上把一些有用的信息丢失了，因为在一些观测资料分布较密集的地方，本来可以提取的短波信息就得不到提取了。另一种方案是在不减少网格重数的前提下减少迭代次数，这样做虽然可以得到较好的分析场，但分析的精度有所下降，而且迭代次数需要人为经验来确定。第三种方案是使用中值滤波等平滑器，以使得分析场尽量地光滑，从而滤除"牛眼"，但这种办法也使得分析精度下降，并存在较强的人为干涉。第四种方案是构造自适应网格的多重网格三维变分数据同化方法，即根据观测数据的分布情况来决定是否进一步加密网格，但试验结果表明，自适应网格加密后得到的结果与均匀加密得到的结果相比，虽然有所改进，但改进不大，且更加耗费计算时间，因此该方案有待进一步研究。第五种方案是使用高阶插值来取代双线性插值，试验结果表明，使用高阶插值的同化结果在边界处不合理。第六种方案是使用平滑项作为惩罚项，即在目标泛函中使用控制变量本身的二阶导数的平方在全空间的积分作为惩罚项，试验证明这是一种行之有效的方法，下面将会详细介绍。

2）平滑项的意义以及解的唯一性探讨

利用傅里叶变换的巴什瓦（Parseval）定理可以分析该平滑项的物理意义，于是有下式：

$$\iiint \left[\left(\frac{\partial^2 T}{\partial x^2} \right)^2 + \left(\frac{\partial^2 T}{\partial y^2} \right)^2 + \left(\frac{\partial^2 T}{\partial z^2} \right)^2 \right] \mathrm{d}x\mathrm{d}y\mathrm{d}z = \iiint (k_x^2 + k_y^2 + k_z^2)^2 \, |T^*|^2 \mathrm{d}k_x \mathrm{d}k_y \mathrm{d}k_z$$

$$(3-19)$$

式中，T 为海温场；T^* 为 T 的傅里叶变换；k_x、k_y、k_z 分别是在 x、y、z 方向上的波数。由式（3-19）可见，波长越短（波数越大），惩罚项的作用越大；反之，波长越长（波数越小），惩罚项的作用就越小。因此，该平滑项可以在不降低分析精度的前提下，最大限度地滤除小尺度噪声，使问题的解平滑。

进一步的研究发现，加入平滑项的多重网格三维变分数据同化方法的目标泛函，其极小化问题在观测点较少的情况下存在唯一的解。以一维问题为例，平滑项可以写成如下形式：

$$T^T S T = \sum_{i=2}^{N-1} (aT_{i-1} + bT_i + cT_{i+1})^2 \qquad (3-20)$$

式中，$a=c=1$，$b=-2$；N 为网格点总数；S 为平滑矩阵，其具体形式为

$$S = \begin{bmatrix}
a^2 & ab & ac & & & & & & \\
ab & a^2+b^2 & ab+bc & ac & & & & & \\
ac & ab+bc & a^2+b^2+c^2 & ab+bc & ac & & & & \\
 & ac & ab+bc & a^2+b^2+c^2 & ab+bc & ac & & & \\
 & & \ddots & \ddots & \ddots & \ddots & \ddots & & \\
 & & & ac & ab+bc & a^2+b^2+c^2 & ab+bc & ac & \\
 & & & & ac & ab+bc & a^2+b^2+c^2 & ab+bc & ac \\
 & & & & & ac & ab+bc & b^2+c^2 & bc \\
 & & & & & & ac & bc & c^2
\end{bmatrix}$$

$$(3-21)$$

计算该平滑矩阵的行列式，得

$$\det(\boldsymbol{S}) = a^{2(N-3)} \det \begin{pmatrix} a^2 & ab & ac \\ ab & b^2 & bc \\ ac & bc & c^2 \end{pmatrix} = 0 \tag{3-22}$$

即平滑矩阵的行列式为零。因此，仅由平滑项确定的极小化问题所对应的线性方程组是欠定的。这与通常的直觉是相符的，因为仅有一个平滑项只能限定方程的解平滑，并不能完全确定问题的解。但对于一维问题，如果加进两个观测点，问题的解就可以唯一地确定下来，这是因为 N 个点的一维问题有 $N-2$ 个平滑项作为约束条件，而只剩下两个自由度，所以另外加进两个观测点就等于又加进了两个约束条件，因此解是唯一的。当然，这个论题看起来是很平庸的，因为两点确定一条直线是不争的事实。但是，这里的平滑不是严格满足的，而是作为惩罚项加进目标泛函当中的，因此解的唯一性需要通过讨论极小问题对应的线性方程组的特征而加以证明。对于上述一维问题，在加入两个观测点的情况下，具有平滑项的目标泛函为

$$J = J_s + J_o = \boldsymbol{T}^T \boldsymbol{S} \boldsymbol{T} + \frac{1}{2}(\boldsymbol{H}\boldsymbol{T} - \boldsymbol{T}^\circ)^T (\boldsymbol{H}\boldsymbol{T} - \boldsymbol{T}^\circ)\sigma^2 \tag{3-23}$$

式中，σ 为观测误差的倒数；$\boldsymbol{H}$ 为从模式网格到观测点的双线性插值投影算符；$\boldsymbol{T}^\circ$ 为海温观测场。该目标泛函也可以用于高维问题。目标泛函对应的线性方程组为

$$\nabla J = (\boldsymbol{S} + \sigma^2 \boldsymbol{H}^T \boldsymbol{H})\boldsymbol{T} - \sigma^2 \boldsymbol{H}^T \boldsymbol{T}^\circ = 0 \tag{3-24}$$

而线性方程组系数矩阵的行列式变为

$$\det(\boldsymbol{S} + \sigma^2 \boldsymbol{H}^T \boldsymbol{H}) = a^{2(N-3)} \det \begin{pmatrix} \sigma^2 & ab & ac \\ ab & b^2 + \sigma^2 & bc \\ ac & bc & c^2 + \sigma^2 \end{pmatrix} = a^{2(N-2)}\sigma^4 > 0$$

$$\tag{3-25}$$

即该极小化问题的解唯一。因此，对于一维问题，只要观测点不少于两个，那么该极小化问题的解就是唯一的。

既然极小化问题的解唯一，那么就意味着不需要多重网格法，同样可以得到较好的分析结果。事实确实如此，从前文的傅里叶分析可以看到，平滑项滤除了噪声而对于大尺度信息没有任何的滤除作用，因此这种作用就等同于多重网格法依次提取长波和短波信息的作用。使用平滑项的单重网格在理论上可以得到较好的分析结果，但在具体的计算机实现过程中，会耗费大量的计算机时间。下面以一维试验为例，说明这个问题。

图 3-35（a）是一维的温度剖面真实场和观测场随网格点的分布情况，由图 3-35（a）可见，该场是一个多尺度的场。使用带有平滑项的单重网格，迭代 1 次得到的结果如图 3-35（b）所示，迭代 5 次得到的结果如图 3-35（c）所示。可以看到，迭代 1 次时，

在观测点附近的网格点分析值有较大的改进，而其他点则改进很少，出现了一个个的尖峰。但由于有平滑项的影响，因此在迭代到第 5 次的时候，尖峰逐渐被削平，解析场逐渐光滑，但仍然存在很小的噪声。迭代 1 700 次得到的分析结果如图 3-35(d) 所示，该分析结果已经非常接近真实解。若使用带有平滑项的多重网格，只使用 5 重网格，而每重网格只迭代 1 次，总迭代次数也是 5 次，而且所用计算机时间远远小于单重网格 5 次迭代所用的计算机时间，迭代结果就已经十分接近真实解，如图 3-35(e) 所示。

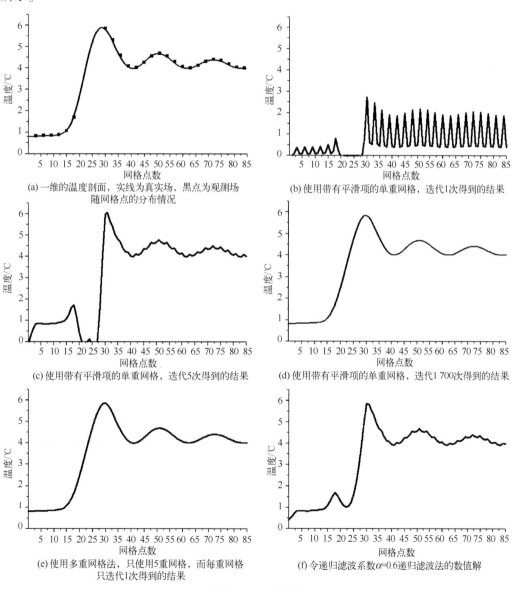

(a) 一维的温度剖面，实线为真实场，黑点为观测场随网格点的分布情况

(b) 使用带有平滑项的单重网格，迭代1次得到的结果

(c) 使用带有平滑项的单重网格，迭代5次得到的结果

(d) 使用带有平滑项的单重网格，迭代1 700次得到的结果

(e) 使用多重网格法，只使用5重网格，而每重网格只迭代1次得到的结果

(f) 令递归滤波系数α=0.6递归滤波法的数值解

图 3-35　一维试验

由此可见，多重网格法仍然是必要的，只是从当初的依次提取长波和短波信息的作用，变为加快收敛速度的作用。

3）平滑项与递归滤波的关系

由前文分析可以看到，平滑项在目标泛函中处于背景场项的位置上，且其形式也与背景场项极其相似。众所周知，传统三维变分数据同化方法的背景场误差协方差矩阵必须为正定矩阵。而平滑矩阵本身是一种奇异矩阵（其行列式为0），那么平滑矩阵和背景场误差协方差矩阵之间究竟存在着什么关系？首先考察一维传统递归滤波三维变分数据同化方法（Hayden et al.,1995），递归滤波公式如下：

$$\begin{cases} \boldsymbol{T}_i' = \alpha\boldsymbol{T}_{i-1}' + (1 - \alpha)\,\boldsymbol{T}_i & （左行滤波） \\ \boldsymbol{T}_i'' = \alpha\boldsymbol{T}_{i+1}'' + (1 - \alpha)\,\boldsymbol{T}_i' & （右行滤波） \end{cases} \quad (3-26)$$

式中，α 为递归滤波系数。

为了方便推导，这里略去边界效应的影响而考虑一维无限长链的问题，因此"左行"滤波的滤波矩阵可以写为

$$\frac{1}{1-\alpha}\begin{pmatrix} \ddots & & & \\ \ddots & 1 & & \\ & -\alpha & 1 & \\ & & -\alpha & 1 \\ & & & \ddots & \ddots \end{pmatrix}\begin{pmatrix} \vdots \\ \boldsymbol{T}_{i-1}' \\ \boldsymbol{T}_i' \\ \boldsymbol{T}_{i+1}' \\ \vdots \end{pmatrix} = \begin{pmatrix} \vdots \\ \boldsymbol{T}_{i-1} \\ \boldsymbol{T}_i \\ \boldsymbol{T}_{i+1} \\ \vdots \end{pmatrix} \quad (3-27)$$

而"右行"滤波的滤波矩阵则可以写为

$$\frac{1}{1-\alpha}\begin{pmatrix} \ddots & \ddots & & \\ & 1 & -\alpha & \\ & & 1 & -\alpha \\ & & & 1 & \ddots \\ & & & & \ddots \end{pmatrix}\begin{pmatrix} \vdots \\ \boldsymbol{T}_{i-1}'' \\ \boldsymbol{T}_i'' \\ \boldsymbol{T}_{i+1}'' \\ \vdots \end{pmatrix} = \begin{pmatrix} \vdots \\ \boldsymbol{T}_{i-1}' \\ \boldsymbol{T}_i' \\ \boldsymbol{T}_{i+1}' \\ \vdots \end{pmatrix} \quad (3-28)$$

综合"左行"与"右行"两次滤波的滤波矩阵，得到最终的滤波矩阵为

$$\begin{pmatrix} \vdots \\ \boldsymbol{T}_{i-1} \\ \boldsymbol{T}_i \\ \boldsymbol{T}_{i+1} \\ \vdots \end{pmatrix} = \frac{1}{(1-\alpha)^2}\begin{pmatrix} \ddots & & & \\ \ddots & 1 & & \\ & -\alpha & 1 & \\ & & -\alpha & 1 \\ & & & \ddots & \end{pmatrix}\begin{pmatrix} \ddots & \ddots & & \\ & 1 & -\alpha & \\ & & 1 & -\alpha \\ & & & 1 & \ddots \end{pmatrix}\begin{pmatrix} \vdots \\ \boldsymbol{T}_{i-1}'' \\ \boldsymbol{T}_i'' \\ \boldsymbol{T}_{i+1}'' \\ \vdots \end{pmatrix}$$

$$(3-29)$$

整理后得

$$
\begin{pmatrix} \vdots \\ \boldsymbol{T}_{i-1} \\ \boldsymbol{T}_i \\ \boldsymbol{T}_{i+1} \\ \vdots \end{pmatrix} = \frac{1}{(1-\alpha)^2} \begin{pmatrix} \ddots & & \ddots & & \\ \ddots & 1+\alpha^2 & -\alpha & & \\ & -\alpha & 1+\alpha^2 & -\alpha & \\ & & -\alpha & 1+\alpha^2 & \ddots \\ & & & \ddots & \ddots \end{pmatrix} \begin{pmatrix} \vdots \\ \boldsymbol{T}''_{i-1} \\ \boldsymbol{T}''_i \\ \boldsymbol{T}''_{i+1} \\ \vdots \end{pmatrix} \qquad (3-30)
$$

传统递归滤波二维变分数据同化方法的具体实现过程中，这种"左行"和"右行"滤波要进行很多次，从而得到最终的背景场误差协方差矩阵。这里，为了方便推导且不失一般性，暂时只做一次滤波，于是得背景场误差协方差矩阵的逆矩阵为

$$
\boldsymbol{B}^{-1} = \frac{1}{(1-\alpha)^4} \begin{pmatrix} \ddots & & \ddots & & \\ \ddots & 1+\alpha^2 & -\alpha & & \\ & -\alpha & 1+\alpha^2 & -\alpha & \\ & & -\alpha & 1+\alpha^2 & \ddots \\ & & & \ddots & \ddots \end{pmatrix} \begin{pmatrix} \ddots & & \ddots & & \\ \ddots & 1+\alpha^2 & -\alpha & & \\ & -\alpha & 1+\alpha^2 & -\alpha & \\ & & -\alpha & 1+\alpha^2 & \ddots \\ & & & \ddots & \ddots \end{pmatrix}
$$

$$(3-31)$$

即

$$
\boldsymbol{B}^{-1} =
$$

$$
\frac{1}{(1-\alpha)^4} \begin{pmatrix} \ddots & \ddots & & \ddots & & \\ \ddots & 1+4\alpha^2+\alpha^4 & -2\alpha-2\alpha^3 & \alpha^2 & & \\ \ddots & -2\alpha-2\alpha^3 & 1+4\alpha^2+\alpha^4 & -2\alpha-2\alpha^3 & \alpha^2 & \\ & \alpha^2 & -2\alpha-2\alpha^3 & 1+4\alpha^2+\alpha^4 & -2\alpha-2\alpha^3 & \alpha^2 \\ & & \alpha^2 & -2\alpha-2\alpha^3 & 1+4\alpha^2+\alpha^4 & -2\alpha-2\alpha^3 & \ddots \\ & & & \alpha^2 & -2\alpha-2\alpha^3 & 1+4\alpha^2+\alpha^4 & \ddots \\ & & & & \ddots & & \ddots & \ddots \end{pmatrix}
$$

$$(3-32)$$

比较平滑矩阵 $\boldsymbol{S}$ 和上述的背景场误差协方差矩阵的逆矩阵 $\boldsymbol{B}^{-1}$，如果令

$$
\begin{cases} a = \dfrac{1}{(1-\alpha)^2} \\ b = \dfrac{-2\alpha}{(1-\alpha)^2} \\ c = \dfrac{\alpha^2}{(1-\alpha)^2} \end{cases} \text{，或者} \quad \begin{cases} a = \dfrac{-\alpha}{(1-\alpha)^2} \\ b = \dfrac{1+\alpha^2}{(1-\alpha)^2} \\ c = \dfrac{-\alpha}{(1-\alpha)^2} \end{cases} \qquad (3-33)
$$

平滑矩阵 $\boldsymbol{S}$ 会变换到上述的背景场误差协方差矩阵的逆矩阵 $\boldsymbol{B}^{-1}$，式(3-33)即为本文

得到的平滑项与递归滤波的关系。

以上推导是在一维无限长链假设的基础上进行的，略去了边界效应的影响。所以，虽然平滑矩阵 $\boldsymbol{S}$ 会变换到背景场误差协方差矩阵的逆矩阵 $\boldsymbol{B}^{-1}$，但是这并不代表 $\boldsymbol{B}^{-1}$ 也是奇异矩阵。实际上，考虑了边界效应以后，由此导出的 $\boldsymbol{B}^{-1}$ 是正定矩阵。因此上述的变换公式只在一维无限长链的情况下才适用。

进一步，在第 i 个网格点附近对分析场做泰勒（Taylor）展开，得到：

$$\begin{cases} \boldsymbol{T}_{i-1} = \boldsymbol{T}_i - \boldsymbol{T}_i'\Delta x + \dfrac{1}{2}\boldsymbol{T}_i'\Delta x^2 + \cdots & (\text{top}) \\ \boldsymbol{T}_i = \boldsymbol{T}_i & (\text{middle}) \\ \boldsymbol{T}_{i+1} = \boldsymbol{T}_i + \boldsymbol{T}_i'\Delta x + \dfrac{1}{2}\boldsymbol{T}_i''\Delta x^2 + \cdots & (\text{bottom}) \end{cases} \quad (3-34)$$

利用上述变换式（3-34），得到：

$$\frac{1}{(1-\alpha)^2}\cdot top + \frac{-2\alpha}{(1-\alpha)^2}\cdot middle + \frac{\alpha^2}{(1-\alpha)^2}\cdot bottom = \boldsymbol{T}_i + O(\Delta x)$$

$$(3-35)$$

于是，在传统的递归滤波三维变分数据同化方法中，背景场项相当于是在惩罚控制变量本身，而如果将式（3-35）的系数换成 1、-2 和 1，那么就变成了对控制变量的二阶导数进行惩罚，而这正是加了平滑项的多重网格三维变分数据同化方法可以得到较好分析结果的关键所在。仍以上面的一维数值试验为例，若令递归滤波系数 $\alpha = 0.6$，结果如图 3-35（f）所示，因为滤波系数较小，所以由图 3-35（f）可以看出，该数值解存在许多噪声。若将递归滤波矩阵变换为平滑矩阵，则得多重网格法对应的线性方程组的数值解如图 3-35（f）所示，分析结果是比较好的。

于是在加入平滑项的情况下，多重网格三维变分的目标泛函可以变为

$$J^{(n)}(\boldsymbol{X}^{(n)}) = \frac{1}{2}\boldsymbol{X}^{(n)T}\boldsymbol{S}^{(n)}\boldsymbol{X}^{(n)} +$$

$$\frac{1}{2}(\boldsymbol{H}^{(n)}\boldsymbol{X}^{(n)} - \boldsymbol{Y}^{(n)})^T\boldsymbol{O}^{(n)-1}(\boldsymbol{H}^{(n)}\boldsymbol{X}^{(n)} - \boldsymbol{Y}^{(n)})$$

$$(n = 1, 2, \cdots, N) \quad (3-36)$$

即将处在背景场项位置的单位矩阵变为平滑矩阵。

3.2.2.4 多重网格全三维空间数据同化

传统三维变分数据同化方法在理论上可以做全三维空间分析，但在实际应用中，由于控制变量数目巨大，导致背景场误差协方差矩阵的元素数目巨大（为控制变量的二

次方），很难在实际中应用。通常采取的办法是依垂向分层，逐一在各个层次上进行分析。这样做不但忽略了各个层次间的垂向相关，也避免如果各层的观测数据不匹配（如卫星遥感海表温度数据与水下剖面观测数据的不匹配）而导致的在垂向上出现虚假的分析梯度。

多重网格三维变分数据同化方法以网格的粗细来描述背景场误差协方差矩阵中的相关尺度，因此该方法不但可以有效地依次提取长波与短波信息，而且不必存储并处理巨大的背景场误差协方差矩阵，这使得全三维空间数据同化成为可能，更加有利于对海洋锋三维结构的信息提取。

3.2.3   温盐订正场检验

3.2.3.1   三维温盐空间扩展温盐场订正方法

将三维温度和盐度扩展场作为背景场，采用多重网格三维变分订正方法，选取对应日期前后一段时间窗口内和对应网格位置附近一定空间窗口内的温度和盐度剖面现场观测数据进行同化，订正三维温度和盐度扩展场，构建三维温度和盐度实况分析场。

3.2.3.2   三维温盐订正场误差统计检验

1）基于历史资料的检验

将历史温盐剖面现场观测数据随机分为两部分：一部分是待同化数据（约占总数据量的90%）；另一部分是独立检验数据（约占总数据量的10%）。基于上述建立的三维温度和盐度静态气候场以及卫星遥感海表温度和卫星观测海面高度向水下扩展海洋三维温度和盐度的模型，对历史卫星遥感海表温度和卫星观测海面高度数据进行水下扩展，得到温度和盐度的扩展场，采用海洋数据同化技术同化上述待同化的对应日期附近一段时窗内的历史温盐剖面现场观测数据，制作三维温度和盐度订正场。将该订正场插值到对应日期的独立检验温度和盐度现场观测点上，与独立检验温度和盐度现场观测数据进行对比，按月分层统计均方根误差。

（1）订正及检验的历史温盐观测分布

将1993—2014年的温盐剖面现场观测数据随机分为两部分：一部分数据用于订正三维温盐扩展场（约占总数据量的90%）；另一部分作为独立检验数据（约占总数据量的10%）。订正数据与检验数据的分布如图3-36、图3-37所示。

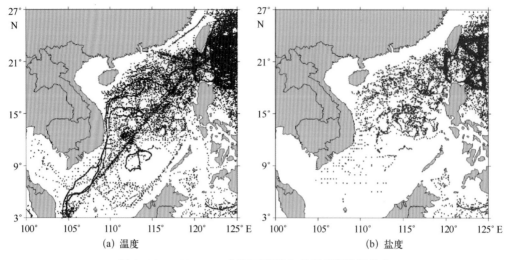

(a) 温度   (b) 盐度

图 3-36　1993—2014 年订正温度和盐度观测数据分布

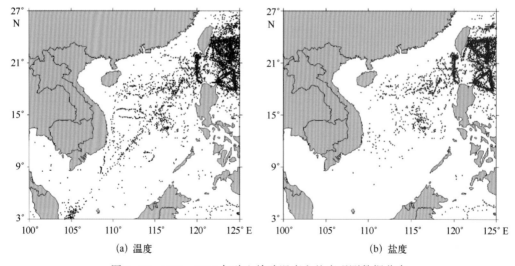

(a) 温度   (b) 盐度

图 3-37　1993—2014 年独立检验温度和盐度观测数据分布

（2）三维温盐订正场统计检验

利用独立观测数据，将订正场插值到各观测位置，得到对应位置的订正温度剖面，逐月计算订正剖面与观测剖面之间的均方根误差，检验订正温盐场误差逐月的垂向分布情况，并与订正前海表温度与海面高度联合扩展温盐场的误差进行比较，见表 3-7 和表 3-8。从图 3-38 和图 3-39 中可以看出订正场温度误差在深度 100 m 左右最大，其中 10 月误差最大约为 0.94℃。盐度订正场表层误差最大，其中 2 月误差最大约为 0.2 psu。与联合扩展温度场相比，订正温度场在跃层处误差有明显降低，且温度误差在整层均有减小。订正盐度场误差与联合扩展盐度场相比，在 0~200 m 深度误差降低较为显著，400 m 以下深层海洋误差的订正幅度较小。

表 3-7　订正温度剖面各月误差的垂向分布　　　　单位:℃

深度/m	1 月	2 月	3 月	4 月	5 月	6 月	7 月	8 月	9 月	10 月	11 月	12 月
0	0.330 0	0.343 3	0.369 3	0.480 6	0.281 9	0.288 6	0.309 3	0.265 3	0.603 4	0.378 5	0.396 3	0.319 8
5	0.417 2	0.344 5	0.392 9	0.414 6	0.323 2	0.280 6	0.281 5	0.234 3	0.445 3	0.372	0.389 8	0.464 9
10	0.393 4	0.341 3	0.331 9	0.434 3	0.384 2	0.338 5	0.326	0.247 7	0.363 9	0.399 9	0.496 7	0.566 6
15	0.497 8	0.343 8	0.387 6	0.481 8	0.514 2	0.440 7	0.356 9	0.344 5	0.381 6	0.419 4	0.396 9	0.737 3
20	0.559 6	0.402 3	0.449 7	0.484 6	0.587 8	0.469 2	0.370 3	0.423 5	0.512 2	0.519 9	0.595 2	0.781 9
25	0.486 5	0.538 0	0.582 2	0.541 5	0.608 1	0.543 8	0.442 8	0.478 8	0.488 4	0.497 1	0.488 8	0.573 1
30	0.470 5	0.654 4	0.519 7	0.538 1	0.591 7	0.553	0.511	0.539 4	0.483 7	0.554 9	0.597 4	0.602 4
35	0.588 2	0.628 9	0.553 1	0.572 3	0.625 9	0.580 6	0.605 5	0.583 6	0.546 6	0.634 9	0.553	0.741 7
50	0.638 7	0.641 9	0.683 5	0.646 7	0.638 7	0.756 5	0.833 5	0.736 4	0.772 2	0.758 2	0.606 4	0.745 4
75	0.836 9	0.637 3	0.839 9	0.686 3	0.596 3	0.669 6	0.798 9	0.915 6	0.884 5	0.864 0	0.891 9	0.744 9
100	0.784 1	0.667 0	0.712 0	0.668 9	0.605 9	0.574 6	0.782 7	0.833 5	0.857 2	0.944 5	0.908 8	0.748 1
125	0.818 7	0.617 6	0.607 5	0.623 6	0.550 3	0.542	0.706 5	0.760 3	0.798 4	0.852 3	0.756 3	0.681 2
150	0.822 3	0.647 3	0.598 0	0.630 0	0.567 9	0.539 7	0.662 6	0.696 0	0.762 7	0.775 1	0.587 0	0.634 1
175	0.788 6	0.672 2	0.591 0	0.596 8	0.577 3	0.538 6	0.616 9	0.644 2	0.676 4	0.748 4	0.544 4	0.589 8
200	0.708 1	0.664 9	0.566 9	0.597 1	0.590 1	0.512 1	0.633 2	0.610 1	0.635 5	0.686 2	0.516 8	0.583 5
250	0.625 9	0.594 6	0.489 7	0.523 8	0.523 3	0.453 2	0.548	0.542 9	0.596 4	0.634 9	0.495 7	0.523 7
300	0.606 9	0.583 3	0.498 9	0.506 3	0.482 1	0.457 2	0.503	0.504 9	0.513 8	0.587 8	0.474 7	0.512 3
350	0.601 1	0.562 2	0.554 4	0.517 2	0.516 7	0.462 8	0.512 7	0.539	0.499 9	0.586 2	0.497 6	0.465 4
400	0.625 4	0.542 6	0.549 1	0.514 7	0.520 3	0.464 0	0.538 1	0.538 1	0.485 7	0.548 0	0.478 0	0.442 4
450	0.583 1	0.483 5	0.527 9	0.469 2	0.475 8	0.412 7	0.510 7	0.527 5	0.442 7	0.497 8	0.425 4	0.384 7
500	0.496 3	0.436 5	0.491 7	0.410 5	0.431 3	0.392 9	0.488 7	0.492 1	0.412 3	0.484 2	0.367 1	0.352 6
600	0.414 8	0.314 6	0.376 6	0.319 9	0.306 2	0.373 4	0.400 7	0.410 3	0.311 5	0.396 3	0.335	0.300 7
700	0.274 4	0.247 9	0.288 2	0.253 7	0.247 7	0.282 9	0.289 6	0.307 5	0.273 2	0.340 2	0.259 3	0.226 8
800	0.208 4	0.239 6	0.233 7	0.193	0.210 9	0.244 5	0.221 0	0.262 6	0.287	0.279 2	0.169 3	0.183 9
900	0.181 8	0.196 6	0.143 4	0.162 4	0.174 2	0.192 3	0.196 7	0.237 2	0.166 2	0.273 5	0.144 1	0.150 7
1 000	0.204 4	0.168 8	0.123 3	0.162 3	0.141 9	0.164 2	0.235 4	0.377 5	0.149 7	0.191 1	0.147 5	0.127 3

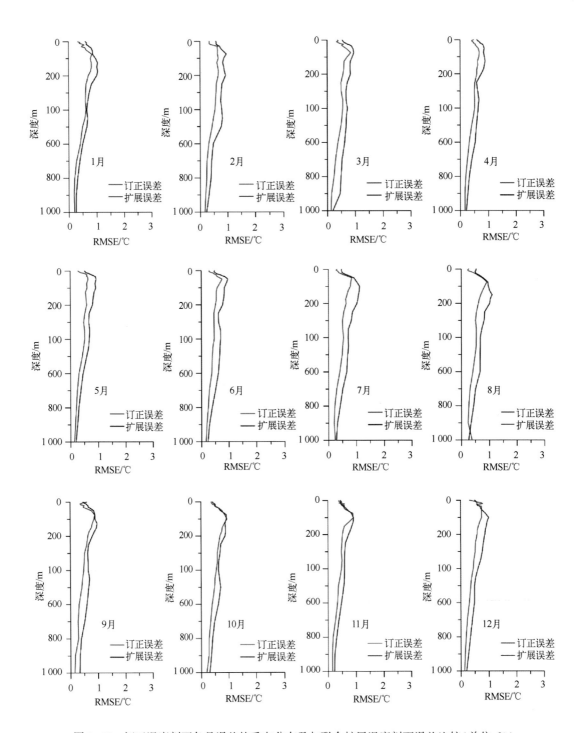

图 3-38 订正温度剖面各月误差的垂向分布及与联合扩展温度剖面误差比较(单位:℃)

表 3-8 订正盐度剖面各月误差的垂向分布 单位：psu

深度/m	1月	2月	3月	4月	5月	6月	7月	8月	9月	10月	11月	12月
0	0.069 8	0.200 6	0.177 9	0.091 5	0.148 3	0.104 6	0.126 4	0.157 3	0.161 7	0.130 2	0.127 1	0.097 4
5	0.104 0	0.182 2	0.128 7	0.082 3	0.103 6	0.093 9	0.091 1	0.133 8	0.138 2	0.102 4	0.122	0.083 2
10	0.119 2	0.185 1	0.156 3	0.085 8	0.126 6	0.097 0	0.098 6	0.151 8	0.122 7	0.099	0.123 5	0.103 2
15	0.122 8	0.192 0	0.158 6	0.093 7	0.130 1	0.113 3	0.103 7	0.152 0	0.115 1	0.103 6	0.119 7	0.105 2
20	0.114 3	0.179 0	0.150 6	0.087 7	0.106 6	0.103 8	0.099 7	0.128 3	0.100 4	0.095 4	0.112 9	0.108 3
25	0.112 9	0.174 5	0.145 2	0.094 1	0.139 6	0.117 1	0.109 2	0.135 8	0.108 5	0.112 1	0.119 3	0.123 1
30	0.101 7	0.149 2	0.140 4	0.088 2	0.106 3	0.102 8	0.118 3	0.130 6	0.104 3	0.101 8	0.120 9	0.135 4
35	0.099 8	0.147 7	0.141 4	0.089 2	0.109 2	0.105 9	0.124 4	0.139 8	0.123 8	0.109 3	0.132 2	0.145 2
50	0.097 1	0.150 3	0.142 1	0.097 2	0.098 5	0.113 9	0.125 2	0.142 1	0.139 2	0.130 3	0.137	0.173 4
75	0.082 1	0.105 9	0.083 2	0.093 9	0.079 7	0.092 5	0.093 2	0.113 2	0.107 9	0.122 8	0.149 4	0.127 3
100	0.093 9	0.082 6	0.061 3	0.077 3	0.065 5	0.079 4	0.089 0	0.074 4	0.082 7	0.126 4	0.110 3	0.084 4
125	0.061 2	0.071 5	0.064 0	0.069 9	0.079 3	0.085 2	0.073 0	0.052 2	0.069 4	0.080 3	0.062 7	0.059 0
150	0.054 5	0.067 0	0.070 9	0.055 1	0.093 7	0.090 3	0.079 2	0.061 4	0.059 5	0.101 4	0.046	0.065 1
175	0.042 4	0.061 8	0.064 4	0.041 6	0.078 1	0.075 4	0.076 3	0.051 2	0.052 2	0.057 8	0.038 1	0.050 1
200	0.039 8	0.065 9	0.048 3	0.034 4	0.061 1	0.091 8	0.085 1	0.047 2	0.050 7	0.042 9	0.042 7	0.049 7
250	0.038 2	0.057 5	0.033 9	0.031 7	0.064 8	0.076	0.061 1	0.058 2	0.041 1	0.040 2	0.055	0.030 7
300	0.039 5	0.060 1	0.030 8	0.031 4	0.057 9	0.063 5	0.064 7	0.067 9	0.044 9	0.045 8	0.039 5	0.029 4
350	0.038 7	0.039 1	0.031 8	0.033 8	0.044 9	0.052 5	0.044 3	0.054 8	0.055 7	0.047 1	0.048 9	0.032 4
400	0.042 6	0.031 2	0.030 4	0.031 8	0.049 2	0.033 7	0.048 6	0.054 3	0.057 8	0.049 3	0.044 7	0.037 4
450	0.048 9	0.027 6	0.03	0.035 8	0.035 7	0.031 7	0.047 5	0.062	0.078 8	0.039 3	0.034 2	0.026 7
500	0.041 1	0.028 4	0.028 6	0.028 2	0.036 2	0.031 3	0.040 1	0.065 7	0.069 4	0.044 6	0.035 9	0.026 1
600	0.030 6	0.029 4	0.029 9	0.031 4	0.037 7	0.039 5	0.037 9	0.07	0.068 9	0.037	0.028 9	0.024 6
700	0.03	0.035 4	0.025 7	0.032 8	0.035	0.036	0.040 2	0.061 4	0.064 5	0.055	0.025 3	0.030 9
800	0.028 3	0.04	0.024 3	0.033 6	0.031 4	0.034 4	0.032 5	0.046 1	0.044 6	0.037 6	0.020 6	0.024 7
900	0.023 7	0.022 3	0.020 5	0.022 9	0.071	0.031 1	0.031 2	0.055 5	0.033 6	0.041 2	0.022 6	0.021 8
1 000	0.019 6	0.020 7	0.017 4	0.023 6	0.023 8	0.042 2	0.041 3	0.044 1	0.018 8	0.024 7	0.015 4	0.019 8

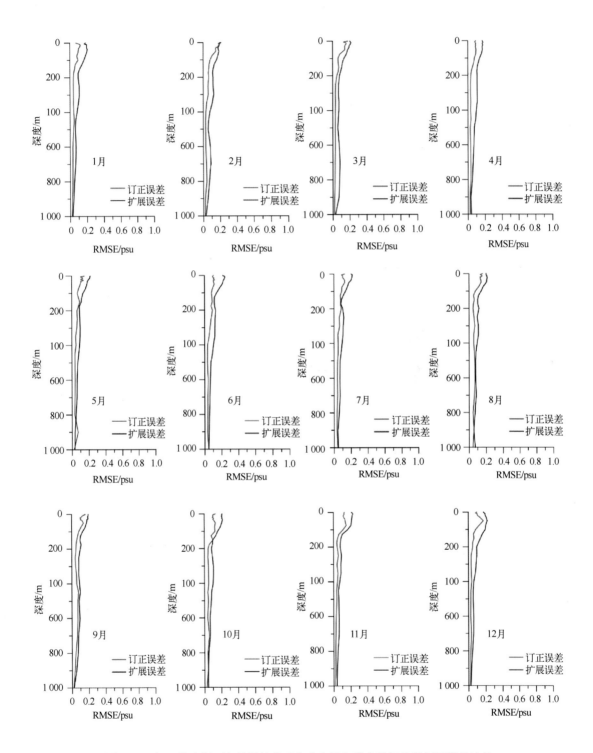

图 3-39 订正盐度剖面各月误差的垂向分布及与联合扩展盐度剖面误差比较

（3）扩展温盐年平均垂向误差

订正温度场浅海年平均海表温度均方根误差小于 0.4℃，跃层处温度均方根误差小于 1.02℃，垂向平均均方根误差小于 0.55℃；深海海表温度均方根误差小于 0.36℃，跃层处温度均方根误差小于 0.78℃，垂向平均均方根误差小于 0.49℃。订正盐度场在浅海年平均海表盐度均方根误差小于 0.21 psu，垂向平均均方根误差小于 0.1 psu；深海表层盐度均方根误差小于 0.13 psu，垂向平均均方根误差小于 0.08 psu。与扩展温盐场相比，订正场温盐在整层深度上误差都有一定下降，其中温度垂向平均误差降低了约 0.16℃，盐度垂向平均误差降低了约 0.05 psu，如图 3-40 所示，可见利用观测剖面对扩展场进行订正能有效提高温盐场的精度。

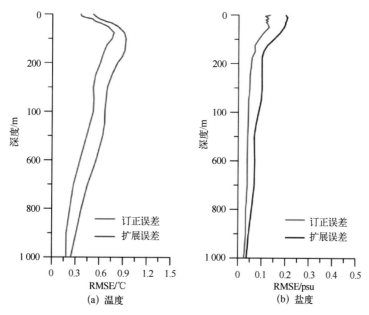

图 3-40　订正温盐剖面与联合扩展温盐剖面年平均误差垂向分布

（4）准实时三维温盐订正场检验

这里的订正系统于 2016 年建成，若仅采用近期的观测数据对准实时三维温盐订正场进行检验，统计检验的时间较短，因此拟利用 2011—2015 年的观测数据，采用准实时的数据进行订正，即利用当前日期之前 15 d 内的观测数据对扩展场进行订正，形成三维温盐订正场，并利用该订正场插值到温度和盐度现场观测点上进行检验，确保统计检验的意义。

图 3-41 和表 3-9 为准实时订正温度剖面各月误差的垂向分布情况，从图 3-41 中可以看出订正后的温度误差比扩展温度结果在各深度层均有一定减小，而在从海表到 400 m 深度之间温度误差减小较为明显，除了与跃层以下海洋扩展结果本身误差较小有

关，也与南海的观测剖面普遍较浅有一定关系。图 3-42 和表 3-10 为准实时订正盐度剖面各月误差的垂向分布情况，由图 3-42 可见各月订正后的表层盐度均比扩展结果的误差下降，而深层盐度与扩展结果的误差相近。

图 3-43 所示为准实时订正温盐剖面与扩展温盐剖面年平均误差垂向分布情况，订正后的年平均准实时温度剖面误差在 800 m 深度以深均有改善，其中跃层 100 m 处温度误差约减小了 0.2℃；盐度剖面的误差在 500 m 深度以深有一定改善，特别是表层误差约减小了 0.1 psu。可见采用多重网格三维变分方法利用现场观测数据进行订正，能够较好地降低扩展结果的误差。

表 3-9　准实时订正温度剖面各月误差的垂向分布　　　　单位：℃

深度/m	1月	2月	3月	4月	5月	6月	7月	8月	9月	10月	11月	12月
0	0.588 0	0.555 6	0.593 5	0.674 9	0.561 4	0.629 7	0.459 7	0.474 2	0.453 5	0.497 5	0.482 8	0.505 5
5	0.642 6	0.591 3	0.602 9	0.648 9	0.562 9	0.633 5	0.452 8	0.422 3	0.441 3	0.453 2	0.486 1	0.515 9
10	0.642 6	0.600 2	0.584 4	0.651 5	0.560 4	0.631 5	0.446 1	0.404 7	0.423 9	0.426 6	0.468 8	0.538 2
15	0.608 9	0.606 7	0.572 6	0.672 3	0.600 6	0.656	0.415 3	0.406	0.423 4	0.429 0	0.475 3	0.494 4
20	0.640 4	0.591 9	0.578 5	0.701 6	0.611 4	0.715 4	0.456 5	0.426 4	0.431 5	0.476 1	0.466 6	0.490 9
25	0.603 0	0.611 6	0.602 8	0.706 7	0.639 2	0.758	0.518 5	0.471 2	0.473 6	0.513 0	0.481 8	0.544 3
30	0.608 6	0.640 2	0.633 4	0.717 2	0.664 1	0.742 7	0.635 7	0.507 1	0.519 8	0.516 0	0.517 4	0.538 2
35	0.606 1	0.628 5	0.633 9	0.731 3	0.680 8	0.750 7	0.690 2	0.549 2	0.567 6	0.477	0.553 3	0.608 8
50	0.654 0	0.645	0.661 4	0.743 2	0.741 9	0.753 3	0.768 8	0.670 0	0.655 2	0.614 5	0.665 3	0.634 8
75	0.766 5	0.678	0.646 7	0.732 2	0.755 8	0.741 8	0.748	0.750 5	0.733 2	0.718 6	0.719 8	0.720 1
100	0.763 4	0.694 7	0.637 1	0.758 3	0.780 5	0.794 4	0.763 5	0.812 8	0.773 1	0.815 2	0.784 8	0.784 9
125	0.763 3	0.735 2	0.695 9	0.749 4	0.797 2	0.792 3	0.751 5	0.810 1	0.760	0.827 5	0.780 5	0.772 2
150	0.780 5	0.771 6	0.773 3	0.752 1	0.809 1	0.786 4	0.754 3	0.801 4	0.729 7	0.825 2	0.763 8	0.796 2
175	0.777 7	0.775 3	0.776	0.756 8	0.786 6	0.762 4	0.690 4	0.753 2	0.696 4	0.776 1	0.743 4	0.754 7
200	0.767 3	0.708 0	0.769 5	0.775 6	0.766 3	0.735 9	0.668 4	0.706 6	0.696 0	0.773 0	0.686 3	0.703 1
250	0.711 2	0.649 0	0.681 2	0.694 5	0.737 1	0.661 6	0.637	0.697 4	0.644 4	0.685 9	0.629 8	0.695 5
300	0.676 8	0.658 5	0.670 1	0.661 3	0.716 4	0.627 7	0.614 5	0.646 6	0.547 9	0.686 2	0.646 8	0.694 2
350	0.663 3	0.618 7	0.663	0.652 2	0.700	0.618 9	0.593 1	0.660 2	0.557 7	0.689 0	0.641 1	0.663 6
400	0.629 3	0.593 1	0.630 5	0.633 8	0.703 8	0.609 9	0.616	0.633 8	0.617 2	0.661 7	0.614 8	0.658 9
450	0.576 9	0.565 4	0.612 5	0.599	0.648 5	0.575 4	0.585	0.615 7	0.568 3	0.673 6	0.593 4	0.587 3
500	0.570 4	0.531 6	0.609 3	0.571 9	0.587 4	0.561 5	0.585 3	0.593 1	0.519 1	0.638 7	0.589	0.552 1
600	0.496 3	0.468 3	0.494 5	0.512 4	0.550 1	0.488 1	0.506 2	0.527 7	0.426 2	0.498	0.496 8	0.472
700	0.421 4	0.409 1	0.449 0	0.403 2	0.460 5	0.406 5	0.422 1	0.450 2	0.401 5	0.383 9	0.394	0.463 1
800	0.350 8	0.352	0.398 4	0.331 9	0.339 4	0.294 9	0.326 2	0.345 6	0.319	0.267 5	0.314 1	0.394 2
900	0.318 3	0.289 9	0.360 2	0.322	0.283 9	0.261 4	0.264	0.324 1	0.280 8	0.259 8	0.299	0.354 5
1 000	0.253 9	0.254 1	0.234 8	0.247 8	0.277 3	0.209 2	0.283 2	0.319 4	0.293 8	0.239 2	0.281 1	0.267 3

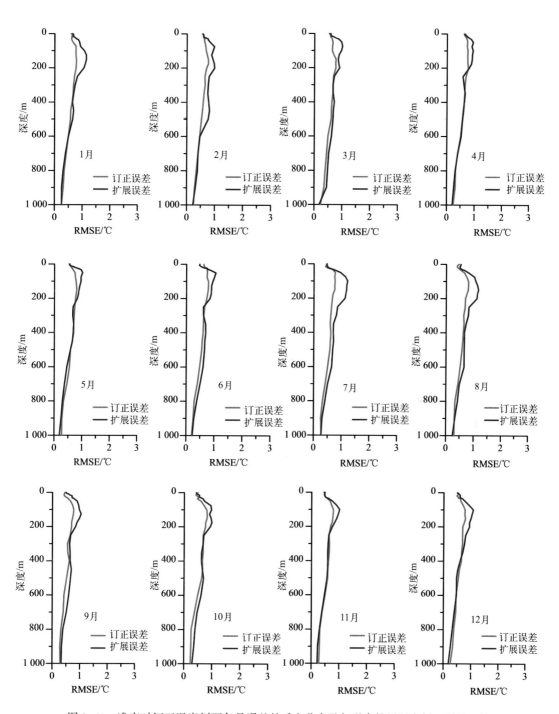

图 3-41　准实时订正温度剖面各月误差的垂向分布及与联合扩展温度剖面误差比较

表 3-10　准实时订正盐度剖面各月误差的垂向分布　　　　　　　　　单位：psu

深度/m	1月	2月	3月	4月	5月	6月	7月	8月	9月	10月	11月	12月
0	0.177 1	0.206 8	0.18	0.206 1	0.240 4	0.228 2	0.217 9	0.201 5	0.217 9	0.215	0.189 3	0.156 4
5	0.184 0	0.209 1	0.167 0	0.193 5	0.233 2	0.231 1	0.205 7	0.205 2	0.208 7	0.197 8	0.194 1	0.163 3
10	0.189 0	0.199 9	0.177 4	0.189 3	0.231 7	0.227 2	0.213 8	0.212 3	0.198 3	0.192 1	0.186 8	0.152 8
15	0.172 5	0.191 4	0.182 7	0.170 5	0.222 1	0.216 9	0.204 8	0.212 2	0.184	0.171 2	0.176 5	0.141 2
20	0.173 5	0.192 2	0.175 8	0.166 4	0.220 1	0.215 1	0.197 7	0.207 7	0.177 8	0.166 8	0.170 2	0.149 4
25	0.163 4	0.184 2	0.176 3	0.152 1	0.210 5	0.202 6	0.194 7	0.212 9	0.169 3	0.168 4	0.173 6	0.173 4
30	0.167 3	0.184 7	0.172 2	0.154 6	0.211 8	0.211 1	0.200 0	0.201 7	0.179 7	0.171	0.169 8	0.180 4
35	0.166 9	0.182	0.166 8	0.155 1	0.200 5	0.201 2	0.191 4	0.192	0.172 5	0.170 7	0.167 9	0.199 3
50	0.170 8	0.189 7	0.164 7	0.169 9	0.195 1	0.205 4	0.197 8	0.201	0.201 8	0.186 3	0.184 1	0.198 1
75	0.190 1	0.184 3	0.139 2	0.158 6	0.164 8	0.168 9	0.168	0.181 6	0.188 1	0.203 2	0.209 8	0.196 6
100	0.202 2	0.165 6	0.123 4	0.157	0.138 2	0.145 9	0.147 3	0.161 3	0.158 2	0.188 3	0.191 2	0.165
125	0.153 2	0.138 2	0.117 3	0.139	0.131	0.114 2	0.123 7	0.121 3	0.111 6	0.124 4	0.145	0.125 7
150	0.113 9	0.130 1	0.126 2	0.127 5	0.127 4	0.125 5	0.111 2	0.111 7	0.101 1	0.123 1	0.142 7	0.116 7
175	0.084 9	0.094 1	0.107 4	0.105 7	0.105 3	0.103 1	0.088 7	0.095	0.088 7	0.108 6	0.116	0.094 2
200	0.080 8	0.081	0.095 4	0.096 2	0.110 4	0.096	0.080 5	0.088	0.088 5	0.086 8	0.100 3	0.081 4
250	0.061 5	0.058 6	0.066 5	0.074 7	0.092 3	0.075 4	0.061 4	0.077 7	0.073 5	0.073 6	0.082 4	0.065 3
300	0.058 1	0.055 4	0.066 1	0.071 9	0.091 6	0.076 2	0.063 2	0.077 2	0.073 3	0.072 8	0.071 8	0.065 3
350	0.058 6	0.050 5	0.062 7	0.053 4	0.078 2	0.069 6	0.052 4	0.067 2	0.078 5	0.063 8	0.071 9	0.062 2
400	0.062 7	0.047 6	0.058 2	0.058 2	0.075 3	0.058 8	0.055 8	0.069 9	0.084 2	0.067 3	0.074 9	0.062 3
450	0.055 3	0.051 7	0.060 4	0.057 8	0.074 5	0.060 2	0.052 1	0.071 8	0.088 4	0.071 3	0.062 1	0.061 3
500	0.064 7	0.053 5	0.058 6	0.071 4	0.078 9	0.056 4	0.063 1	0.071 9	0.085	0.097 7	0.064 5	0.064 2
600	0.058 4	0.048 2	0.063 6	0.065 4	0.066 2	0.048 4	0.049 3	0.068 1	0.083 2	0.079 2	0.050 1	0.059 4
700	0.055 9	0.053 9	0.078 1	0.055 9	0.049 9	0.049 9	0.048 9	0.067 2	0.093 7	0.065 8	0.049 9	0.064 8
800	0.044 2	0.040 2	0.063 8	0.049 1	0.049 1	0.039 5	0.036 1	0.054 6	0.068 3	0.052 0	0.040 9	0.055 7
900	0.036 0	0.037 8	0.061 4	0.039 0	0.041 7	0.038 7	0.042 5	0.056 5	0.058 5	0.049 4	0.041 3	0.051 7
1 000	0.025 7	0.026 3	0.023 0	0.025 0	0.026 0	0.038 4	0.080 1	0.096 7	0.056 9	0.057 1	0.028 0	0.030 7

2）基于实时/准实时资料的检验

基于上述建立的三维温度和盐度静态气候场以及卫星遥感海表温度和卫星观测海面高度向水下扩展海洋三维温度和盐度的模型，对购买的卫星遥感海表温度和卫星观测海面高度实时/准实时数据进行水下扩展，得到温度和盐度的扩展场，采用海洋数据同化技术同化与卫星遥感数据相对应日期及前一段时窗的准实时温盐现场观测数据，制作实时/准实时三维温度和盐度订正场。将该订正场插值到对应日期的温度和盐度现场观测点上，与实时/准实时温度和盐度现场观测数据进行对比，按月分层统计均方根误差。需要指出

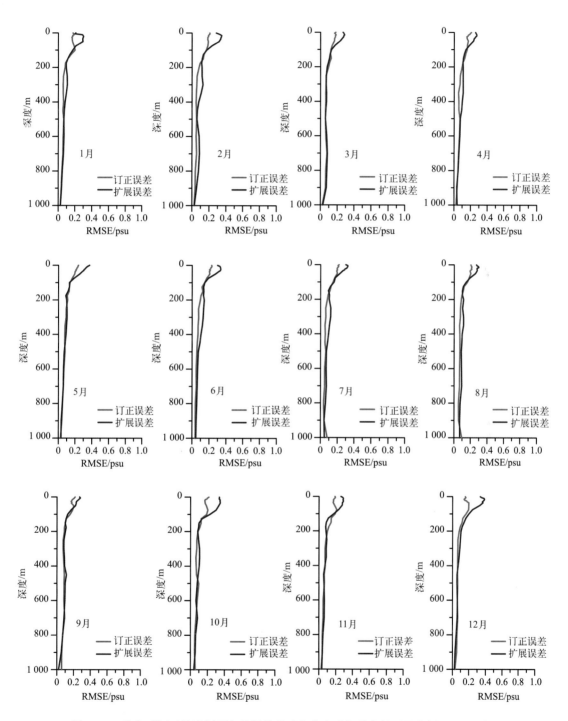

图 3-42　准实时订正盐度剖面各月误差的垂向分布及与联合扩展盐度剖面误差比较

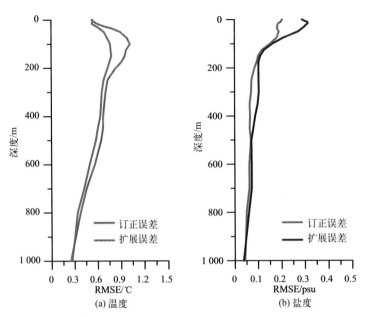

图 3-43　准实时订正温盐剖面与扩展温盐剖面年平均误差垂向分布

的是，由于现场观测数据的接收通常有一天到数天的滞后，因此同化时实际上并未同化待订正日期的温盐现场观测资料，因此将该订正场与对应日期的现场观测资料进行比对属于独立检验。

（1）订正温盐剖面检验

采用当前日期之前 15 d 内的温盐观测资料对三维温盐扩展场进行订正，形成当天的三维温盐订正场，将订正场的网格温盐剖面插值到观测点位置与观测剖面进行比较。选取 2011 年在南海北部的 9 个观测剖面（图 3-44）分别进行检验，由图 3-45 可见，蓝色线所表示的订正温度剖面与黑色线表示的观测温度剖面更为接近，除了 2 号剖面外的大部分温度剖面差异均比红色线表示的扩展温度剖面小。图 3-46 所示为订正盐度剖面（绿色线）、扩展盐度剖面（紫色线）与实测盐度剖面资料的对比结果，从图 3-46 中可以看出，相比扩展盐度剖面，订正盐度剖面与实测盐度剖面更为接近。

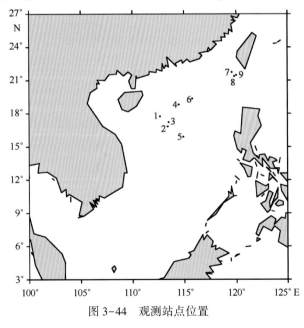

图 3-44　观测站点位置

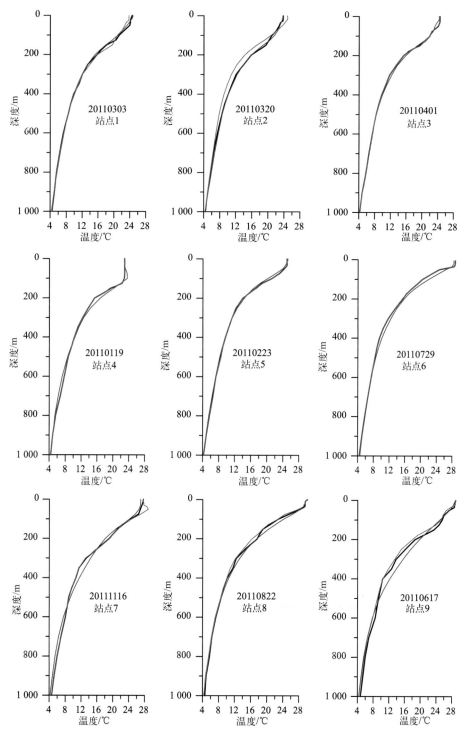

图 3-45　订正温度剖面与观测资料及扩展温度剖面比较

——订正温度剖面；——扩展温度剖面；——现场观测的温度剖面

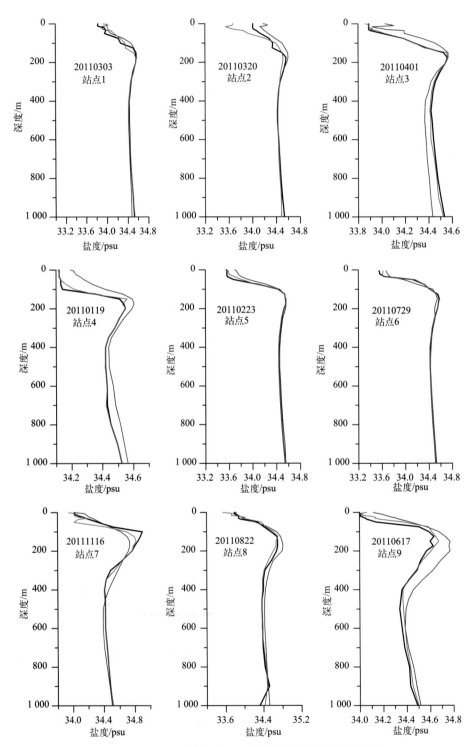

图 3-46　订正盐度剖面与观测资料及扩展盐度剖面比较

——订正盐度剖面；——扩展盐度剖面；——现场观测的盐度剖面

（2）订正温度断面检验

研究选取了 2009 年 9 月 11 日台湾南部的观测断面进行了检验。断面位置如图 3-47(a)所示，观测断面起点位置为 21.83°N、116.83°E，终点位置为 19.83°N、124.75°E。从实测的温度断面[图 3-47(a)]可以看出在 113.5°E 附近存在一个暖涡，相比扩展温度断面，订正后的温度断面更能表现出暖涡的强度，订正场的暖涡的信号延伸到了与观测相近的 600 m 深度，且暖涡的位置也相对更加准确，此外订正温度断面在上层结构也有一定改善，在 119.7°E 附近 50 m 深度的暖涡信号比扩展场断面有一定的增强。

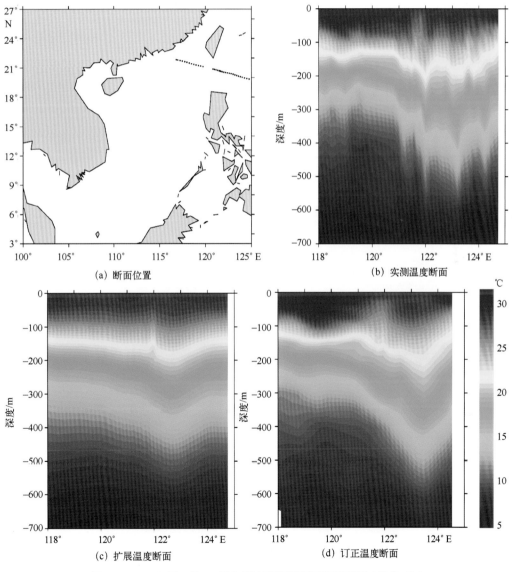

图 3-47　2009 年 9 月 11 日台湾南部观测断面温度检验(单位:℃)

　　另选取了 2014 年 5 月 26 日台湾东部的观测断面进行了检验。断面位置如图 3-48 （a）所示，观测断面起点位置为 21.83°N、120.80°E，终点位置为 23.96°N、124.84°E。订正后的温度断面更能表现出 121.5°~123.5°E 之间的暖涡结构，跃层处暖涡的强度也有一定的改善。

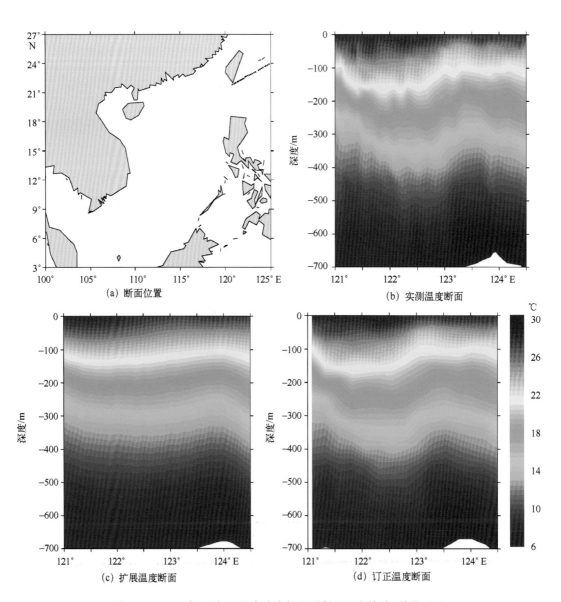

图 3-48　2014 年 5 月 26 日台湾东部观测断面温度检验（单位：℃）

3.3 结合数值模式的海洋遥感数据时空扩展技术

3.3.1 基于区域海洋模式系统的三维温盐场时空扩散方法研究

基于区域海洋模式系统(Regional Ocean Modeling System，ROMS)，构建合适的模式强迫场、边界条件，以上述经订正后的实况分析场作为初始场输入 ROMS 模式，通过模式的数值计算实现遥感数据的时空扩展，进而获取动力匹配的三维海洋动力环境场。

3.3.1.1 ROMS 数值模式简介

ROMS 模式是三维非线性斜压原始方程模式，由 Rutger 大学与加州大学洛杉矶分校(UCLA)共同研究开发。ROMS 使用了新的高阶水平压力梯度算法，融合了亚网格参数化方案、生物地球化学模块和同化模块等。

ROMS 模式方程采用了 Boussinesq 近似和流体静力近似的 N-S 方程，在笛卡儿坐标系的表达式为

$$\frac{\partial u}{\partial t} + \vec{v} \cdot \nabla u - fv = -\frac{\partial \varphi}{\partial x} + F_u + D_u \tag{3-37}$$

$$\frac{\partial v}{\partial t} + \vec{v} \cdot \nabla u + fu = -\frac{\partial \varphi}{\partial y} + F_v + D_v \tag{3-38}$$

$$\frac{\partial T}{\partial t} + \vec{v} \cdot \nabla T = F_T + D_T \tag{3-39}$$

$$\frac{\partial S}{\partial t} + \vec{v} \cdot \nabla S = F_S + D_S \tag{3-40}$$

$$\rho = \rho(T, S, P) \tag{3-41}$$

$$\frac{\partial \varphi}{\partial z} = \frac{-\rho g}{\rho_0} \tag{3-42}$$

$$\frac{\partial u}{\partial x} + \frac{\partial v}{\partial y} + \frac{\partial w}{\partial z} = 0 \tag{3-43}$$

式中，$\vec{v}$ 为流速向量，$\vec{v} = (u, v, w)$；f 为科氏参数；g 为重力加速度；φ 为动力压力；ρ_0 为水的参考密度；ρ 为水的局地密度；T 为温度；S 为盐度；D_u、D_v、D_T、D_S 为耗散项；F_u、F_v、F_T、F_S 为强迫项。

初始条件为流速和水位为零，即 $u(x, y, z, 0) = 0$、$v(x, y, z, 0) = 0$、$w(x, y, z, 0) = 0$ 和 $\zeta(x, y, z, 0) = 0$。

(1)海表面 $z = \zeta(x, y, t)$ 处的边界条件

海表面 $z = \zeta(x, y, t)$ 处的边界条件如下。

① 动力学边界条件：$v\dfrac{\partial u}{\partial z}=\tau_x^s(x,\ y,\ t)$，$v\dfrac{\partial v}{\partial z}=\tau_y^s(x,\ y,\ t)$；

② 热力学边界条件：$\kappa_T\dfrac{\partial T}{\partial z}=\dfrac{Q_T}{\rho_0 c_p}+\dfrac{1}{\rho_0 c_p}\dfrac{\mathrm{d}Q_T}{\mathrm{d}T}(T-T_{\mathrm{ref}})$，$\kappa_S\dfrac{\partial S}{\partial z}=\dfrac{(E-P)S}{\rho_0}$；

③ 海面垂直运动边界条件：$w=\dfrac{\partial \zeta}{\partial t}$．

（2）海底 $z=-h(x,\ y)$ 处的边界条件

海底 $z=-h(x,\ y)$ 处的边界条件如下。

① 动力学边界条件：$v\dfrac{\partial u}{\partial z}=\tau_b^s(x,\ y,\ t)$，$v\dfrac{\partial v}{\partial z}=\tau_b(x,\ y,\ t)$；

② 热力学边界条件：$\kappa_T\dfrac{\partial T}{\partial z}=0$，$\kappa_S\dfrac{\partial S}{\partial z}=0$．

（3）海底垂直运动边界条件

海底垂直运动边界条件如下：$-w+\vec{v}\cdot\nabla h=0$．

上面各式中，τ_x^s、τ_y^s 分别为海面风应力；Q_T 为海表面热通量；$E-P$ 为淡水通量；T_{ref} 为海表面参考温度；Q_t 为海表面温度的函数，由 T_{ref} 计算得到。

模式运行的强迫场输入为海面风场，由 NCEP 海面风场、CCMP 风场、ASCAT 与 HY-2A 散射计风场数据提供。开边界条件可由再分析场数据或更大区域的其他模式运行结果提供。

3.3.1.2　基于 ROMS 模式的时间扩展

将上述由海面高度和海表温度等遥感数据垂向扩展获得的逐日的三维温度和盐度实况分析场，作为每天初始时刻的模式初始场输入上述 ROMS 模式进行积分，获得每天的水位及三维温盐流相互匹配的模式积分结果，从而进一步实现遥感数据的时空扩展。

3.3.2　ROMS 模式开发与参数调整

研究所选用 ROMS 模式使用的坐标系统称为 S 坐标，该坐标系统在设计上较弹性，可以方便地对不同的研究现象在表层或低层加密，进而增加计算网格的解析度，对于本节中包含水深变化较大的区域，可以改善不连续网格所造成的计算误差。目前，研究主要在 ROMS 模式的垂向湍流混合参数化方案、水平黏性系数和水平扩散系数的选取、开边界条件给定、潮混合效应等方面进行应用开发。

3.3.2.1　垂向湍流混合参数化方案

ROMS 模式包含了 Large 等(1994)提出的 K-剖面参数化方案(K-Profile Parameteration,KPP)。其中的涡度扩散系数和涡度黏性系数由 Monin-Obukhov 相似理论给出。使用 KPP 方案的优势主要体现在模式的上边界层和底边界层。在该方案中,湍通量由沿梯度(down-gradient)部分和非局地(nonlocal)部分组成,即:$\overline{-wx} = K_x(\partial_s X - \gamma_x)$,$K_x(\sigma) = hw_x(\sigma)G(\sigma)$,其中的非局地标量通量 γ_x 由 DearDorff 公式得到,沿梯度涡度扩散系数 K_x 由边界层厚度、随深度变化的湍流速度尺度和一个经验的无量纲垂直剖面函数决定。在远离两个边界层的部分,KPP 模式主要考虑了与流场剪切、内波破碎、双扩散等引起的湍流混合。

3.3.2.2　水平黏性系数和水平扩散系数的选取

在本研究中,ROMS 模式的水平黏性系数和水平扩散系数采用两步计算。

第一步,采用 Smagorinsky 的非线性方案:

$$A_M = C\Delta x\Delta y \left[\left(\frac{\partial u}{\partial x} \right)^2 + \frac{1}{2} \left(\frac{\partial v}{\partial x} + \frac{\partial u}{\partial y} \right)^2 + \left(\frac{\partial v}{\partial y} \right)^2 \right]^{\frac{1}{2}} \tag{3-44}$$

$$A_H = 0.4 A_M \tag{3-45}$$

式中,A_M 为水平黏性系数;A_H 为水平扩散系数;C 为常数,一般取值为 0.1~0.2,若网格足够小,也可以取 0(Oey et al.,1985)。

第二步,根据局地格点的大小调整水平黏性系数和水平扩散系数。采用上述水平黏性系数和水平扩散系数可以较为有效地提高模式的稳定性。

3.3.2.3　开边界条件

正压流速采用 Flather 边界条件,三维斜压流速和温盐场采用 Orlanski 辐射加"轻推"(Nudging)边界条件。使用这种组合,外海潮波信息可通过边界水位和正压流速进入模型区域,外海引入的水通量和温盐通量可以通过边界三维流场和温盐场进入模型区域,模型区域产生的流场也可以通过边界流出。其优点是既保证了模型内外信息交换的畅通,又使边界区域计算比较稳定。

3.3.2.4　潮混合效应

潮流的周期运动对近海的湍流混合具有重要影响,是形成近海海温潮汐锋的重要动力因素。研究表明,如果不考虑潮流因素,难以计算近海的温度潮汐锋。ROMS 潮汐边界强迫采用 TPX07 海面高度、潮流东西分量 U、潮流南北分量 V。考虑 10 个分潮组合,分别是 M_2、S_2、N_2、K_2、K_1、O_1、P_1、Q_1、M_f 及 M_m。

257

3.3.2.5 海洋动力模式检验

研究海区范围为 3°S—27°N，100°—125°E。模式采用水平均匀网格，分辨率为

1/4°，垂向分 48 层，如图 3-49 所示。气象驱动场采用每天 4 次 NCEP 再分析场（1958—2008 年多年平均场），并采用块体公式将风速转化为风应力。上表面强迫场通过输入表面风应力场、热通量和盐通量（淡水通量）场给定；下表面（海底）各通量设为零。初始场与开边界场的海面高度和三维温盐流使用 SODA 历年月平均场。经过实际检验，流场和海平面场经过 1 年左右的调整就可达到稳定，因此这样的设置是可行的。本文选取的内模态时间步长为 120 s，外模态时间步长为 4 s。图 3-50 至图 3-52 所示是使用上述参数设置后，模拟第 5 年的南海温度和盐度月平均（冬季和夏季）的模拟结果。由图 3-50 至图 3-52 可见，在南海，数值模拟结果能较好地模拟南海盐度和温度的总体分布。

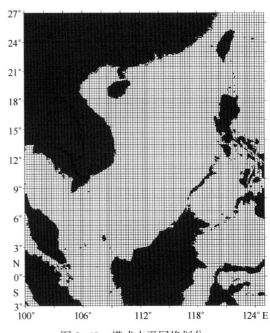

图 3-49　模式水平网格划分

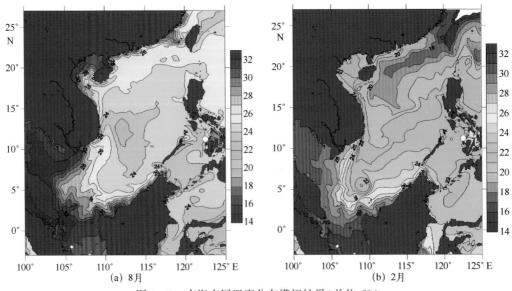

(a) 8月　　　　　　　　　(b) 2月

图 3-50　南海表层温度分布模拟结果（单位：℃）

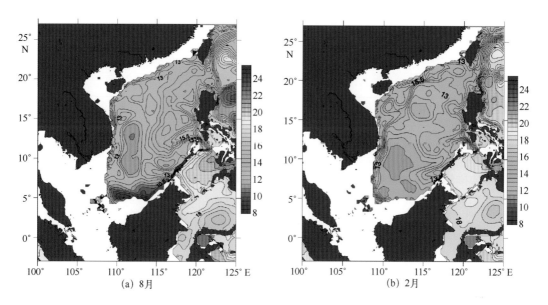

图 3-51　南海 100 m 层温度分布模拟结果(单位:℃)

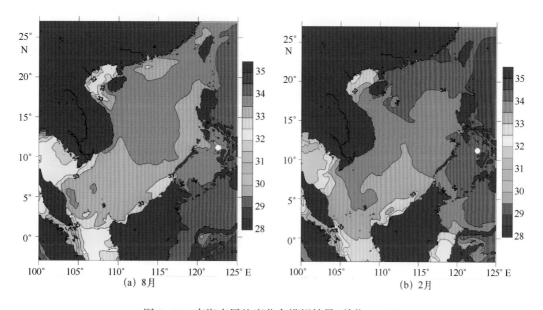

图 3-52　南海表层盐度分布模拟结果(单位：psu)

3.3.3　基于 ROMS 模式的南海海域区域数值模拟

研究基于 ROMS 模式,通过构建合适的模式强迫场、边界条件,采用温盐三维实况分析场作为初始场输入,实现遥感数据的时空扩展,进而获得动力匹配的三维海洋动力环境场，将 ROMS 模式模拟的结果与 HYCOM 官方网站给出的相应结果进行比较。

3.3.3.1 模型设置

基于 ROMS 模式的南海海域区域数值模拟设置方案如下。①时间：2005 年 1 月 1 日至 2008 年 12 月 31 日。②区域：中国南海（0°—25°N，105°—125°E）（图 3-53）。③水深数据：ETOPO5。④初始场：Levitus 季平均气候态温、盐数据，其他诸如自由表面、三维速度均赋值 0。⑤强迫场：风场驱动采用精度较高的 CCMP 风场数据，其他气象驱动场均使用 NCEP 再分析资料。⑥开边界条件：采用 SODA 月平均数据。

此外，水平方向上，曲面正交网格的分辨率约为 0.1°×0.1°；垂向上，S 坐标，共 30 层，时间步长设为 100 s。

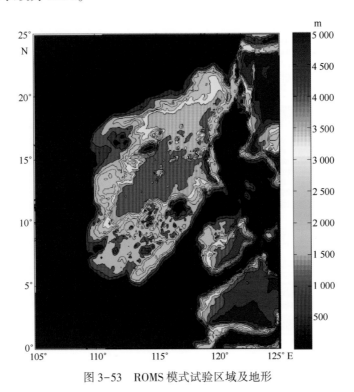

图 3-53　ROMS 模式试验区域及地形

3.3.3.2 模型结果

1）海表温度

研究根据 ROMS 模式模拟结果，提取了海表温度数据，与 HYCOM 模式结果进行了比较。从图 3-54 可以看出，ROMS 海表温度分布与 HYCOM 的结果大致趋势相同。

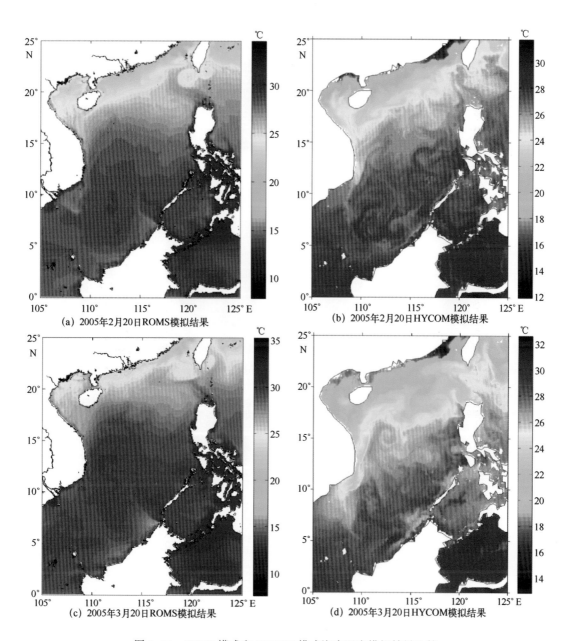

图 3-54　ROMS 模式和 HYCOM 模式海表温度模拟结果比较

2）温盐剖面

在 ROMS 模式模拟第 20 天时，选取了 S_1（5°—10° N，110° E）、S_2（15°—20° N，115° E）、S_3（3°—8° N，120° E）、S_4（17°—22° N，119° E）4 个断面，温盐分布如图 3-55 和图 3-56 所示。

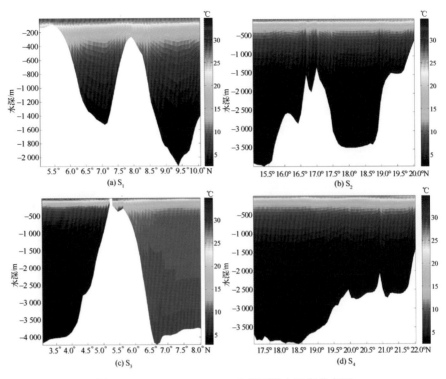

图 3-55　S₁、S₂、S₃、S₄ 4 个断面海水温度分布图

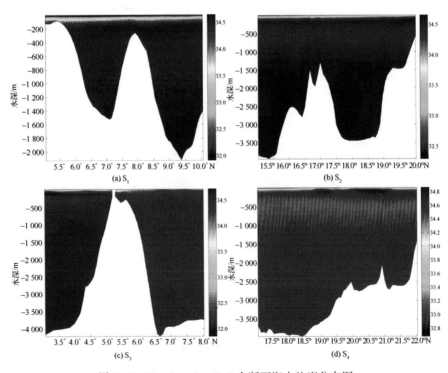

图 3-56　S₁、S₂、S₃、S₄ 4 个断面海水盐度分布图

3）速度矢量

在模拟过程中，分别对结果中第 50 天和第 70 天的速度矢量作图，如图 3-57 所示。

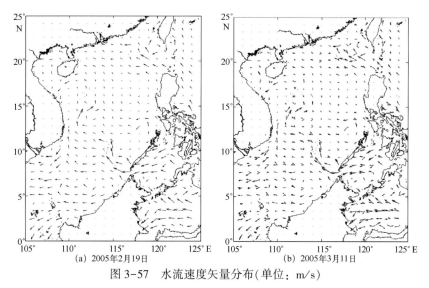

(a) 2005年2月19日　　　　　　(b) 2005年3月11日

图 3-57　水流速度矢量分布（单位：m/s）

3.3.4　基于 ROMS 模式的南海海域时间扩展温盐流场

3.3.4.1　时间扩展产品参数

基于 ROMS 模式的南海海域时间数值模拟设置方案如下。

①海区范围：3°—27°N，100°—125°E。

②时间范围：2013 年 1—12 月。

③水平分辨率：1/8°。

④垂向分辨率：共 35 层，包括：0 m、10 m、20 m、30 m、50 m、75 m、100 m、125 m、150 m、200 m、250 m、300 m、350 m、400 m、450 m、500 m、600 m、700 m、800 m、900 m、1 000 m、1 100 m、1 200 m、1 300 m、1 400 m、1 500 m、1 750 m、2 000 m、2 500 m、3 000 m、3 500 m、4 000 m、4 500 m、5 000 m、5 500 m。

⑤时间分辨率：逐日。

⑥要素：海水温度、海水盐度、流速。

⑦数据格式：ASCⅡ。每天的数据文件中，依次存放每个水平网格点的温盐、u、v 流速剖面，第 1 行为表头数据（经度、纬度），第 2 行至第 36 行为各层的水温、盐度、经向流速、纬向流速数据（水深、水温、盐度、u、v），缺省值为 9 999.0。

3.3.4.2　时间扩展产品结果

在建立的空间扩展场的基础上，进一步基于开发的 ROMS 模式，对三维温盐产品进行时间扩展，形成了 2013 年时空扩展产品，其中 1 月和 7 月的部分结果如图 3-58 至图 3-69 所示。

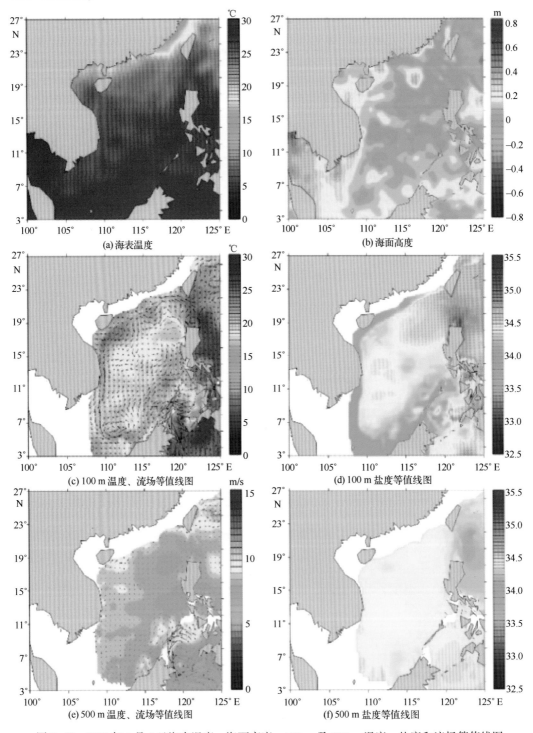

图 3-58　2013 年 1 月 5 日海表温度、海面高度、100 m 及 500 m 温度、盐度和流场等值线图

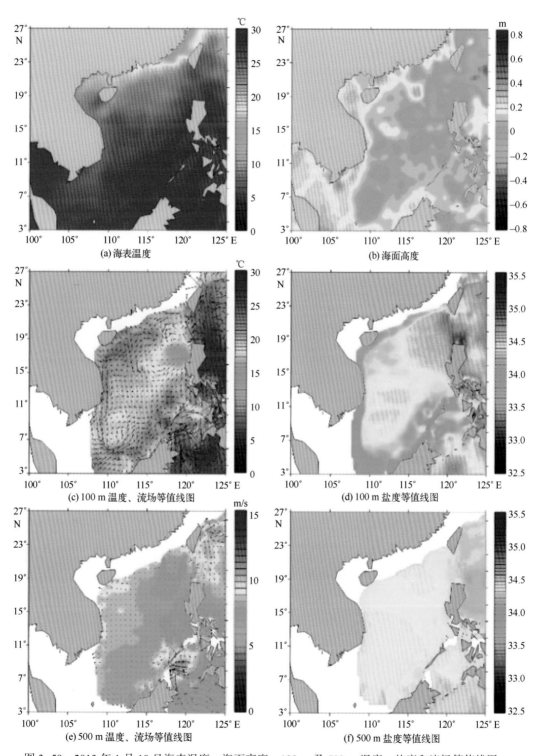

图 3-59　2013 年 1 月 10 日海表温度、海面高度、100 m 及 500 m 温度、盐度和流场等值线图

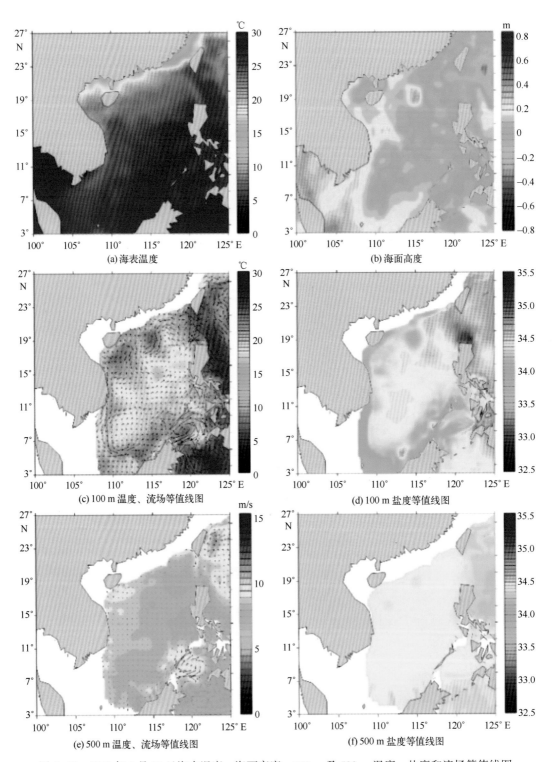

图 3-60　2013 年 1 月 15 日海表温度、海面高度、100 m 及 500 m 温度、盐度和流场等值线图

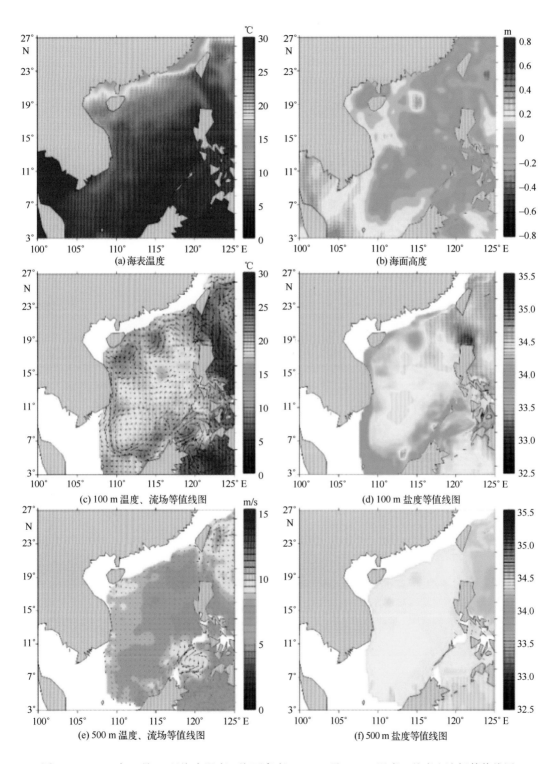

图 3-61　2013 年 1 月 20 日海表温度、海面高度、100 m 及 500 m 温度、盐度和流场等值线图

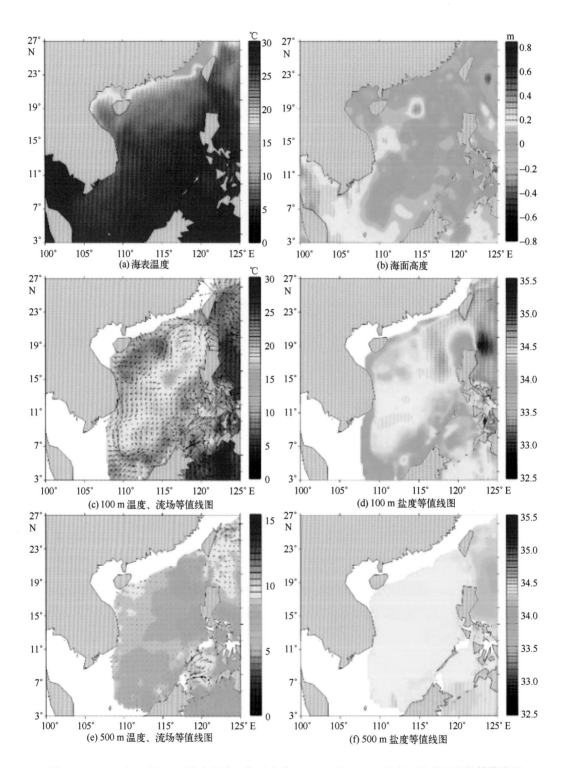

图 3-62 2013 年 1 月 25 日海表温度、海面高度、100 m 及 500 m 温度、盐度和流场等值线图

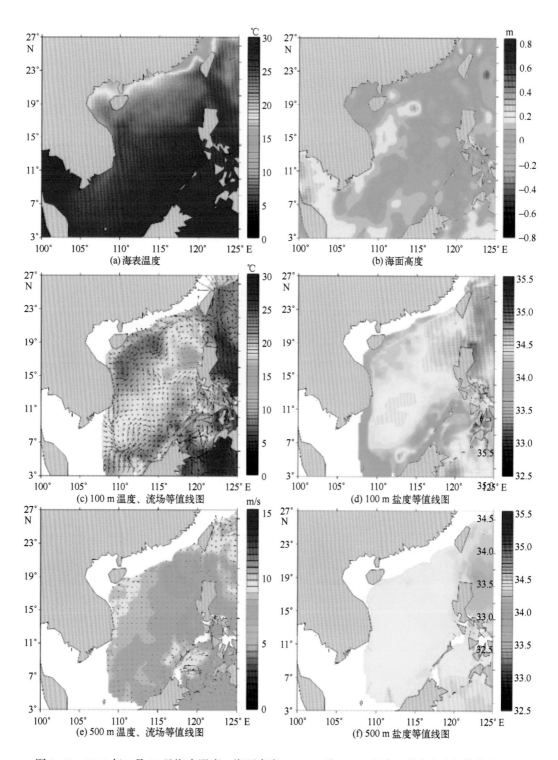

图 3-63　2013 年 1 月 30 日海表温度、海面高度、100 m 及 500 m 温度、盐度和流场等值线图

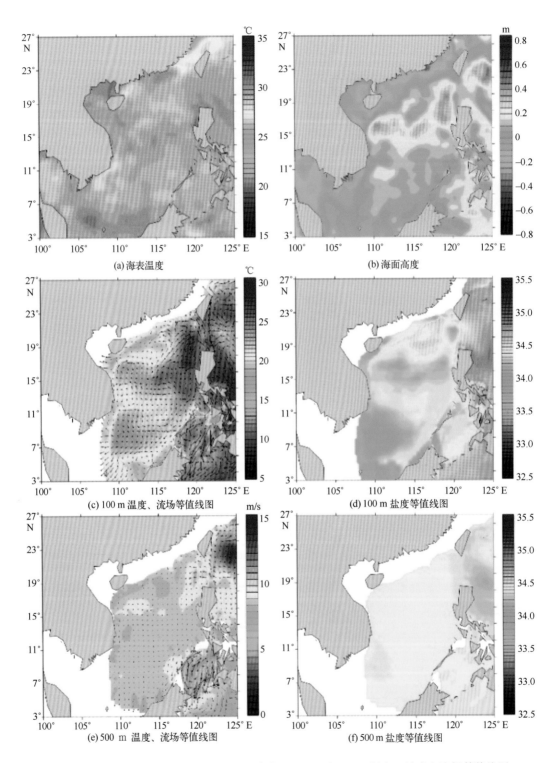

图 3-64　2013 年 7 月 5 日海表温度、海面高度、100 m 及 500 m 温度、盐度和流场等值线图

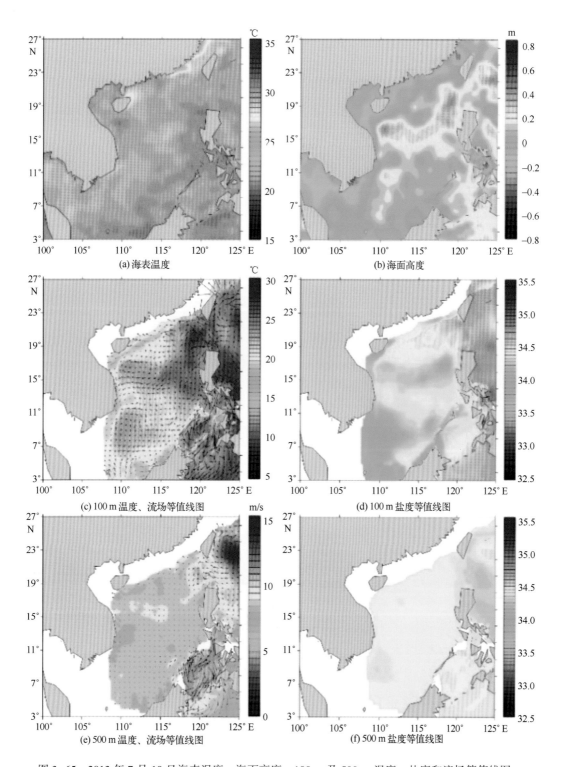

图 3-65 2013 年 7 月 10 日海表温度、海面高度、100 m 及 500 m 温度、盐度和流场等值线图

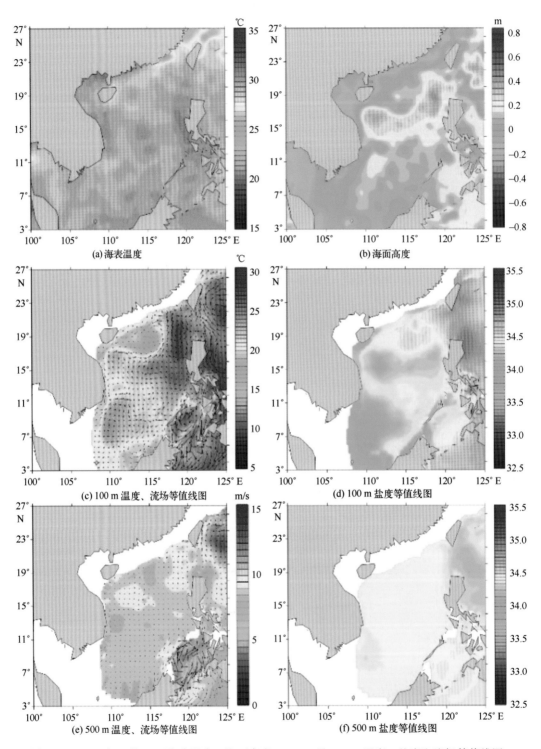

图 3-66　2013 年 7 月 15 日海表温度、海面高度、100 m 及 500 m 温度、盐度和流场等值线图

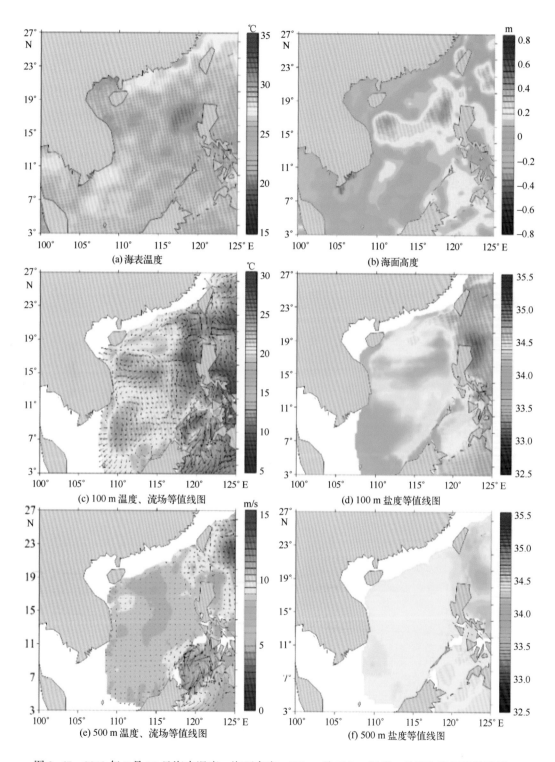

(a) 海表温度

(b) 海面高度

(c) 100 m 温度、流场等值线图

(d) 100 m 盐度等值线图

(e) 500 m 温度、流场等值线图

(f) 500 m 盐度等值线图

图 3-67 2013 年 7 月 20 日海表温度、海面高度、100 m 及 500 m 温度、盐度和流场等值线图

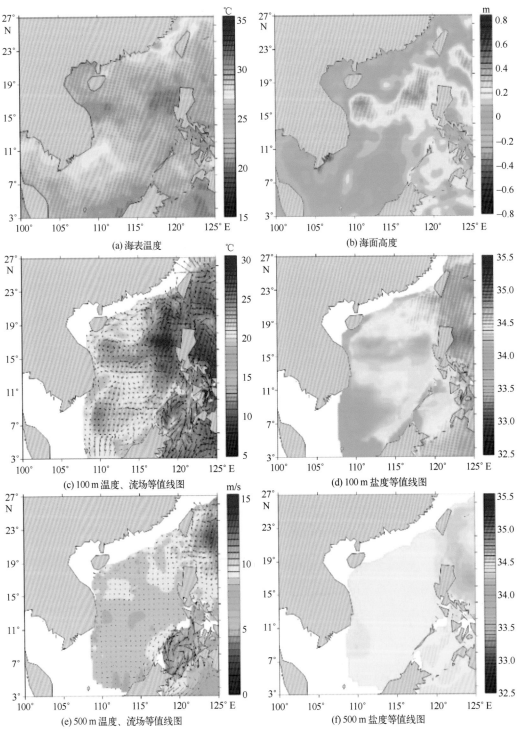

图 3-68　2013 年 7 月 25 日海表温度、海面高度、100 m 及 500 m 温度、盐度和流场等值线图

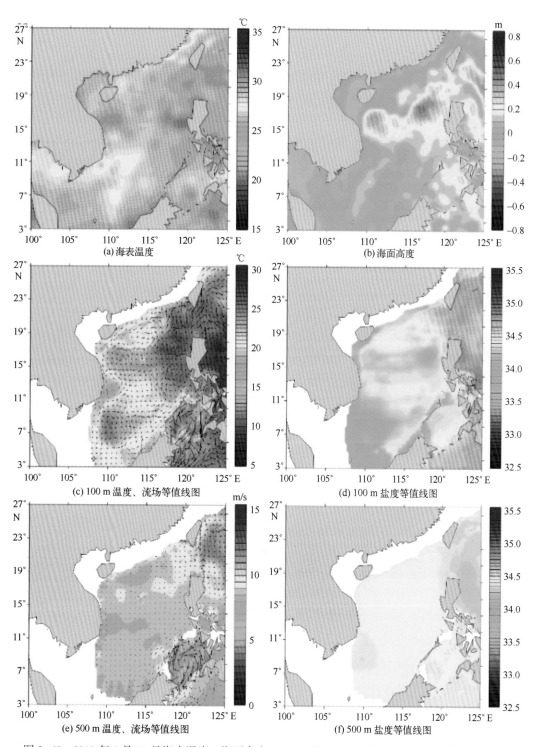

图 3-69　2013 年 7 月 30 日海表温度、海面高度、100 m 及 500 m 温度、盐度和流场等值线图

参考文献

BEHRINGER D W, JI M, LEETMAA A, 1998. An improved coupled model for ENSO prediction and implications for ocean initialization. Part I: The ocean data assimilation system. Monthly Weather Review (126):1013-1021.

DERBER J C, ROSATI A, 1989. A global oceanic data assimilation system. Journal Physical Oceanography (19):1333-1347.

GASPARI G, COHN S E, 1999. Construction of correlation functions in two and three dimensions. Quarterly Journal of the Royal Meteorological Society(125):723-757.

HAYDEN C M, PURSER R J, 1995. Recursive filter objective analysis of meteorological fields: Applications to NESDIS operational processing. Journal Applied Meteorology(34):3-15.

LARGE W G, MCWILLIAMS J C, DONEY S C, 1994. Oceanic vertical mixing: a review and a model with a nonlocal boundary layer parameterization. Reviews Geophysics(32):363-403.

LI Z, ChAO Y, MCWILLIAMS J C, et al., 2008. A three-dimensional variational data assimilation scheme for the Regional Ocean Modeling System. Journal of Atmospheric and Oceanic Technology(25):2074-2090.

OEY L Y, MELLOR G L, HIRES R I, 1985. A three-dimensional simulation of the Hudson-Raritan Estuary. Part I: Description of the model and model simulations. Journal Physical Oceanography(15):1676-1692.

WEAVER A T, COURTIER P, 2001. Correlation modelling on the sphere using a generalized diffusion equation. Quarterly Journal of the Royal Meteorological Society(127):1815-1846.

WONG A P S, JOHNSON G C, OWENS W B, 2003. Delayed-mode calibration of autonomous CTD profiling float salinity data by Theta-S climatology. Journal of Atmospheric and Oceanic Technology, 20(2):308-318.

XIE X B, WU R S, FEHLER M et al., 2005. Seismic resolution and illumination: A wave equation-based analysis. 75th Annual International Meeting, SEG, Expanded Abstracts:1862-1865.

Chapter 4

第4章

微波遥感在南海及周边海域的应用

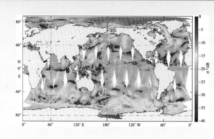
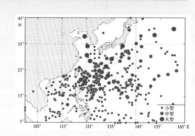

4.1 卫星雷达高度计在南海海平面变化监测中的应用

海平面变化是指海平面的升降变化，其变化可大致分为两类：一类是体积变化，如全球变暖所引起的热膨胀；另一类是质量变化，如大陆冰川和冰盖的融化、格陵兰以及两极冰质量亏损。联合国政府间气候变化专门委员会(IPCC)第五次评估报告指出，1900—2010 年间，全球平均海平面的上升速率为(1.7±0.2) mm/a。然而，在全球变暖背景下，近 20 年来海平面上升正在加剧。卫星高度计测量的结果显示，海平面在1993—2012 年间的上升速率已增加到(3.2±0.4) mm/a。IPCC 第五次评估报告指出，现阶段及未来的海平面变化将造成诸多影响，尤其是对沿岸生态系统影响最大，这些影响包括海岸侵蚀、风暴潮加剧、洪涝、海水入侵、陆地流失等。目前，超过 600 万人居住在海拔低于 10 m 的沿岸地区，其中有大约 150 万人的住所距高潮位不到 1 m。因此，了解和预测海平面变化对于人类生活至关重要。

目前，海平面的监测手段主要有验潮站观测、卫星测高、海洋温盐测量等，利用这些观测数据已得到了许多海平面变化方面的研究成果。20 世纪 90 年代以前，对于海平面变化的监测主要依靠离散的验潮站观测数据，有些验潮站的观测时间甚至长达 100多年，为海平面变化研究提供了长期的观测资料。但是由于验潮站数据覆盖率低，且大多局限在沿岸地区，对大洋中部海域以及南半球海域观测不足，因此验潮站数据大多局限于区域性研究。从 1993 年，卫星高度计为研究全球海平面变化提供了非常有效的手段。卫星高度计的优势在于能够全天时、全天候、高精度地观测全球海平面变化，如我国发射的 HY-2 卫星高度计测高精度优于 4 cm。基于这些优势，卫星高度计已广泛应用于海平面相关研究，诸如监测海平面变化、模态提取、数据重构、探究海平面年际变化等。本节主要介绍卫星高度计在南海的应用。

4.1.1 卫星高度计观测南海海平面时空变化

随着高度计的广泛使用，最直接的应用就是观测海平面变化(时空分布)。图 4-1 所示是近 20 年来高度计融合数据观测的南海平均海平面变化。从图 4-1 中可以看出，南海海平面总体呈上升趋势，且存在很强的年周期信号。通过最小二乘拟合得到的南海海平面增长速率达到 5.39 mm/a，高于全球平均值(3.2 mm/a)。图 4-2 进一步给出了南海海平面变化的空间分布。从图 4-2 中可以看到，近 20 年来南海海域内各位置均呈现稳定上升趋势，变化区间为 2.5～8.0 mm/a。变化较大的区域(大于7 mm/a)主要位于吕宋岛西侧，而变化较小的区域(小于 4 mm/a)则主要位于吕宋海峡和越南东南海域。

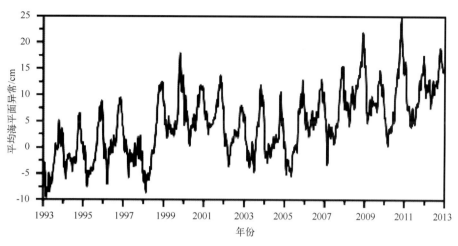

图 4-1　1993—2012 年间高度计观测的南海平均海平面变化时间序列（Jiang et al.,2015）

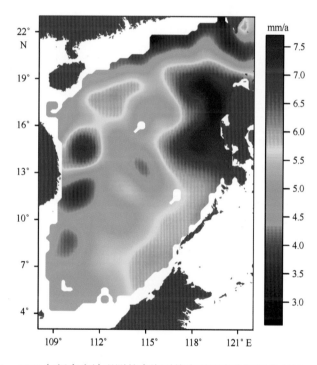

图 4-2　1993—2012 年间高度计观测的南海平均海平面变化空间分布（Jiang et al.,2015）

4.1.2　南海海平面变化模态提取

由于早前受制于较短的时间序列，大部分南海海平面变化研究主要集中在探究南海海平面的年变化。随着时间序列的增长以及数据处理技术的提升，近些年的研究逐渐扩展到年际尺度。图4-3所示为提取的南海海平面变化的各周期成分振幅。通过显著性检验可以得到7个主要模态，分别位于6个月(模态A)、12个月(模态B)、18.4个月(模态C)、20.5个月(模态D)、23.2个月(模态E)、28.1个月(模态F)、112.1个月(模态G)，揭示了南海海平面模态的丰富性。图4-4提供了南海海平面变化7个主要模态振幅的空间分布。模态A的最大振幅出现在南海海域西侧以及吕宋岛西北侧并延伸至中部海域，而低振幅海域主要位于吕宋海峡以及南海东南部[图4-4(a)]。对于最强的年信号(模态B)，其空间分布与模态A相似，但其在吕宋岛西北侧海域振幅更强[图4-4(b)]。模态C至模态F均属于年际信号，其最活跃的区域主要位于西侧海域中部[图4-4(c)至(f)]。相比之下，南海南部海域的振幅较弱。在年代际尺度上(模态G)，在西侧海域中部仍有一个活跃区，但在16°N有一个更加强化的纬向带状区[图4-4(g)]。模态A和模态B的海平面变化主要由亚洲季风所导致的风应力的变化引起，南海的季风变化具有显著的季节和年信号。此外，这两个模态也与黑潮的季节和年变化相关。由于南海地理位置的独特性，南海海平面也为海气系统的振荡所影响，例如厄尔尼诺和南方涛动(ENSO)。由于ENSO信号的周期通常为2~7 a，因而也可以从南海海平面中提取丰富的年际信号。

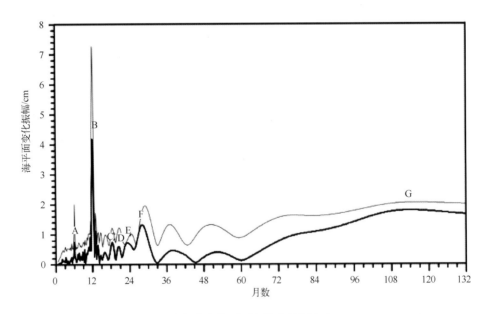

图4-3　1993—2012年间南海海平面各模态振幅变化(Jiang et al.,2015)

通过显著性检验的峰值定义为主模态，其中黑线是平均海平面模态振幅变化，灰线为海平面平均振幅变化

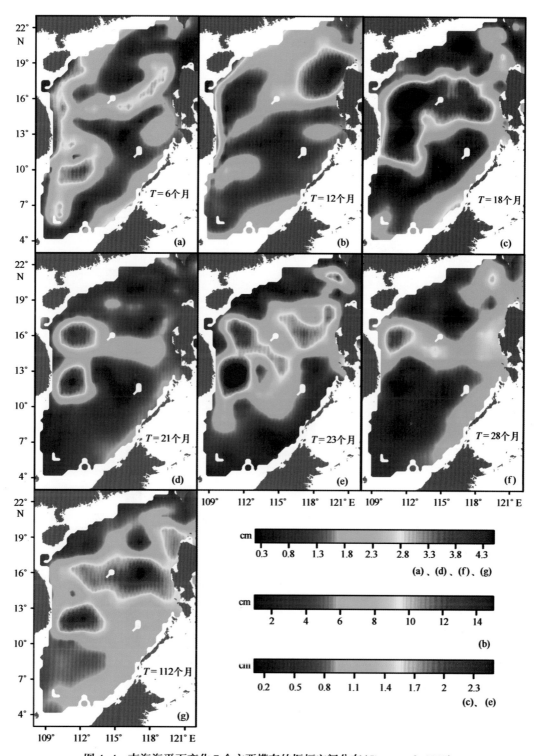

图 4-4　南海海平面变化 7 个主要模态的振幅空间分布(Jiang et al.,2015)

4.1.3　高度计数据重构

历史数据重构的优势在于可以估计长期的区域和全球海平面变化以及提供任意位置的时间序列。目前，比较流行的做法是借助经验正交函数，一方面，通过高精度的高度计数据提取海平面变化的空间主模态；另一方面，利用验潮站数据构造一个新的长时间序列，两者结合可以得到海平面变化的历史数据。

图 4-5 所示是重构的 1950—2009 年间的南海海平面变化趋势空间分布图。对比图 4-2 可以看到，重构的趋势空间分布与短期的高度计观测差别明显，证实了高度计数据的长度仍然不足以捕捉低频趋势。在 1950—2009 年间，南海海平面平均上升趋势为（1.7±0.1）mm/a，略微低于同期的全球平均值（1.8±0.3）mm/a。值得注意的是，中国沿岸以及越南北部海域的上升速率要高于深水海域，与高度计观测结果大致相反。因此，这些低频的区域性趋势极大地影响了几个超大城市，例如中国香港、广州。

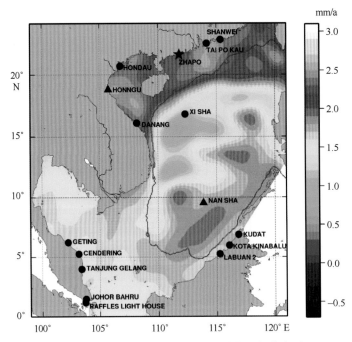

图 4-5　重构的 1950—2009 年间的南海海平面变化趋势空间分布图（Peng et al., 2013）

4.1.4　南海海平面的年际振荡

ENSO 是发生在热带太平洋最重要的海洋大气相互作用的耦合现象。ENSO 事件的周期通常为 2~7 a，因此其发生会引起全球年际尺度上的气候振荡。由于南海位于西太平洋及东印度洋之间，因此南海海平面的变化会受到 ENSO 的影响。研究表面，两者之间的联系归因于 ENSO 事件引起大气环流的变化。

图 4-6(a)展现了高度计时代南海平均海平面和比容海平面的年际变化。图 4-6(b)描述了海平面变化以及 NINO4 指数在不同时间延时上的相关性。从图 4-6(a)中可以看到，南海海平面变化呈现剧烈的年际振荡，尤其是在 1999—2000 年间以及 2007—2008 年间且 NINO4 指数极小时。两个极小值对应于拉尼娜事件。这充分说明了南海平均海平面及比容海平面受 ENSO 事件影响强烈。通过相关性分析，南海平均海平面及比容海平面变化与 NINO4 指数相关系数分别为-0.89 和-0.71。NINO4 指数分别超前南海平均海平面及比容海平面变化 6 个月和 3 个月。

此外，通过重构数据，可以分析过去 60 年内的南海海平面年际变化(图 4-7)。从 1950—2009 年间，南海平均海平面以及比容海平面与 NINO4 指数呈现强烈的负相关(r=-0.46)。这也说明了过去 60 年内，ENSO 驱动了南海海平面及比容海平面的年际变化。

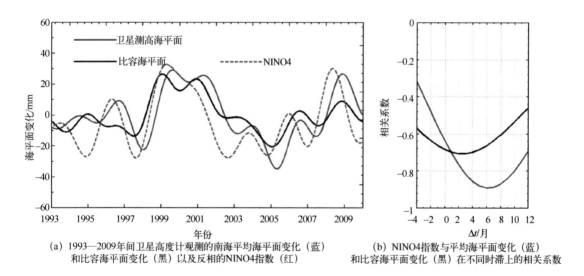

(a) 1993—2009年间卫星高度计观测的南海平均海平面变化（蓝）
和比容海平面变化（黑）以及反相的NINO4指数（红）

(b) NINO4指数与平均海平面变化（蓝）
和比容海平面变化（黑）在不同时滞上的相关系数

图 4-6　1993—2009 年间卫星高度计观测的南海平均海平面和比容海平面的年际变化及
NINO4 指数在不同时间延时上的相关性(Peng et al.,2013)

为了探究南海海平面变化特征，可对重构的海平面变化进一步进行经验正交函数(EOF)分解。图 4-8 和图 4-9 分别展示了 EOF 分解的第一模态和第二模态。第一模态解释了总方差的 92%，捕捉了南海海平面变化的趋势(参考图 4-5)，同时两者的时间序列也高度相关。第二模态解释总方差的 4%，其时间序列与 NINO4 指数相关系数达到

−0.7，再次证明了南海海平面年际变化与 ENSO 事件高度相关。此外，从第二模态的空间分布可以看到，强烈的负响应主要出现在吕宋岛西侧延伸至越南东部，正响应则主要出现在南海西侧边缘海域。

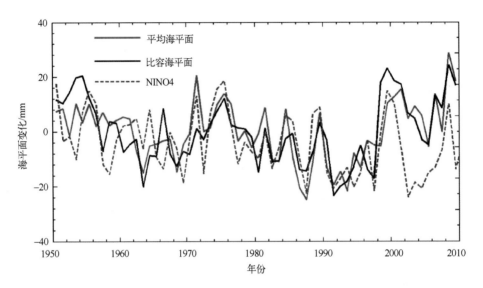

图 4-7　1950—2009 年间重构的南海平均海平面变化(红)和比容海平面变化(黑)以及反相的 NINO4 指数(蓝)(Peng et al.,2013)

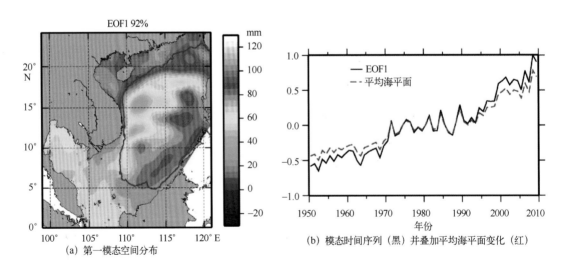

(a) 第一模态空间分布　　　　(b) 模态时间序列（黑）并叠加平均海平面变化（红）

图 4-8　1950—2009 年间 EOF 分解的南海海平面的第一模态(Peng et al.,2013)

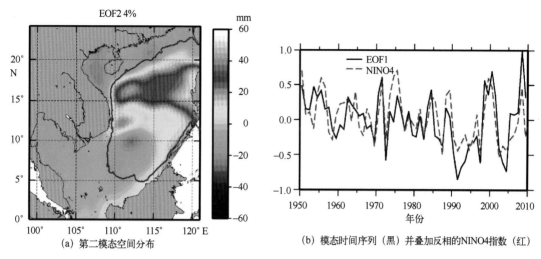

(a) 第二模态空间分布　　　　　　(b) 模态时间序列（黑）并叠加反相的NINO4指数（红）

图 4-9　1950—2009 年间 EOF 分解的南海海平面的第二模态(Peng et al.,2013)

4.2　HY-2A 卫星微波散射计在西北太平洋台风监测中的应用

热带气旋是一种生成于热带或副热带洋面上具有暖心结构的中尺度涡旋低压系统，其主要活动区域包括西北太平洋、东北太平洋、北大西洋、北印度洋、南太平洋和南印度洋。人们按照习惯对不同海域生成的热带气旋命名不同。北大西洋和东北太平洋热带气旋通常被称为飓风(hurricane)，印度洋热带气旋被称作热带风暴(tropical storm)，而在西北太平洋和东南亚海域生成的热带气旋则通常被称为台风(typhoon)。根据美国联合台风预警中心(Joint Typhoon Warming Center,JTWC)发布的 1965—2014 年热带气旋活动统计数据，西北太平洋是全球海域中热带气旋发生频数最多的海域之一，平均每年约有 28 个热带气旋生成，其中超过 8 个达到强台风级别(最大持续风速大于 96 节，1 节 ≈ 0.514 m/s)。

热带气旋对于海洋生态系统、海洋环境和全球气候调节等具有重要作用，同时伴随热带气旋发生的暴风、强降雨和风暴潮等恶劣天气，往往会造成严重的灾害，这些灾害具有突发性强、可预报性、影响范围大等特征。观测表明，多数热带气旋系统通常在热带洋面生成后途经亚热带海域最终到达中高纬度地区转为温带气旋，给中纬度沿海城市和地区造成极大的经济损失。例如，2005 年的"卡特里娜"飓风将新奥尔良市一夜之间变为废墟，2013 年的台风"海燕"造成数千人死亡。因此，准确实时的天气预报对于减少热带气旋造成的灾害至关重要。为此，当前最重要的是提高人们对于热带气旋物理机制的认识，从而更为全面地理解热带气旋的生成、发展以及衰亡期间的热动力过程。

台风监测中，常常因缺乏长时间序列的历史观测数据使其在实际应用和研究中存在很多缺点。卫星遥感技术的发展在一定程度上弥补了观测数据的不足，并为台风监测和研究提供了新思路。自人类进入卫星时代以来，气象卫星为热带气旋路径追踪和预报、热带气旋强度估计和预测、热带气旋结构研究等提供了非常重要的信息。但是传统的红外和可见光遥感手段因为易受云、雨和其他复杂的天气现象的影响使得其在台风低层结构等观测和研究中存在困难。

卫星微波散射计是目前全球海面风场观测最主要的手段。卫星微波散射计覆盖范围广、可全天候观测的能力和不受云影响等特性，使得其在极端天气如台风条件下的应用具有其他类型传感器不可比拟的优越性。研究表明卫星微波散射计资料可有效用于热带低压早期预警及热带气旋早期探测。搭载于 QuikSCAT 卫星上的 SeaWinds 传感器于 1999—2009 年期间获取的海表面风场数据为台风海表面风场研究提供了极为宝贵的数据资料集。

2012 年 1 月，国家海洋卫星应用中心业务化发布 HY-2A/SCAT 数据，该数据集在台风自动识别、中心定位和路径追踪、强度分析等研究中已经取得一定成果。尽管 HY-2A/SCAT 观测得到的海表面风场数据精度与 OSCAT、ASCAT 和 QuikSCAT 数据相当（Wang et al.，2015），但是目前使用其数据进行台风海表面风场的相关研究仍然很少。因此，本节主要讨论 HY-2A/SCAT 在西北太平洋台风观测中的应用。

4.2.1 HY-2A 卫星微波散射计风场数据在台风观测中的有效性评价

HY-2A 卫星微波散射计自 2012 年 1 月到 2014 年 6 月共计观测到 67 个发生于西北太平洋的台风系统，得到 8 767 个海表面风场数据文件，其中仅有 945 轨数据观测到了台风环流结构。受散射计数据质量和空间不连续的影响，在使用这些数据前必须对其进行必要的质量控制。一般地，要求这些数据满足以下几个条件：① 台风中心须在散射计刈幅范围内且距离刈幅边缘 1°之内；② 轨道数据至少需包含 60%以上的台风环流结构；③ 数据不能存在大范围的风场不连续问题。图 4-10 给出了 HY-2A 卫星微波散射计在一天内对全球海域的覆盖情况，从图 4-10 可以看出，HY-2A 卫星微波散射计能够在一天内几乎完整地覆盖整个西北太平洋和中国南海海域，从而为相关研究提供了保障。

为了评估 HY-2A 卫星微波散射计在台风监测中的数据有效性，研究对得到的包含台风环流结构的数据文件的有效性以每个台风系统为单元进行逐一排查检验。同一个台风系统在一天内根据被观测次数分为两类：仅观测到一次和观测到两次。理想情况下，HY-2A 卫星微波散射计每天可以观测到同一个台风的两幅海表面风场数据，然而，这种情况仅占 69.87%，这其中两幅数据都能用于进行相关研究的只有 22.83%。图 4-11 列出了 HY-2A 卫星微波散射计获取的数据在台风监测中的有效性，从图 4-11

可以看出，HY-2A 卫星微波散射计观测得到的包含台风结构的数据中，仅 63% 为有效数据，可以用于相关研究当中。

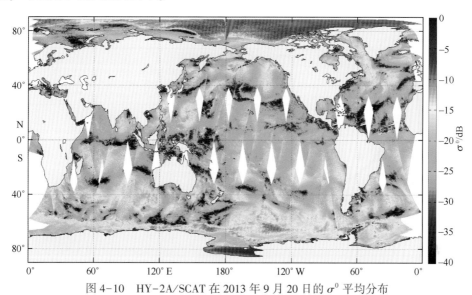

图 4-10 HY-2A/SCAT 在 2013 年 9 月 20 日的 σ^0 平均分布

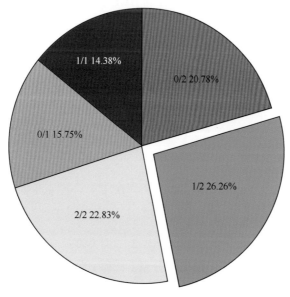

图 4-11 显示了每天所有 HY-2A 的 TC 有用图像的检索频率，如每个部分所示，每天最多可以得到两张图像，尽管在很多情况下，每天只有一张图像可用。最大的部分显示，从 2012—2014 年，每天得到的两幅图像中有一个是可用的(用于 TC 中心识别的)，占 26.26%

散射计尽管能够被用于台风检测和相关研究，但是其分辨率相对较低(12.5 ~ 25 km)。更重要的是，因微波饱和特性，其不能用于台风内核风场的观测。如图 4-12 所示为利用卫星云图、QuikSCAT 和 JTWC 等得到的 2009 年超级台风 "茉莉"（Melor）

的切向风随半径的分布廓线。可以看到，散射计在台风内核风场观测中存在明显问题。HY-2A 卫星微波散射计同以往所有散射计一样，同样存在类似问题，因此其观测数据只能被用于弱台风系统或者台风系统外围风场的观测和研究。

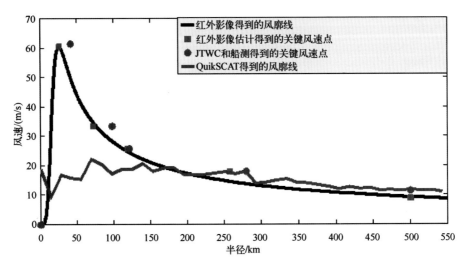

图 4-12　通过卫星云图、QuikSCAT 和 JTWC 得到 2009 年超强台风"茉莉"期间随半径变化的切向风廓线分布

4.2.2　台风中心定位与路径追踪

根据 Helmholtz-Hodge 风场分解理论，任何风矢量场都可以分解为相互独立的 4 个分矢量场或 4 个分矢量场的部分组合（图 4-13）。Helmholtz-Hodge 风矢量场分解理论表示如下式：

$$u = u_0 + \frac{1}{2}F^*x + \frac{1}{2}D^*x - \frac{1}{2}\zeta^*y \qquad (4-1)$$

$$v = v_0 - \frac{1}{2}F^*y + \frac{1}{2}D^*y - \frac{1}{2}\zeta^*y \qquad (4-2)$$

式中，u 和 v 分别表示经向和纬向风矢量分量；x 和 y 分别表示径向和纬向；u_0 和 v_0 分别为经向和纬向调和场（harmonic）分量，调和场在台风风场中即背景风场；F 为变形场（deformation），$F = \partial u/\partial x - \partial v/\partial y$，$D$、$\zeta$ 分别为散度场（divergence）和涡度场（vorticity），$D = \partial u/\partial x + \partial v/\partial y$，$\zeta = \partial v/\partial x - \partial u/\partial y$。由此可见，台风风场分解的关键为解决数值微分问题，蔡其发等（2008）基于 Tikhonov 正则化提出适用于样本数据等间距划分的一维一阶数值微分方法，由于 HY-2A/SCAT 数据非等间距，本文在正则化过程中采样间隔为最大样本间隔和最小样本间隔的平均来估计三次样条函数的待定系数，进而求得三次样条函数及其在采样格点上的数值微分。

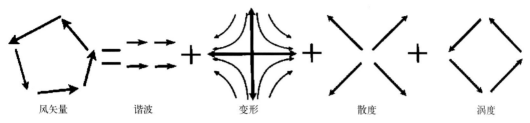

图 4-13　利用 Helmholtz-Hodge 定理得到的风矢量场分解示意图

风矢量　　　谐波　　　　　变形　　　　　散度　　　　　涡度

台风为一种气旋性涡旋，在北半球，风场沿流线逆时针向台风中心辐聚，亦即台风在北半球表现为一个负源场。因此，在台风中心邻域内，散度场在理论上为负值且在台风中心存在小于零的极小值。涡度通常被用来衡量大气质团围绕某一定点的旋转程度(由于大气运动的近水平性，这里仅考虑垂直涡度，定义逆时针旋转为正)。因此，台风中心邻域内涡度场理论上为正且在台风中心存在大于零的极大值。根据以上分析，可以通过搜索台风散度场中的最小散度值或涡度场中的最大涡度值来搜索台风中心位置。将散度场和涡度场做乘积得到散度场和涡度场的复合场，理论上，则会在台风涡流风场结构范围内出现复合场的最小值，该最小值由散度场的极小值和涡度场的极大值共同决定，使得其在数值上远远大于邻域内的其他值。从而，可以很容易地将台风中心区分出来。通过搜索复合场中的最小复合场值即可得到台风中心位置。复合场的优势在于：① 规避了因单独计算散度场和涡度场所引入的不确定性误差；② 台风中心位置处复合场中的最小值与邻域中其他复合场值存在数量级的差异，从而避免了台风中心的误判。

以 HY-2A/SCAT 观测到的 2012 年第 10 号台风"达维"[2012 年 7 月 31 日 22:38 时 (UTC)]海面风场数据为例，分别采用散度场、涡度场和复合场进行台风中心定位的结果如图 4-14 所示。其中，图 4-14(d) 为复合场(DV)，显然台风中心位置的最小值远远小于中心位置邻域内的其他值，从而可以很准确地将台风中心位置从台风涡流风场结构中区分出来。复合场(DV)可表示为如下式：

$$DV = D^* \zeta \tag{4-3}$$

从 2012 年第 10 号台风"达维"案例可以发现，利用复合场进行台风中心定位的结果精度较高。因此，对台风"苏力"的 6 幅风场数据，采用该方法进行中心定位的结果如图 4-15 所示。该方法所得到的台风中心位置与台风涡流中心结构一致。为对结果进行定量分析，采用了线性插值到以小时为间隔的 JTWC 最优路径数据为真值进行对比分析：平均绝对误差为经向 0.42° 和纬向 0.12°。考虑到 HY-2A/SCAT 的空间分辨率为 0.25°，同时因最优路径数据插值过程造成的误差以及插值后的时间和 HY-2A 观测时间仍有差异等原因，这样的误差是合理的(Zhao et al.,2017)。

在得到台风中心位置后，利用 HY-2A/SCAT 观测得到的台风"苏力"的路径如图

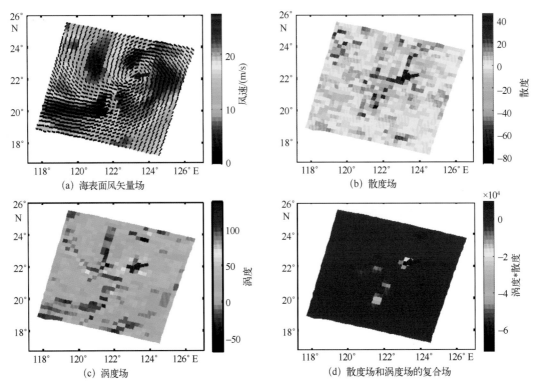

图 4-14　HY-2A/SCAT 导出的 2012 年 7 月 31 日 22:38 时(UTC)台风"达维"期间的海面风场数据

4-16 所示。图 4-16 中黑色点线代表插值后的 JTWC 最优路径数据，三角灰线代表通过散度场定位得到的台风路径，倒三角灰线代表通过涡度场定位得到的台风路径，黑色实线为通过复合场定位得到的台风路径。从图 4-16 看出，通过复合场定位得到的台风路径相比单独使用散度场或涡度场定位得到的台风路径，与 JTWC 最优路径更为接近。

　　基于上述台风中心定位方法对 HY-2A 卫星微波散射计自 2012 年 1 月到 2014 年 6 月观测到的 76 个发生于西北太平洋的 945 轨数据进行中心定位，并将结果与 JTWC 发布的台风路径后报资料进行对比，结果如图 4-17 所示，图 4-17 (a) 为利用 HY-2A 散射计定位得到的台风中心位置相对 JTWC 最优路径数据的相对位置分布。图 4-17(b) 为中心定位结果和最优路径台风中心之间大圆距的直方图分布。从图 4-17 中可以看出，85% 以上台风中心定位结果相对最优路径的偏差在 1.5° 以内的圆环当中。表 4-1 给出了中心位置偏差的统计性参数，可以发现，两者之间的大圆距偏差的平均值达到 77 km。这种差异对于 QuikSCAT 也比较常见 (Said et al.，2015)。造成这种偏差的原因主要有以下两个方面：① 散射计的空间分辨率(25 km)限制了定位算法的精度；② 作为真值的 JTWC 最优路径数据为多源观测平台的再分析结果，其并不一定代表台风在海表面的中心位置，而台风在垂直方向上的倾斜结构使得台风中心在不同观测高度的位置有所偏差(Yong et al.，2016)。

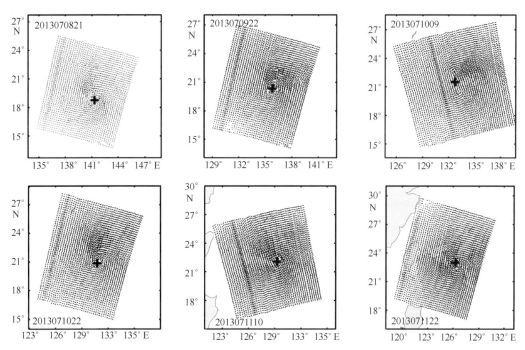

图 4-15　由 HY-2A 卫星微波散射计观测的台风 "苏力" 处理过的 6 个修正海面风场, 时间顺序由左到右, 从上到下(黑色粗体数字表示相应的 UTC 时间, 考虑到地面实况数据精确到小时, 例如 "2013070821" 代表 2013 年 7 月 8 日 21:00 UTC, 下同), 每个固定的黑色粗体表示相应的合并后的 TC 中心

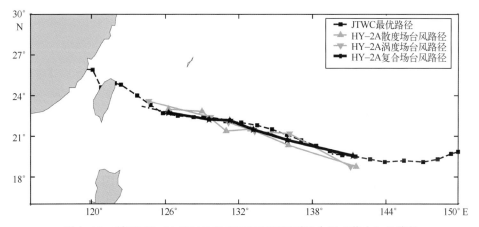

图 4-16　利用 HY-2A/SCAT 和 JTWC 观测得到的台风 "苏力" 的路径

表 4-1　HY-2A/SCAT 与 BT 导出的台风中心偏差统计

	绝对平均值	标准差	中值
经度	0.49	0.40	0.41
纬度	0.43	0.33	0.36
大圆距离/km	77.19	35.89	75.39

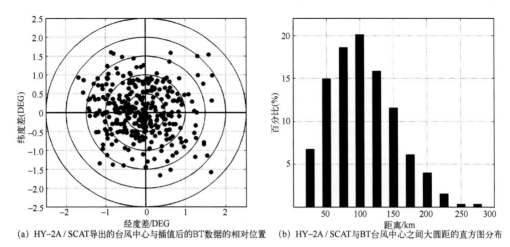

(a) HY-2A / SCAT导出的台风中心与插值后的BT数据的相对位置　　(b) HY-2A / SCAT与BT台风中心之间大圆距的直方图分布

图 4-17　HY-2A/SCAT 导出的台风中心与 JTWC 发布的台风中心对比

4.2.3　台风强度估计和分析

台风强度，通常用海表面最大持续风速或最低气压衡量(这里指最大持续风速)，这是衡量台风破坏能力的关键参数。目前，对地静止气象卫星因其覆盖范围广且可连续观测的优点被认为是西北太平洋热带气旋强度监测的主要工具。尽管散射计在高风速海况下的观测结果因微波的饱和特性而存在问题，但是已被用于相对弱台风系统的强度估计和分析研究当中。考虑到台风结构的不对称性，观测到的海表面风场估计台风强度时需要考虑最大风速在不同地理象限的分布情况。为此，对 HY-2A 散射计观测到的台风海表面风场环流结构以台风中心为参考按照东北、西北、西南、东南分成 4 部分，提取 4 个地理象限内的最大风速并将 4 个风速中的最大值和最小值进行平均，共计提取得到 5 个最大风速。图 4-18 对比了这 5 个最大风速与 JTWC 记录的台风强度之间的关系。可以看出，

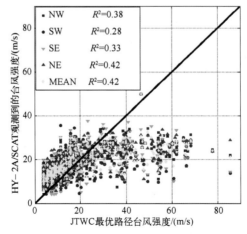

图 4-18　HY-2A/SCAT 观测的最大风速与最优台风路径数据比较

当台风强度低于 35 m/s 时，散射计能够比较有效地观测台风的强度，同时，进行平均处理后的风速和 JTWC 记录的台风强度之间表现出很好的一致性。因此，这里利用象限中的最大风速值中的最大值和最小值的平均作为 HY-2A 卫星微波散射计观测到的台风强度。

为了进一步描述 HY-2A 卫星微波散射计对强度较弱的台风系统的强度估计能力，研究计算了当台风强度低于 35 m/s 时，HY-2A 卫星微波散射计观测到的台风强度和 JTWC 最优路径数据之间的偏差：平均偏差为 5.60 m/s，标准偏差为 3.29 m/s。这表明 HY-2A 卫星微波散射计观测的海表面风场可以用于弱台风系统的强度估计和研究(Zhao et al.,2016)。

4.2.4　台风结构特征参量提取

传统的气象预报主要关心台风的路径和强度的变化，然而，单独用强度一个参量无法描述台风的结构特征。这是因为强度只能描述台风内核对流的强弱，而对台风外核环流风场和结构变化的研究也非常重要。为此，研究人员提出了描述台风外围环流强弱和尺度的新参量：外核环流强度(outer core strength, OCS)和台风尺度(size)(Merrill,1984)。其中，海表面 15 m/s 和 17 m/s 风速的半径大小(R_{15} 和 R_{17})为两个比较常用的台风尺度表征参量，而 OCS 则定义为从距离台风中心 1°~2.5°的环流带中切向风的平均值。常规观测平台由于两种因素的限制和影响使得其不能提供台风尺度和外围环流强度的业务化数据。而散射计则因其本身工作特性和优点成为估计和研究这两个参量的重要工具。

考虑到 HY-2A 卫星微波散射计对 2~20 m/s 海表面风的观测能力较强，这里定义台风尺度为 15 m/s 海表面风的半径大小。为了从散射计观测数据中直接提取 R_{15}，研究对 HY-2A 散射计观测到的海表面风场以台风中心为参考进行方位角平均，得到 0.25°~6.25°的切向风廓线，此后，可以直接从切向风廓线上提取 R_{15}。而 OCS 则可以通过式(4-4)进行计算得到：

$$OCS = \overline{\sum_{r=1°}^{2.5°} v_t(r)} \qquad (4-4)$$

式中，$v_t(r)$ 代表半径为 r 处的切向风速大小。

研究人员利用 QuikSCAT 1999—2009 年观测到的 11 年的海表面风场数据，研究发现 R15 和 OCS 之间存在很强的联系($R_2 = 0.90$)(Chan et al.,2012)，这里利用 HY-2A 2012—2014 年内的观测结果对这个关系进行进一步分析验证。如图 4-19(a)为 HY-2A 卫星微波散射计观测到的台风尺度和外围环流强度之间的散点关系图，其相关系数 $R_2 = 0.82$。这再次证明台风的尺度大小与其外围环流的强弱相关。其原因可以解释如下：由于 R_{15} 表征着气旋风场强弱随半径的衰减趋势，R_{15} 越大表明风场随半径衰减得越慢，因此其外围环流越强。

为了探究台风尺度大小和台风所在位置是否存在内在关联，这里对台风中心纬度位置以 5°为间隔进行了分组平均，同时将 HY-2A 卫星微波散射计观测到的相应的台风尺度

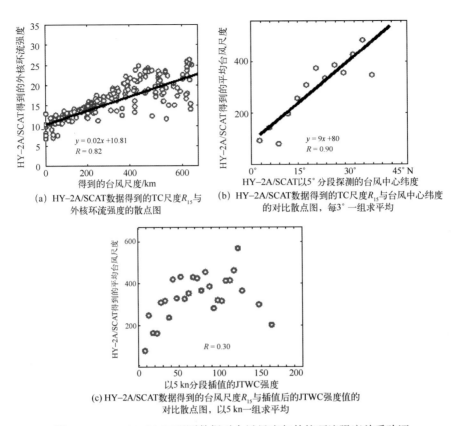

(a) HY-2A/SCAT数据得到的TC尺度R_{15}与
外核环流强度的散点图

(b) HY-2A/SCAT数据得到的TC尺度R_{15}与台风中心纬度
的对比散点图,每3°一组求平均

(c) HY-2A/SCAT数据得到的台风尺度R_{15}与插值后的JTWC强度值的
对比散点图,以5 kn一组求平均

图4-19 HY-2A/SCAT 观测数据对台风尺度与外核环流强度关系验证

数据进行分组平均。图4-19(b)为台风尺度和中心位置所在纬度之间关系的散点图。很明显,台风尺度随纬度的变化存在一定的规律,随着纬度增加,台风尺度或趋于增大发展。

已有研究表明,台风的尺度变化和强度之间或无任何关系(Merrill,1984;Wang et al.,2004)。利用 HY-2A 提取得到的台风尺度 R_{15},可以进一步探究这个问题,图4-19(c)为 HY-2A 卫星微波散射计观测到的台风尺度与 JTWC 记录的台风强度之间的散点关系图,同样,为了观察方便,这里对图4-19(c)中的数据以 5 kn 风速为单位进行了分组平均处理。很明显,HY-2A 卫星微波散射计的观测结果表明:台风尺度的变化和强度之间不存在特定联系(Zhao et al.,2016)。

4.2.5 台风尺度的时空分布特征

本小节主要讨论台风尺度大小的时空分布和变化特征。为此,研究计算了 HY-2A 自2012年1月到2014年6月观测到的太平洋的 67 个台风尺度的统计参量,并将计算结果和已有研究结果汇总,见表4-2。结果表明:HY-2A 卫星微波散射计观测到的发生于2012—2014 年的 67 个台风的尺度大小和 Liu 等(1999)以及 Yuan 等(2007)研究得到的结果相当,但是比 Chan 等(2012)利用 R_{17} 定义得到的台风尺度大,这是因为 R_{17} 距离台风中心更远。

表 4-2 早期和当前对台风尺度的平均值和标准偏差研究汇总　　单位：km

项目	前期研究			本次研究
	Liu 等（1999）	Yuan 等（2006）	Chan 等（2011）	
方法	R_{15}	R_{15}	R_{17}	R_{15}
研究期	1991—1996 年	1997—2004 年	1999—2009 年	2012—2014 年
平均值	322.8	350.0	237.17	315.0
标准偏差	122.3	162.6	109.1	204.8

为了描述台风尺度的变化是否与其发生时间有关，研究计算了 HY-2A 观测到的西北太平洋 2012—2014 年台风季的台风尺度月平均，结果如图 4-20 所示。从图 4-20 可以发现，发生于 9 月的西北太平洋台风尺度最大，10 月和 7 月次之，这与已有研究结果一致（Chan et al., 2012；Lee et al., 2010）。

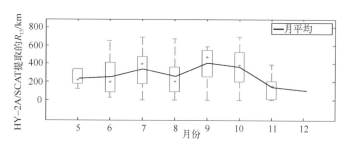

图 4-20　2012—2014 年期间 HY-2A/SCAT 观测到的西北太平洋台风尺度月平均箱线图

为了描述台风尺度的空间分布特征，研究将 R_{15} 分为 3 个等级：小型（$R_{15} \leqslant 350$ km）、中型（350 km$<R_{15} \leqslant 500$ km）和大型（$R_{15} > 500$ km），这 3 个等级的台风的总体分布特征如图 4-21 所示。很明显，在 20°N 以南的纬度带一般无大型的台风，中型台风主要在 15°—20°N 的纬度带。一般来说，台风尺度随着纬度增加而增加（Yong et al., 2016）。

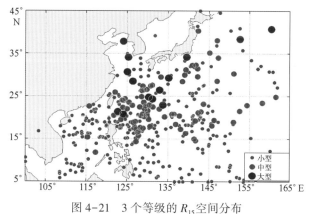

图 4-21　3 个等级的 R_{15} 空间分布

蓝色、绿色和红色的点分别表示小型（$R_{15} \leqslant 350$ km）、中型（350 km$<R_{15} \leqslant 500$ km）和大型（$R_{15} > 500$ km）台风

参考文献

蔡其发，黄思训，等，2008. 计算涡度的新方法. 物理学报(57)：3912-3919.

CHAN K T,CHAN J C,2012. Size and strength of tropical cyclones as inferred from QuikSCAT data. Monthly Weather Review(140):811-824.

JIANG H Y,CHEN G,2015. Modal recovery of sea-level variability in the South China Sea using merged altimeter data.Chinese Journal of Oceanology and Limnology(33):1233-1244.

LEE C S,CHEUNG K K,FANG W T,et al.,2010. Initial maintenance of tropical cyclone size in the western North Pacific. Monthly Weather Review(138):3207-3223.

LIU K,CHAN J C,1999. Size of tropical cyclones as inferred from ERS-1 and ERS-2 data. Monthly Weather Review(127):2992-3001.

MERRILL R T,1984. A comparison of large and small tropical cyclones. Monthly Weather Review(112):1408-1418.

PENG D,PALANISAMY H,CAZENAVE A,et al.,2013. Interannual sea level variations in the South China Sea over 1950—2009. Marine Geodesy,36(2):164-182.

SAID F,LONG D G,2015. Determining selected tropical cyclone characteristics using QuikSCAT's ultra-high resolution images. IEEE Journal of Selected Topics in Applied Earth Observations and Remote Sensing (4): 857-869.

WANG Y,WU C C,2004. Current understanding of tropical cyclone structure and intensity changes–a review. Meteorology and Atmospheric Physics(87):257-278.

WANG Z,ZHAO C,2015. Assessment of wind products obtained from multiple microwave scatterometers over the China Seas. Chinese Journal of Oceanology and Limnology (33):1210-1218.

YONG Z,SUN R Y,ZHAO C F,2016. Application of HY-2A/SCAT sea surface winds in understanding surface wind structure of typhoons over Northwestern Pacific Ocean. EORSA2016:72-77.

YUAN J,WANG D,WAN Q,et al.,2007. A 28-year climatological analysis of size parameters for northwestern Pacific tropical cyclones. Advances in Atmospheric Sciences (24):24-34.

ZHAO Y,ZHAO C F,SUN R Y,2017. Application of HY-2A/SCAT sea surface wind products in understanding the surface structure of typhoon 'Soulik'. Transactions of Oceanology and Limnology(in chinese) (2):39-47.